DE MICROBEMENS

REMCO KORT

DE MICROBEMENS

HET BELANG VAN HET ONZICHTBARE LEVEN

ATHENAEUM–POLAK & VAN GENNEP
AMSTERDAM 2017

Boekverzorging studio frederik de wal
Omslagbeeld © ARTIS-Micropia, Bianca Pilet
Illustraties © bij diverse illustratoren

ISBN 978 90 2530692 2 / NUR 600

www.uitgeverijathenaeum.nl

Voor de wetenschap is het fundamentele belang van microben voor ons eigen voortbestaan én voor een duurzame toekomst van onze planeet al lang duidelijk. Onbekend maakt echter onbemind. Het grote publiek heeft de microben nog niet omarmd. Het is daarom fantastisch dat Remco Kort met dit boek een brug slaat tussen de wetenschap en het grote publiek.

Ik heb Remco in 2006 leren kennen als microbioloog en ik heb hem gevraagd mee te werken aan de ontwikkeling van ARTIS-Micropia, het enige microbenmuseum ter wereld, dat inmiddels internationaal bekend en bekroond is. Remco, die al geruime tijd (sinds 2009) professor is, heeft het bijzondere dubbeltalent dat hij niet alleen een fantastische wetenschapper is, met veel creativiteit, maar ook een sociaal bewogen mens, gezien zijn jarenlange inzet om in Afrika met behulp van microben de gezondheidssituatie te verbeteren. Hij heeft de grote behoefte én de mogelijkheden om wetenschap op een aantrekkelijke manier te vertalen voor een groot publiek. Dit boek is daar een prachtig voorbeeld van. Wij, hij en ik, delen de passie en de nieuwsgierigheid om meer te weten te komen over de vormen, verschijningen en betekenissen van microben, die schijnbaar onuitputtelijke levensvormen. De opgedane kennis zal essentieel blijken voor het overleven van onze soort.

'Over het algemeen is de mens behoudend, en geeft hij er de voorkeur aan door te modderen met wat er voorhanden is' schrijft Remco. Zijn boek haalt u uit die modder. Het biedt inzicht in de onbekende microwereld waarvan we dagelijks afhankelijk zijn en die ons veel kan brengen. Remco dicht in dit boek de kloof tussen zijn wetenschap en andere disciplines. De microbemens inspireert ons om de eruit voortvloeiende kennis en ideeën mee te nemen in ons professionele en persoonlijke leven. En dat is van belang, want we hebben het hier over onze toekomst. Remco neemt ons mee in de wereld van de microben. Dit boek zal uw kijk op uzelf en de wereld om u heen veranderen. Ik wens u veel leesplezier.

Haig Balian
ARTIS-directeur en geestelijk vader van ARTIS-Micropia

INHOUD

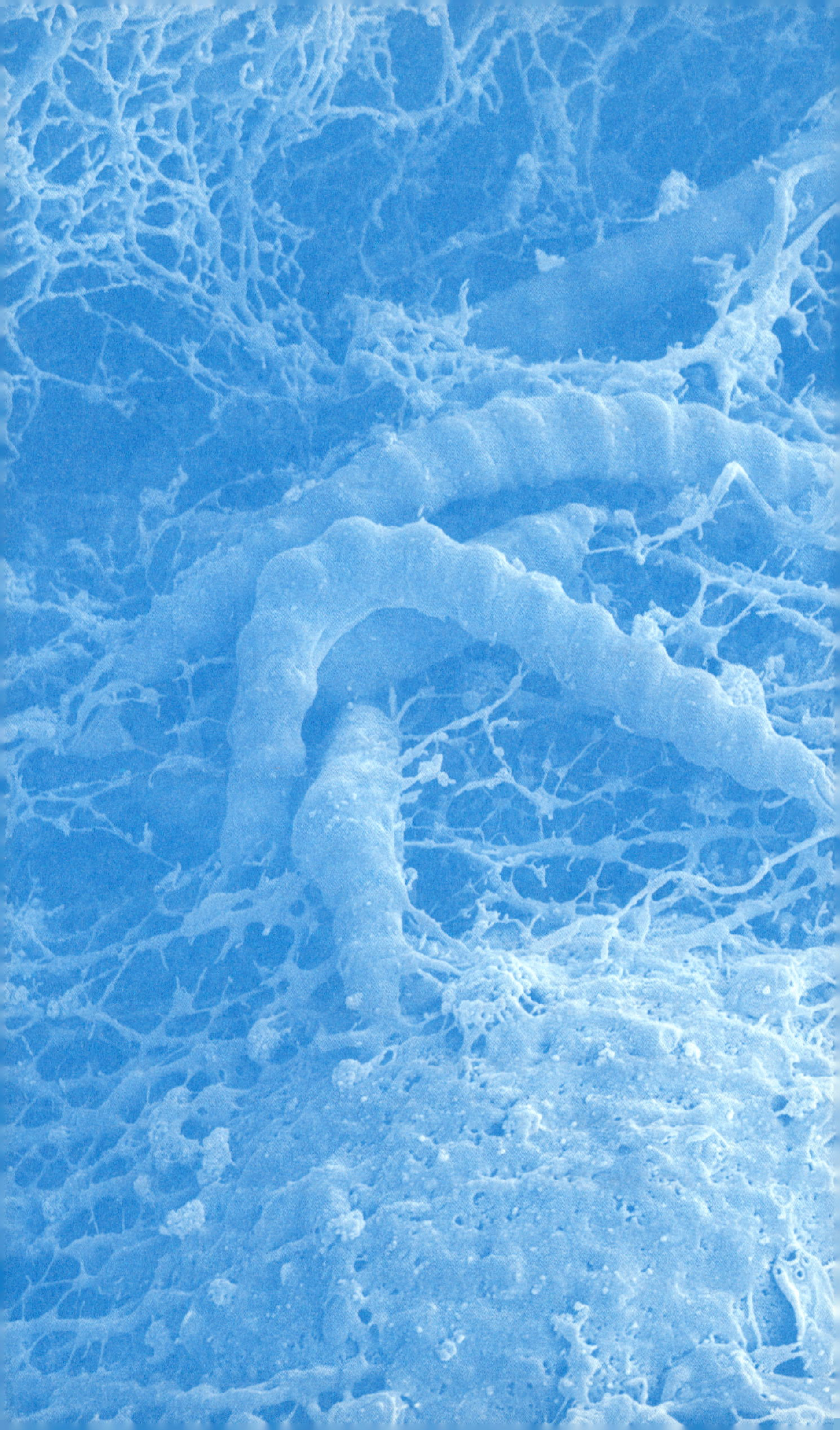

VOORWOORD

Te lang heb ik als microbioloog aan moeten zien hoe de microben door de mensen zijn verguisd. Jarenlang zijn deze onzichtbare levensvormen voornamelijk geassocieerd met ziektes, plagen, bederf, verrotting en verval. Want onder alles wat onbekend is, is het onzichtbare leven bij uitstek onbemind. Alleen in tijden van rampspoed komt onze belangstelling voor het onzichtbare leven kortstondig bovendrijven. Of het nu de uitbraak van een infectieus virus betreft, de multiresistente superbacterie of de besmetting van ons voedsel met een gevaarlijke ziekteverwekker. Besef dat het onzichtbare leven diep zetelt in het alledaagse. Elke dag van ons bestaan hebben wij te danken aan de miljarden minuscule weldoeners die ons omringen. Deze micro-organismen vinden we niet alleen buiten ons lichaam. Als intieme vreemdelingen zetelen zij in onze darmen, in onze mond en op onze huid. We kunnen niet om onze microben heen. Ook al onderschatten we hun waarde, zij zullen altijd innig met ons verbonden blijven.

De voortschrijding van de techniek heeft ons een aantal eeuwen geleden uit de duisternis bevrijd en het onzichtbare leven voor de mens ontsloten. Een instrument met daarin een fijn geslepen glas, de lens, maakte het mogelijk voorwerpen en levensvormen te observeren die niet eerder met het blote oog konden worden waargenomen. Het waren echter niet de waarnemingen van een onzichtbaar *kleine* wereld, zoals het leven in een druppel water, maar die van een onzichtbaar *grote*, die tot mijn verbazing het meeste stof deden opwaaien. Het was het beeld verkregen door de lens van een telescoop waardoor de mens wankelde op zijn voetstuk. Niet langer bevond hij zich met zijn blauwe planeet in het middelpunt van het universum. Onverteerbaar voor mens en Kerk. Men deed er verstandig aan niet langer één blik door de telescoop te werpen. Het perfecte plaatje van het universum met de aarde en mens als schitterend middelpunt mocht niet worden aangetast. Maar welbeschouwd kwam de mens pas goed ten val toen de lens in een microscoop het een halve eeuw later mogelijk maakte naar het onzichtbare kleine te kijken. We bleken niet meer dan een voetnoot te zijn in de eindeloze geschiedenis van de diversiteit van het leven op aarde. Deze tweede klap had veel harder aan moeten komen, maar is tot op de dag van vandaag nauwelijks doorgedrongen.

Helaas, zeg ik erbij. Want na al die tijd had inmiddels duidelijk moeten zijn dat de dominante positie van de mens op aarde berust op een misverstand. Onze hele planeet is vergeven van het onzichtbare leven. Microben regeren de wereld. De onzichtbare levensvormen overtreffen in hun totale gewicht dat van alle planten, dieren en mensen bij elkaar. Het totale aantal bacteriën op aarde wordt geschat op één quintiljoen. Dat getal zegt u waarschijnlijk niet veel, maar dat is meer dan er sterren zijn in het universum. Naast bacteriën maken ook oerbacteriën, schimmels, algen en microdiertjes onderdeel uit van het onzichtbare leven. De diversiteit van al die micro-organismen gaat ons voorstellingsvermogen te boven. Hun ongekend grote aanpassingsvermogen stelt ze in staat om onder voor de mens te extreme condities te gedijen. Het onzichtbare leven heeft gedurende een periode van meer dan drie miljard jaar tal van strategieën ontwikkeld om te overleven en zich te vermenigvuldigen. Op elke denkbare plek op aarde hebben microben zich weten aan te passen aan de heersende omstandigheden. En dat zullen ze altijd blijven doen. Deze eerste bewoners van onze planeet leven probleemloos zonder zuurstof, overleven extreme temperaturen en verdragen een zeer hoge dosis UV-straling. Gewapend met al deze eigenschappen zijn sommige in staat probleemloos te reizen tussen de planeten van ons zonnestelsel. Ze vertegenwoordigen met hun onvoorstelbaar veelzijdige stofwisseling het grootste deel van de diversiteit van het leven op aarde. Wij mensen komen nog maar net kijken op deze planeet. Wij stellen in vergelijking met micro-organismen veel hogere eisen aan onze omgeving. Dat maakt ons afhankelijk en kwetsbaar. De microben waren niet alleen de eerste bewoners van deze planeet, ze zullen waarschijnlijk ook de laatste zijn.

Vanaf onze geboorte leven we met microben samen en zijn ze onmisbaar voor ons. We sluiten zonder ons daarvan bewust te zijn een pact voor het leven, waarin zij een voorwaarde vormen voor een gezond bestaan. We zouden er helemaal niet zijn geweest en meteen aan infecties ten onder zijn gegaan als we ze niet overal de ruimte hadden geboden op en in ons lichaam. We faciliteren niet alleen hun huisvesting, we geven ze ook de voedingsstoffen die ze nodig hebben. Naast het voedsel dat we innemen, verschaffen onze lichaamscellen op de huid, in onze darmen en in onze mond de koolhydraten, eiwitten en vetten om onze micro-organismen te voeden. Als tegenprestatie houden zij ziekteverwekkers buiten de deur. Verder zijn ze van groot belang voor de ontwikkeling van een goed functionerende barrière in onze darmen, helpen zij ons bij de spijsvertering en produceren zij vitamines. Daarnaast zijn bacteriën van groot belang voor de juiste afstemming van ons immuunsysteem. Een gebrek aan blootstelling aan micro-organismen, een direct gevolg van onze moderne leefstijl, verhoogt de kans op een langdurig ontregeld immuunsysteem. We zien de symptomen daarvan overal om ons heen: voedselallergieën, astma, eczeem en chronische darmontstekingen.

Microben zijn onzichtbaar en daardoor per definitie heel bescheiden, terwijl ze een hoofdrol spelen in ons leven. Buiten alle schijnwerpers zijn ze de hoeders van ons lichaam én onze planeet. Ze sluiten de kringloop van alle organische materie op aarde. In hun DNA liggen de oplossingen besloten voor de gigantische uitdagingen waar we in deze tijd voor staan. In tijden van schaarste op een overbevolkte planeet hebben we de microben harder nodig dan ooit. We kunnen hun inventieve strategieën om verbindingen af te breken gebruiken om onze afvalstromen te controleren, voordat deze tot onze enkels reiken. Daarnaast hebben we onvoldoende oog voor het veelzijdige wapenarsenaal dat schimmels, bacteriën en virussen hebben ontwikkeld om de groei van micro-organismen te beperken als dat nodig is, zoals bij de bestrijding van infectieziekten. In de natuur vinden overal de meest vindingrijke vormen van competitie met micro-organismen plaats in de eeuwigdurende strijd om het bestaan. Zo is er een grote variëteit aan antimicrobiële verbindingen actief die telkens volgens een andere strategie de groei van microben weten te onderdrukken. Ook zijn er overal virussen aan het werk die zeer gericht bepaalde ziekteverwekkende bacteriën kunnen infecteren, terwijl ze de overige bacteriën, die van belang zijn voor onze gezondheid, met rust laten. En wat doet de mens? De mens maakt gebruik van een beperkte verzameling antibiotica die over het algemeen niet erg gericht te werk gaan. Altijd effectief, ook als de diagnose er net naast zit. Maar een behandeling met breed-spectrumantibiotica is als een bombardement dat onherstelbare schade kan aanrichten aan de verzameling bacteriën waarmee we in symbiose leven. Bovendien moet deze behandeling als gevolg van toenemende resistentie steeds vaker en in steeds zwaardere varianten worden ingezet. Net zoals de natuur zelf zouden we een veel grotere verscheidenheid aan antimicrobiële strategieën moeten aanwenden en veel gerichter te werk moeten gaan bij het bestrijden van ziekteverwekkende bacteriën. Dat illustreert maar weer dat we een voorbeeld zouden moeten nemen aan de natuur, onze ideale leermeester.

Ik zie het als mijn missie om de microben uit het verdomhoekje te halen en de mens te verrijken met kennis over dit onzichtbare leven. We zouden allemaal meer oog moeten krijgen voor de antwoorden die besloten liggen in de micro-organismen en voor de wijze waarop we ze die antwoorden kunnen ontfutselen. Zo kunnen wij naar mijn idee grote stappen maken op onze weg naar een duurzaam en gezond leven. U vraagt zich misschien af hoe ik met dit boek mijn doel ga bereiken. Bij voorkeur volg ik de vaste route van de microbioloog. Daarbij staan het experiment en de wetenschappelijke methode centraal. Ik overtuig u op basis van resultaten van wetenschappelijk onderzoek en laat u de prachtige diversiteit van het onzichtbare leven zien aan de hand van analyses van het DNA van geïsoleerde bacteriën. Ik laat u vervolgens kennismaken met de vindingrijkheid van de micro-organismen door te demonstreren hoe zij onder zeer uiteenlopende kweekcondities kunnen groeien in schudkolven en petrischalen. Ik laat u aan de hand van de resultaten uit klinische studies zien wat er kan gebeuren bij onvoldoende blootstelling aan bacteriën, en dan met name in de allereerste fase van ons leven. De vraag is vervolgens of uw afkeer na het lezen van de laatste bladzijde van dit boek plaats heeft gemaakt voor bewondering voor en erkenning van het belang van het onzichtbare leven. Ik heb daar een inschatting van gemaakt en ben bang dat daar meer voor nodig is. De ervaring heeft me geleerd dat ik er met de benadering van de onderzoeker en verwijzingen naar de wetenschappelijke literatuur niet kom. We leven in een tijd waarin de mens voor objectieve feiten en logica, de pijlers van de wetenschap, niet erg gevoelig is. Ik weet het, dat is wonderlijk en het verbaast mij ook, tot op de dag van vandaag. Ik kan met grote stelligheid een uiteenzetting geven waarmee ik, gesteund door de wetenschappelijke literatuur, aangeef waarom kennis over microben van doorslaggevend belang is voor de toekomst van onze planeet en het behoud van onze gezondheid. Het zal niet voldoende zijn. Het merendeel van u zal wat ik beweer ter kennisgeving aannemen, zijn schouders ophalen en onaangeroerd zijn dagelijkse beslommeringen hervatten. Mijn missie zal niet worden volbracht. Wat ontbreekt is de verwondering en de ervaring, hard nodig om het besef van het enorme belang van de microben voor onze toekomst in de mens te laten neerdalen. Op de een of andere manier zal mijn traject er dus anders uit moeten zien. Andere dimensies moeten aan het verhaal worden toegevoegd, een ander perspectief moet worden toegepast. Niet alleen dat van de onderzoeker en de analyticus met een uitputtend arsenaal aan rede en ratio, maar andere wegen, die er mogelijk beter voor zorgen dat u de microben nooit meer over het hoofd zult zien. Zo heb ik geprobeerd een kader te scheppen, in de hoop dat bij u alles op zijn plek zal vallen.

Remco Kort
Amsterdam, juni 2017

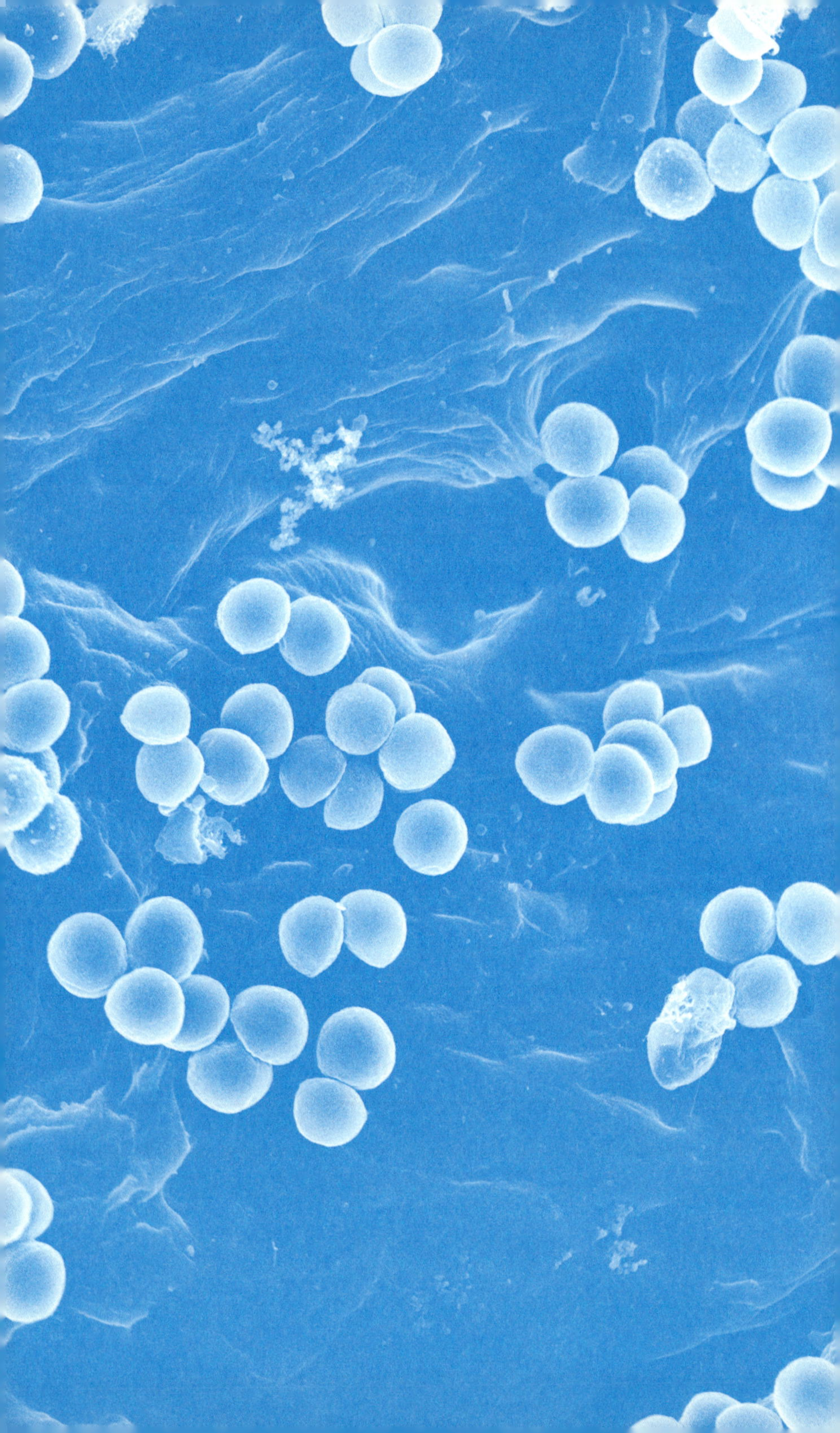

HET MICROMENSJE

Stelt u zich voor dat u ontspannen op uw rug in het water drijft. Langzaam maar zeker wordt u één miljoen keer verkleind. U krimpt tot een totale lengte van een micrometer, oftewel één duizendste van een millimeter, zodat u de afmetingen aanneemt van een bacterie. De oever verwijdert zich steeds verder van u vandaan. Uw omgeving verandert in een onmetelijke oceaan; de kust raakt steeds verder uit het zicht. U hebt nooit last gehad van watervrees, maar al dobberend voelt u zich nu nogal kwetsbaar. U probeert dan ook, als door een instinct gedreven, naar de oever te zwemmen. Deze lijkt op de een of andere manier bescherming te bieden, maar een zwemtocht is onbegonnen werk. Bij iedere zwemslag die u maakt lijkt de oever zich verder te verwijderen, schuilgaand achter een gordijn van waterdamp. Volledig uit het zicht verdwenen. De kleine rimpelingen op het oppervlak van het water zijn ondertussen metershoge golven geworden. Het water voelt niet meer aan als een natte vloeistof, maar heeft de eigenschappen gekregen van een stroperige massa. De bewegingen van uw armen en benen hebben amper effect. En er blijkt nog meer aan de hand te zijn in de onwerkelijke wereld waardoor u wordt omgeven. Langzamerhand wordt u zich bewust van vibraties, overal op uw huid. Gek genoeg lijken deze trillingen uit het water zelf te komen! Wat zojuist nog aanvoelde als een aangename vibratie laat zich nu beter beschrijven als een bombardement van watermoleculen. Het kost ongelooflijk veel moeite om aan uw omgeving te ontsnappen en gericht ergens heen te zwemmen. U wordt constant uit koers gedreven door de willekeurige bewegingen van het water. Het is de kracht die uit het water zelf lijkt te komen die nu uw richting bepaalt. De watervrees die u voelde is omgeslagen in paniek. U tolt constant om uw as en wordt in het wilde weg heen en weer geslingerd. Al snel bent u uw richtingsgevoel volledig kwijt en kunt u zich in deze eindeloze oceaan op geen enkele manier meer oriënteren. Na enige tijd went dat gevoel gek genoeg, en geeft u zich over. U begint te ontspannen en een weldadige rust maakt zich van u meester. Een vederlicht gevoel. U wordt onderdeel van de willekeurige bewegingen van de natuur, als een stofdeeltje dat danst in het zonlicht. Als in een openbaring wordt alles opeens volkomen duidelijk. Een helder inzicht dat alleen verkregen lijkt te kunnen worden door deze ervaring zelf. Op deze schaal van micrometers bent u in staat de intense bewegingsenergie van het water zelf te voelen. Zó is het dus om een speelbal van de natuur te zijn. Meteen daarna komt het besef dat dit proces continu overal gaande is, in een onmetelijk micro-universum overal om ons heen. Op deze schaal hebben precies dezelfde natuurwetten als in de wereld die we kennen een compleet andere uitwerking. In deze wereld hebben we afscheid genomen van de traagheid waarmee we normaal gesproken volharden in onze bewegingstoestand. Net zoals we ons op onze planeet in de onvoorstelbaar grote ruimte van het universum bevinden, zo begeven we ons ook constant in het eindeloze universum van het microbiële leven. Die wereld is niet lichtjaren van ons verwijderd, maar altijd in onze directe nabijheid.

Weinigen onder ons zijn zich ooit bewust van het effect van de natuurlijke krachten in de wonderlijke microwereld waarin we ons zojuist hebben verplaatst. Wat gebeurde er eigenlijk toen de mens meer dan drie eeuwen geleden door een zelfgemaakte lens voor het eerst kennis kon nemen van de microscopisch kleine wereld met al zijn wonderlijke levensvormen? In eerste instantie werd hij misleid door wat hij zag. De mens die van nature op zichzelf is gericht, richtte zijn aandacht voor het onzichtbare leven op zijn eigen vloeistoffen, waaronder bloed, speeksel en zaad. In speeksel bleken wonderlijke 'kleine leevende Dierkens' rond te zwemmen, en in het bloed bleken zich kernloze cellen te bevinden. En wat meende de mens te zien toen hij voor het eerst door een microscoop naar zijn eigen zaad keek? Hij zag daarin niets anders dan de bevestiging van de volmaaktheid en schoonheid van de schepping! In iedere kop van elk van die ontelbare krioelende zaadcellen zat een *homunculus*, een minuscuul mensje **Afb. 1 ▶**. Dat mensje was al helemaal geprepareerd om uit te groeien tot een compleet schepsel. Het enige wat het nog nodig had om na een lange reis uit te kunnen groeien tot een volwaardig mens was de juiste voedingsbodem. De vrouwenschoot. De neiging om in allerlei vormen onze eigen gedaante te ontdekken en aan alles te pas en te onpas menselijke eigenschappen toe te dichten, komt misschien voort uit ijdelheid, maar zij heeft ons tot op de dag van vandaag wel geholpen om de wereld om ons heen te leren begrijpen. Ook in dit hoofdstuk zal begrip voor microben worden verkregen aan de hand van opvallende overeenkomsten en verschillen met de mens. Het onzichtbare leven komt voor in zoveel verschillende gedaantes dat het onmogelijk is om ze allemaal de revue te laten passeren. De schijnwerpers zullen gericht zijn op de bacteriën, onze grootste weldoeners. Maar laat ik eerst een korte beschrijving geven van de onderverdeling van de micro-organismen, gevolgd door een aantal van hun markante eigenschappen.

Micro-organismen, ook wel microben, is de verzamelnaam voor alle levende wezens die zo klein zijn dat we ze niet kunnen zien met het blote oog. Onder de microben zijn de bacteriën, schimmels en algen het bekendst. Microbiologen zijn al vanaf de ontdekking van het onzichtbare leven bezig om ze zo goed mogelijk onder te verdelen in verschillende groepen. Vaak wordt de indeling van het leven weergegeven in de vorm van een wijdvertakte boom, waarbij de lengte van

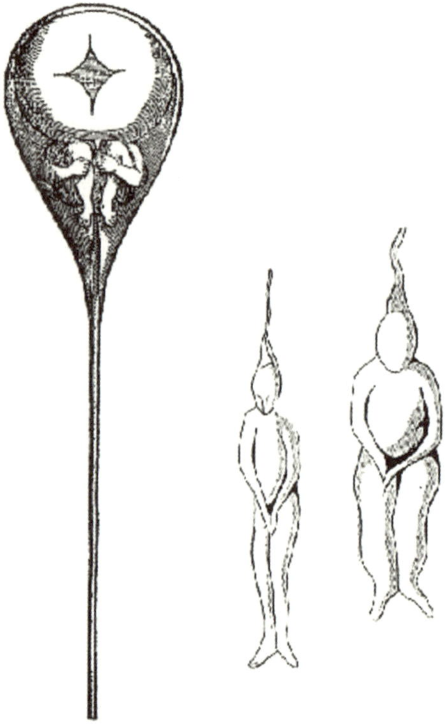

Afb. 1 Illustraties van micromensjes (*homunculi*) in sperma.
Illustraties gemaakt in 1695 door de Nederlandse embryoloog, astronoom, wis- en natuurkundige Nicolaas Hartsoeker (1656-1725). De tekeningen van homunculi zijn niet gebaseerd op waarnemingen, maar op speculaties.

de takken de evolutionaire afstand tussen de levende wezens aangeeft. De laatste gemeenschappelijke voorouder huist in de wortel. Een systematische indeling maken van al het leven op aarde, inclusief het onzichtbare, is geen eenvoudig opgave. Dat blijkt uit de veelvormige bomengalerij die in de loop van de geschiedenis voorbij is gekomen bij verwoede pogingen al het leven op aarde onder te brengen. Lange tijd hebben biologen het leven op aarde onderverdeeld in drie rijken: de dieren, de planten en de eencelligen. Tegenwoordig is die indeling herzien, en spreken we over drie domeinen: de Bacteria, de Archaea, en de Eucarya **Afb. 2 ▸**. Het overgrote deel van het leven op deze planeet wordt vertegenwoordigd door het onzichtbare leven van de microben, dat zich met zijn enorme verscheidenheid uitstrekt over alle drie de domeinen. In het eerste domein zitten de bacteriën, die in dit boek uitgebreid aan bod zullen komen. Het tweede domein bevat de archaea, een bijzondere groep oerbacteriën. Zij danken hun naam aan de veronderstelling dat ze tot de oudste bewoners van onze planeet behoren. Hun verschijningsvorm is niet van die van de bacteriën te onderscheiden, maar evolutionair gezien liggen ze veel dichter bij de eukaryoten, die in het derde domein zitten. Tot dit laatste domein behoort ook de mens zelf, alle dieren, planten, schimmels, gisten, algen en overige microdiertjes. Het is dus opmerkelijk dat in de boom van het leven de verwantschap tussen een mens en een schimmel groter is dan die tussen de bacterie en de oerbacterie.

Naast alle zichtbare en onzichtbare wezens in de drie domeinen van het leven bestaan er ook nog onzichtbare biologische entiteiten die er helemaal buiten vallen. De virussen. We kennen ze vooral als veroorzakers van infectieziektes, maar ze spelen ook een heel belangrijke rol in de evolutie bij de overdracht van genetische eigenschappen die liggen op DNA-fragmenten die met virussen meeliften. Omdat virussen niet in staat zijn om zich zelfstandig, dus zonder een gastheer, te vermeerderen, worden ze niet gerekend tot de levende wezens. Maar de biologie zou de biologie niet zijn als er geen uitzonderingen bestonden. Er bestaan parasieten die gedurende de evolutie zó innig met hun gastheer verbonden zijn geraakt dat ze het vermogen om zich zelfstandig te vermenigvuldigen hebben verloren. Toch worden ze in tegenstelling tot virussen wél tot de levende wezens gerekend. Onder elke streep die je in de biologie probeert te

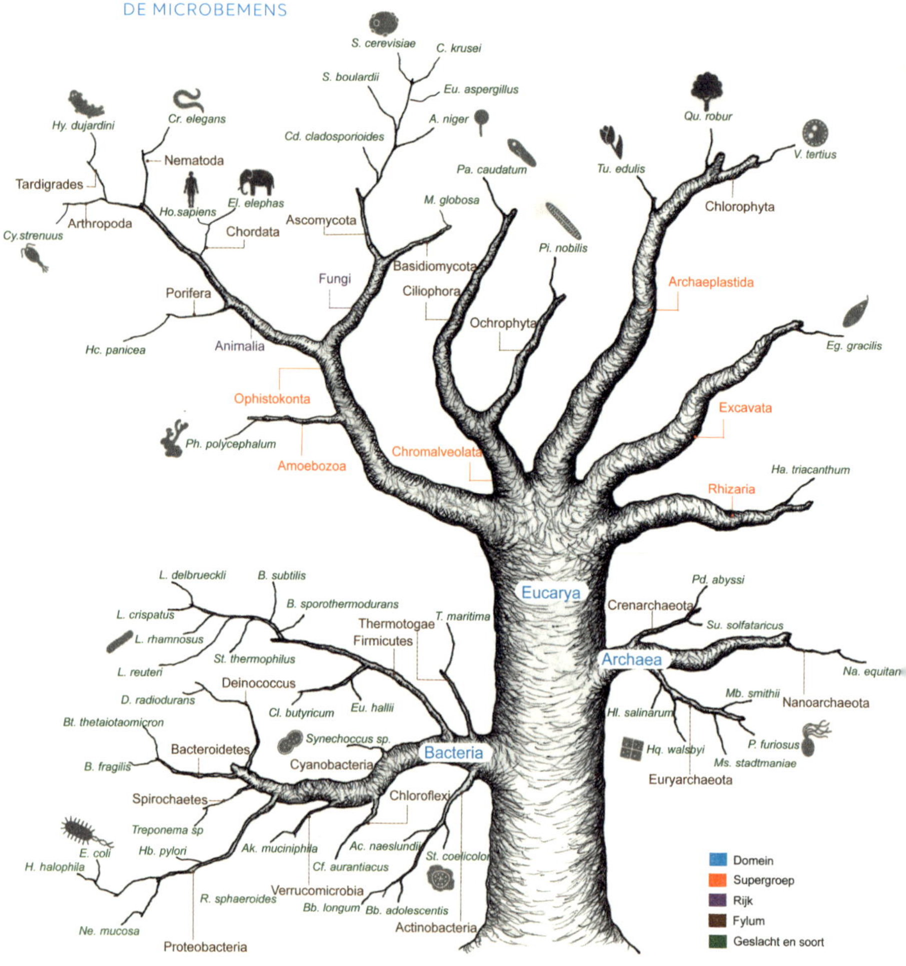

Afb. 2 De boom van het leven op aarde.
De boom laat het patroon zien waarmee de soorten van een gemeenschappelijke voorouder afstammen. Elke vertakking representeert de recentste gemeenschappelijke voorouder. De lengte van de takken heeft geen betekenis. In de boom worden de volgende groepen onderscheiden (van hoge naar lage taxonomische rang): Domein, supergroep, rijk, fylum, geslacht en soort. Alle organismen in de boom zijn onzichtbaar met uitzondering van *Homo sapiens* (mens), *Elephas maximus* (olifant), *Halichondria panicea* (spons), *Tulipa edulis* (tulp) en *Quercus robur* (eik).

trekken, lijken altijd wel weer een aantal creaturen te zitten die zich niet in een hokje laten plaatsen.

Er wordt een groot beroep gedaan op ons voorstellingsvermogen wanneer we proberen ons te verplaatsen in de dimensies van de microbiële wereld. Bacteriën zijn klein. Heel klein. De lengte en de breedte van een bacterie liggen rond de twee bij één micrometer, afmetingen die we in het dagelijks leven nooit tegenkomen. Stel, we zouden proberen de lengte van de bacterie met een liniaal te meten. De kleinst zichtbare eenheid op een liniaal is één millimeter, dat lijkt klein, slechts een tiende van een centimeter, maar het is enorm, maar liefst duizend micrometer. Om de lengte van één millimeter te bereiken, zou je dus eerst vijfhonderd bacteriën achter elkaar moeten leggen. Dit is een onzinnig idee, want waar haal je precies vijfhonderd bacteriën vandaan, hoe leg je ze achter elkaar en hoe maak je ze zichtbaar? Zijn er dan geen objecten die een rol spelen in ons dagelijks leven die zo klein zijn dat zij ons een stap dichter kunnen brengen bij ons begrip voor de lengte van één bacterie? Het oppervlak van de punt van een naald bijvoorbeeld? **Afb. 3 ▸**. De punt van een naald biedt nog steeds genoeg ruimte voor een slordige duizend bacteriën, dus dat geeft alsnog geen duidelijk beeld. De doorsnede van een haar misschien? Een stap in de goede richting. Om de doorsnede van een haar van begin tot einde te doorlopen hoeven we nog maar vijfentwintig bacteriën achter elkaar te leggen. De dikte van de wand van een zeepbel? Briljant. We zijn aangekomen bij de juiste afmeting. De dikte van de zeepbelwand komt ongeveer overeen met de lengte van een enkele bacterie.

Nu we precies weten hoe lang een bacterie is, doemt de vraag op hoe het zit met het ontwerp, met de vorm van de bacterie. Het eerste wat onze miniaturisatie-ervaring duidelijk heeft gemaakt is dat de waarneming van het mensje in de zaadcel een illusie moet zijn geweest. Het fragiele ontwerp van de mens is erg kwetsbaar en helemaal niet geschikt voor het leven op een schaal van micrometers. De architectuur van het bacteriële leven bestaat uit een stevig ontwerp, voorzien van een zeer robuuste celwand om weerstand te bieden aan de enorme krachten waar dit leven aan blootgesteld wordt **Afb. 4 ▸**. Wat de morfologie van de bacterie betreft, zien we een drietal elementaire vormen vaak voorbijkomen: de bol, de staaf en de helix, achtereenvolgens genaamd kokken, bacillen en spirillen. Een

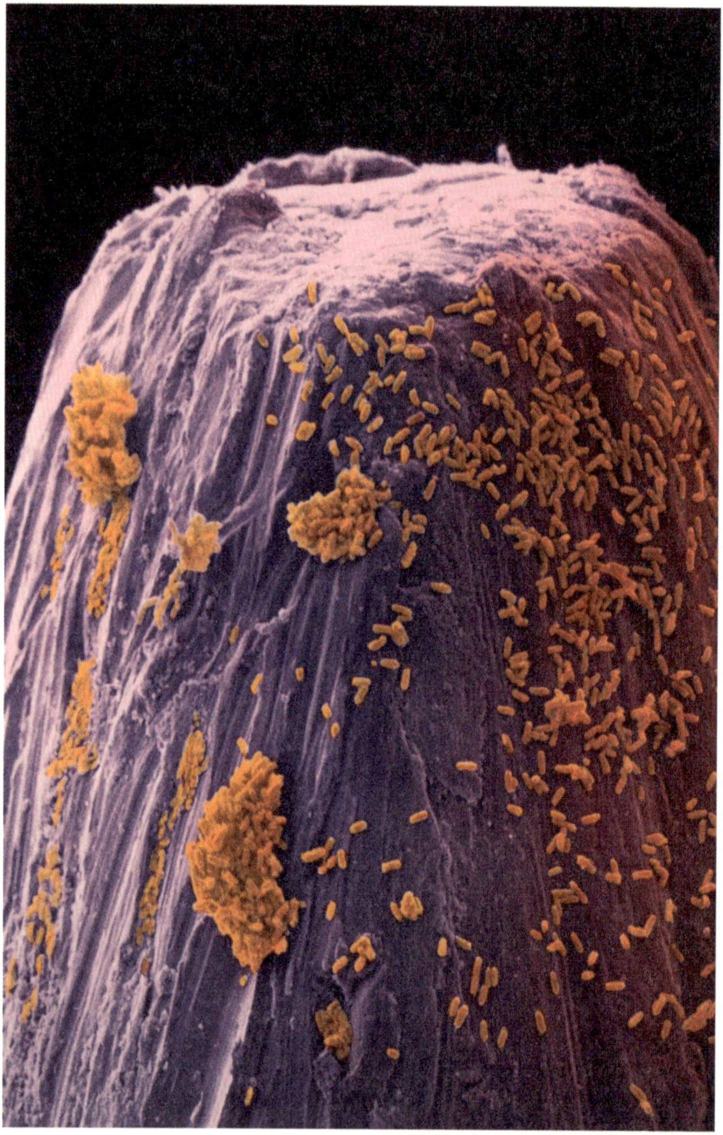

Afb. 3 Bacteriën op de punt van een naald.

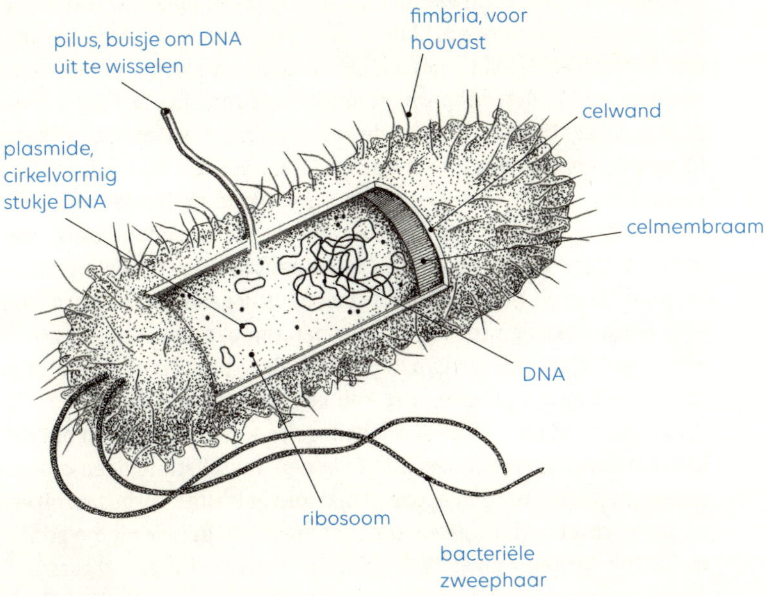

Afb. 4 De bouw van een bacterie.

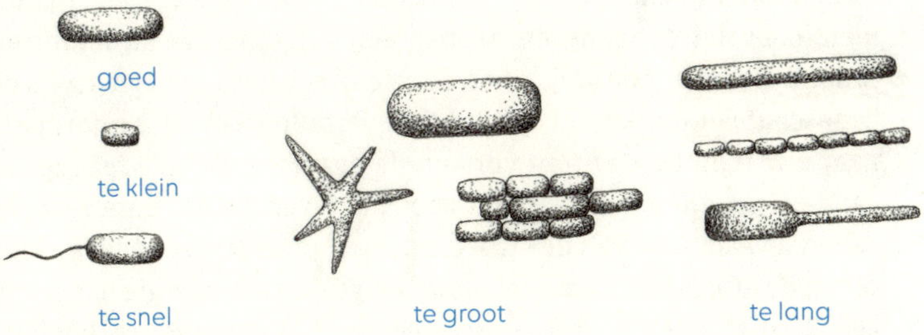

Afb. 5 De vorm van bacteriën.
Verschillende vormen als verdediging tegen bacterie-eters.

nauwkeurige inspectie van het bacteriële leven op aarde laat echter een veel grotere vormenrijkdom zien, waarvan een kurkentrekker, een komma en tal van meercellige structuren slechts enkele voorbeelden zijn. Velen, waaronder microbiologen, hebben zich nooit druk gemaakt om de vorm van de bacterie. Dat is volledig ten onrechte, want de bacterie zelf doet dat wel. Haar vorm is voor haar van levensbelang. De bacterie heeft zich ontwikkeld in allerlei gedaantes om aan de gapende muil van bacterie-etende wezens te ontkomen ◂ **Afb. 5**. Deze bacterie-eters, zoals het pantoffeldiertje, hebben in de loop van de evolutie een enorme selectiedruk gelegd op bacteriën om zich te ontwikkelen tot tal van vormen om aan hun consumptie te ontkomen. Dat principe kan zelfs aanleiding hebben gegeven tot de ontwikkeling van grotere, meercellige wezens, waaronder de mens. En nu we het daar toch over hebben: ook de mens heeft zich ontwikkeld tot een wezen dat beschikt over een aantal strategieën om aan zijn vijanden te ontkomen, ook al lijkt zijn gewelfde vorm daarbij een ondergeschikte rol te spelen. Die lijkt meer te zijn ingezet om zo aantrekkelijk mogelijk over te komen op voortplantingspartners. Dus terwijl bacteriën zich jarenlang zo onaantrekkelijk mogelijk hebben gemaakt voor vijanden door zich te ontwikkelen tot allerlei oneetbare vormen, heeft de mens zich de vorm aangenomen van een wezen dat zo aantrekkelijk mogelijk is voor het andere geslacht.

Fascinerend is dat levende wezens er erg verschillend uit kunnen zien, maar toch allemaal zijn opgebouwd uit precies dezelfde bouwstenen. Die van bacteriën zijn gelijk aan die van meercellige organismen, inclusief de mens, en hebben een vergelijkbare structuur en functie. Het DNA is de drager van de erfelijke informatie. Het RNA is de boodschapper die een rol speelt bij de vertaling van deze informatie naar eiwitten. De eiwitten vormen de enzymen die alle reacties in gang zetten die onmisbaar zijn voor het leven. Onder deze reacties vallen de aanmaak van de structurele bestanddelen voor de levende cel en de afbraak van voedsel uit de omgeving om energie te verkrijgen. Een dubbele laag vetten vormt een membraan om de cel heen: de barrière die het leven binnen de cel scheidt van het milieu buiten de cel. Deze membraan is ook van belang bij de gecontroleerde uitwisseling van stoffen om de condities in de cel constant te houden, ondanks alle veranderingen in de omgeving waaraan levende organismen nu eenmaal worden blootgesteld. Tot slot, en hiermee onderscheiden bacteriën, schimmels en planten zich van dierlijke cellen, vormen koolhydraten de ingrediënten voor een harde, doorlaatbare celwand die niet alleen bescherming biedt, maar ook de vorm van de cel bepaalt. De cellen van dieren en mensen beschikken niet over een celwand, maar alleen over een membraan.

Mogelijk bent u niet heel erg onder de indruk van het feit dat bacteriën en mensen hun bouwstenen met elkaar delen. Maar dit is pas het begin. Bacteriën en mensen delen nog veel meer eigenschappen. Net als mensen zijn bacteriën constant bezig hun omgeving te verkennen. Sommigen beschikken daarvoor over een zweepstaart waarmee ze zich kunnen voortbewegen. Verder kunnen ze een beroep doen op verschillende zintuigen, waarmee ze net als wij zien, ruiken, proeven en voelen. Op basis van wat ze waarnemen, zijn bacteriën in staat om op hun omgeving te reageren en zo bijvoorbeeld naar voedsel toe te zwemmen. Dat voedsel gebruiken ze net als wij als bron van energie en als bouwstenen. Naast eten speelt ook seks een belangrijke rol in het leven van de bacterie. En net als bij ons mensen staat die lang niet altijd in het teken van voortplanting. Een bacterie plant zich namelijk uitsluitend ongeslachtelijk voort, en wel door zichzelf in tweeën te delen. Seks heeft voor een bacterie alleen als doel om genetisch materiaal, DNA, uit te wisselen. Daardoor is zij in staat nog tijdens haar leven een aantal eigenschappen van haar partner over te nemen en daardoor haar kans op overleving te vergroten. Aan bacteriën wordt ook sociaal gedrag toegeschreven, hoewel we ons kunnen afvragen of het strikt genomen wel sociaal gedrag ís. Het gaat hierbij om activiteiten die alleen maar wat opleveren als ze in gezamenlijkheid worden uitgevoerd. Voor een individuele bacterie zou dezelfde activiteit niet veel meer zijn dan verspilde energie.

Misschien vindt u het net zo mooi als ik om te ontdekken dat bacteriën over een aantal menselijke eigenschappen beschikken. Maar waarom zou de mens zich vol ontzag moeten openstellen voor deze onzichtbare vreemdelingen? Alleen omdat ze in een aantal opzichten op ons lijken? Daarom wil ik toch nog even kort de nadruk leggen op de eigenschappen waarmee de bacterie de mens overtreft. Laat ik beginnen met de snelheid van voortplanting. Een bacterie kan zichzelf delen binnen een periode van twintig minuten. Als we één bacterie loslaten in een omgeving waarin de omstandigheden ideaal zijn en blijven, heeft zij binnen elf uur een populatie opgebouwd die de

A. De bacterie

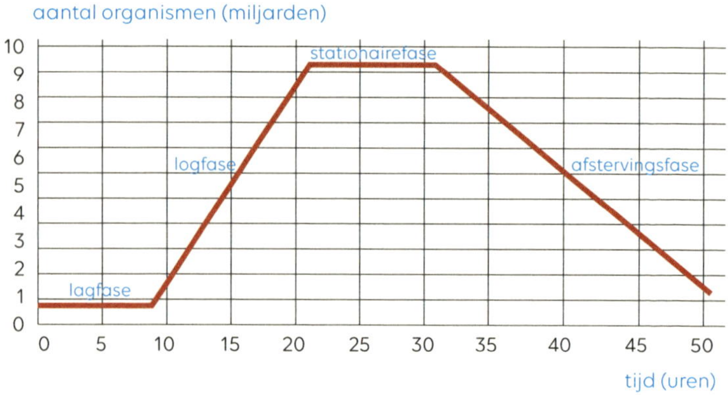

B. De mens

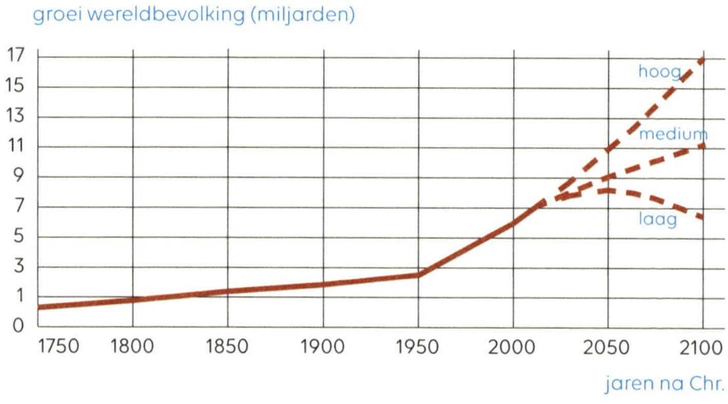

Afb. 6 Exponentiële groei van bacteriën en de wereldbevolking.
A) Een bacteriële groeicurve met een lagfase (de periode die verloopt voordat de exponentiele groei van de bacteriën begint), een logfase (de periode waarbij de populatie zich elke generatietijd verdubbelt); met een generatietijd van 20 minuten kan een bacterie zich binnen een periode van 11 uur vermeerderen tot een populatie van achtenhalfmiljard bacteriën.
B) Vergelijkbaar profiel van de (voorspelde) groeicurves van de wereldbevolking.

totale wereldbevolking overtreft ◀ **Afb. 6**. Meer dan acht miljard bacteriën! Daar hebben wij wat langer over gedaan. En mocht u zich afvragen waarom de aarde nog niet helemaal overwoekerd is door bacteriën en waarom we niet allemaal bedolven worden, dan is het antwoord duidelijk. Ze hebben altijd onvoldoende te eten.

Waar bacteriën óók veel beter in zijn? Zich aanpassen! Een mens heeft buitengewoon veel moeite zich aan te passen aan nieuwe omstandigheden. Ook al wringt hij zich in allerlei bochten en doet hij zich anders voor, in de kern blijft hij hetzelfde. Bacteriën zijn in staat tijdens hun leven nieuwe eigenschappen te verkrijgen door een fenomeen dat bekendstaat als horizontale genoverdracht. Bacteriën nemen daarbij erfelijke informatie, DNA, op uit de omgeving of van een soortgenoot en voegen die informatie toe aan het pakket erfelijke eigenschappen waarover ze al beschikken. Op die manier hebben ze een grotere kans zich aan te passen aan nieuwe omstandigheden die zich voordoen. Een grondiger aanpassing is niet denkbaar, want de bacterie is niet meer dezelfde als daarvoor, en haar verkregen eigenschappen zal ze ook doorgeven aan haar nageslacht. Als gevolg van de enorm hoge groeisnelheid en de capaciteit om zich supersnel aan hun omgeving aan te passen, hebben bacteriën het vermogen ontwikkeld om in vrijwel elke denkbare omgeving te groeien. De meeste bacteriën leven in een omgeving zonder zuurstof, en vele gebruiken koolstofverbindingen als brandstof. Er zijn ook bacteriën die net als groene planten koolstofdioxide uit de lucht 'binden'. Je vindt daarnaast bacteriën onder voor de mens zeer extreme omstandigheden zoals hoge temperaturen, hoge zoutconcentraties en een uitzonderlijk hoge zuurgraad. Er zijn bacteriën die zonder problemen groeien in aanwezigheid van een dosis radioactieve straling die honderden malen hoger is dan die welke dodelijk is voor de mens. Door het vermogen onder al deze extreme eigenschappen te gedijen, zullen bacteriën dus voortleven als wij er niet meer zijn. Microben zijn hier al meer dan drieënhalf miljard jaar. De aanwezigheid van de moderne mens strekt zich slechts uit over de laatste tweehonderdduizend jaar.

Net als de mens heeft een bacterie energie nodig om in leven te blijven. Die kan worden verkregen door voedsel uit de omgeving op te nemen. Als een bacterie eet, verteert zij een deel van het eten buiten de cel. Dat doet ze door enzymen uit te scheiden. Deze 'knippen' de vetten, eiwitten en suikers in de directe omgeving eerst in hapklare brokken. Die worden vervolgens opgenomen met behulp van transportkanalen die in de membraan zitten. Deze kanalen zijn heel selectief voor de opname van verschillende typen afbraakproducten, zodat er geen stoffen worden opgenomen waar de bacterie niet op zit te wachten. De bouwstenen die na het uiteenvallen van de grote moleculen ontstaan worden door bacteriën gebruikt om nieuwe structuren te vormen of worden nog verder afgebroken. De vrijgekomen energie wordt voor een groot deel omgezet in warmte, terwijl een klein deel wordt gebruikt voor de aanmaak van ATP. Dat molecuul werkt als een kleine batterij, waarmee de vrijgekomen energie tijdelijk kan worden opgeslagen. Door de ATP-moleculen naar een andere plek in de cel te transporteren, kan deze energie gericht worden gebruikt voor reacties, waarbij nieuwe structuren worden aangemaakt. Op die manier leidt afbraak van voedingsstoffen dus tot energie voor de aanmaak van nieuwe verbindingen waaruit de bacterie kan worden opgebouwd.

Het aanmaken van enzymen en transportkanalen voor het afbraakproces is kostbaar qua energie en bouwstenen. Bacteriën zullen dat dus alleen doen als er eiwitten, vetten of suikers in de buurt zijn. Een bacterie is in tijden van schaarste het toonbeeld van efficiëntie. Ze beperkt de kosten voor de productie van enzymen tot een minimum en maakt constant de balans op tussen kosten en baten. Ze evalueert welke voedingsstoffen zich in de buurt bevinden en welke bouwstenen ze nodig heeft. Vervolgens doet ze verstandige investeringen om aan de vraag te voldoen door de juiste transportkanalen aan te maken en enzymen te produceren. Als een bacterie zich in een omgeving bevindt waar ruim voldoende voeding aanwezig is, hoeft ze overigens weinig te doen om de voorraden aan te vullen. Alles wat zij uit haar omgeving haalt, wordt als gevolg van de bewegingsenergie, oftewel diffusie, onmiddellijk weer aangevuld. Gouden tijden voor de groei van de bacteriepopulatie.

Voor alle levensvormen spelen enzymen een onmisbare rol bij het afbreken van eten. Enzymen zijn eiwitten die werken als katalysatoren. Ze maken reacties mogelijk die normaal gesproken in de natuur niet, of liever gezegd met een extreem lage snelheid, voorkomen. Enzymen kunnen deze reacties in gang zetten doordat hun driedimensionale structuur een holte biedt waarin een molecuul in een toestand wordt gedwongen waarbij deze veel makkelijker uit elkaar valt. Enzymen werken daarbij zeer specifiek. Dat wil zeggen dat ze alleen verbindingen van één bepaald type omzetten. Voor elke stof moet over het algemeen weer een ander enzym uit de kast worden getrokken. Zo knipt bijvoorbeeld het ene enzym zetmeel tot glucose en het andere melkeiwit tot peptiden. Naast hun bijdrage aan de afbraak, spelen enzymen ook een rol bij de aanmaak van tal van verbindingen waaruit de cel is opgebouwd. Enzymen zorgen er dus voor dat er aan de ene kant bouwstenen worden vrijgemaakt uit grote moleculen in de omgeving, en dat er aan andere kant van deze bouwstenen de componenten worden gemaakt waaruit de cel is opgebouwd. De moleculaire samenstelling van een bacterie hangt dus af van de samenstelling van haar omgeving. Ook in de microbiële wereld geldt dus dat 'je bent wat je eet'. De basisprincipes voor de enzymatische vertering van voedsel zijn vergelijkbaar tussen microbe en mens. Alleen bestaat een mens uit heel veel cellen en beschikt hij over een wijdvertakt transportstelsel van bloedvaten om al zijn cellen van de verkregen energie en bouwstenen te voorzien. Een microbe beschikt niet over zo'n netwerk en is dus afhankelijk van diffusie om alle stoffen in de cel snel te kunnen aan- en afvoeren. Om die reden zit er dus een duidelijke grens aan de toelaatbare afstanden binnen de bacteriecel, aangezien de stoffen die afstanden binnen afzienbare tijd moeten kunnen overbruggen. Een bacterie zal dus altijd klein blijven.

Voor mensen wordt gesteld dat de vertering van voedsel volledig inwendig plaatsvindt. Vanaf het moment dat het onze mond binnenkomt beginnen we het te verteren. Maar is dat wel echt zo? Wat doen we anders dan tijdens het koken ons voedsel voorverteren? Tijdens het koken en bakken maken we de voedingsstoffen beter beschikbaar. Als gevolg van de hitte vallen de koolhydraten uit elkaar in kleinere onderdelen, en ontvouwen de eiwitten zich, zodat ze makkelijker afgebroken kunnen worden en efficiënter in onze darmen kunnen worden opgenomen. Het koken heeft de mensheid gered. Want daardoor hoefde de mens zich niet meer zo lang bezig te houden met kauwen en verteren, waardoor we onze aandacht konden besteden aan gewichtiger zaken. De ontwikkeling van de mens tot de wezens die we vandaag de dag zijn werd hierdoor mogelijk. Eén belangrijk risico van koken, of het voorverteren van ons eten buiten ons lichaam, iets waar we toch behoorlijk wat energie en tijd in stop-

Afb. 7 De biofilm, stad der microben.
A) Een driedimensionale reconstructie van een bacteriële stad (biofilm) gemaakt door cholerabacteriën. De bacteriën (blauw) hechten aan het oppervlak door middel van een eiwit (groen) en metselen elkaar vast door een ander eiwit (grijs). De bacteriële gemeenschap bedekt zichzelf vervolgens met een beschermende laag (rood) gemaakt door eiwitten en suikermoleculen.
B) Het middeleeuwse Labro in Italië dat gelijkenis vertoont met een bacteriële biofilm.

pen, hebben we nog niet weg kunnen nemen. Hetzelfde risico is ook in de microbiële wereld aanwezig. Daar is dit risico zo groot dat kosten noch moeite worden gespaard om het te vermijden. Het risico dat je het eten moet delen met soortgenoten die in de buurt zijn.

Wij hebben zojuist vastgesteld dat in tijden van overvloed de voorraden spontaan worden aangevoerd. Maar wat gaat de bacterie dan doen met al die energie? Een deel van de energie wordt gebruikt voor onderhoud, laten we zeggen alles wat nodig is om de motor draaiende te houden. De rest gaat naar de productie van nieuwe bouwstenen die aan elkaar worden gekoppeld met het doel binnen korte tijd zoveel mogelijk soortgenoten voort te brengen. Daar zijn bacteriën uitermate succesvol in. Dus de bouwstenen die zijn verkregen uit voedingsstoffen worden gebruikt voor de aanmaak van alle componenten waaruit bacteriën zijn opgebouwd, en indien deze in voldoende mate aanwezig zijn, zullen bacteriën zich gaan delen en uitgroeien tot een grote populatie.

In een laboratorium kunnen we zonder problemen de condities aanleggen waaronder bacteriën zich met hun hoogst mogelijke snelheid blijven delen. In de natuur zullen die omstandigheden zich echter niet of nauwelijks voordoen. En als ze al voorkomen, is het gedurende een heel korte tijd, omdat de aanvoer van voeding al snel beperkend zal zijn. U zult zich misschien afvragen wat die laboratoriumcondities precies met een bacteriepopulatie doen. Worden bacteriën ook lui, als ze geen moeite meer hoeven te doen om hun voedsel te vinden en ze alle benodigde nutriënten constant tot hun beschikking hebben? Investeren in voortbewegen wordt dan verspilde energie, simpelweg omdat het geen enkel voordeel meer oplevert. Dat is inderdaad het geval. Bacteriën verliezen net als wij het vermogen om zich efficiënt voort te bewegen na langdurig aan grote hoeveelheden voedsel te zijn blootgesteld. Na vele generaties onder rijke laboratoriumcondities zijn die bacteriën geen schim meer van de dynamische organismen die zij waren toen zij uit de natuur werden geïsoleerd. Het is een wijze les voor de microbioloog. Niet alleen mensen, ook bacteriën zijn een product van de hoeveelheid eten die ze krijgen voorgeschoteld.

Voor een goed begrip en inzicht in de bacteriële wereld kunnen we uitgaan van de situatie die we in de natuur aantreffen. Een constante uitputtingsslag door gebrek aan voedsel, heftige competitie met andere bacteriën, sterke klimaatschommelingen en het dreigende gevaar opgegeten te worden door gigantische roofdieren, zoals pantoffeldiertjes, trompetdiertjes en ander trilhaargedierte. Het lijkt me duidelijk: onder deze omstandigheden ben je kwetsbaar en moet je een beroep kunnen doen op al je zintuigen, en alles uit de kast trekken om enige kans te hebben om te overleven. In hun vindingrijkheid als het gaat om de strijd om het bestaan hebben bacteriën een groot aantal strategieën ontwikkeld om de meest barre omstandigheden te kunnen trotseren.

Een zeer effectieve overlevingsstrategie die we met het blote oog soms kunnen waarnemen, is het vermogen van bacteriën om zich te hechten aan zo'n beetje elk vast oppervlak dat ze tegenkomen, om daar vervolgens een hechte gemeenschap te vormen. Zo'n gemeenschap staat wel bekend als een biofilm, een stad vol microben ◀ **Afb. 7**. Deze microbiële steden bestaan over het algemeen uit veel verschillende soorten bacteriën en hebben wegen waarover voedings- en signaalstoffen hun route kunnen afleggen. Iedereen kent daarbij zijn rol onder het adagium 'samen sta je sterk'. Vaak nemen verschillende bacteriën afzonderlijke delen van een afbraakroute van voedingsstoffen voor hun rekening. Hierdoor kunnen er omzettingen plaatsvinden die een bacteriesoort alléén niet voor elkaar krijgt, en zijn er voedingsbronnen beschikbaar die anders onaangeroerd zouden blijven. Er zijn ook vormen van samenwerking die nog een stap verder gaan. In tijden van extreme schaarste offeren sommige bacteriën in de biofilm zich op, zodat de anderen zich als kannibalen met de voedingsstoffen van hun cellen in leven kunnen houden.

Binnen een biofilm ontstaat er dus een heel mooie rolverdeling tussen soorten. Maar ook bacteriën van één bepaalde soort ontwikkelen zich tot specialisten binnen de gemeenschap. Sommige nemen een extreem resistente vorm aan, andere activeren een systeem om DNA op te nemen uit hun omgeving, en weer andere, aan de rand van de gemeenschap, activeren het vermogen om zich los te maken en te gaan zwemmen. Op die manieren zetten bacteriën zich maximaal in om te kunnen overleven. In de extreem resistente vorm kunnen ze zeer lang slapend overleven. Door het opnemen van DNA uit hun omgeving verkrijgen ze mogelijk eigenschappen die gunstiger zijn in hun gewijzigde klimaat. En door zich los te maken en als nomaden buiten de stad vaste grond te zoeken waar de omstandigheden mogelijk beter zijn, nemen de overlevingskansen van de soort ook toe.

Welbeschouwd krijgen al deze organismen in de biofilm het karakter van één groot meercellig organisme, waarin elke bacterie haar eigen rol vervult. Bacteriën hebben als overlevingsstrategie sociaal gedrag uitgevonden. Samen bereik je meer dan alleen en vergroot je de kans op overleven. Dat principe heeft mogelijk bijgedragen aan de ontwikkeling van meercellige organismen, zoals de mens. In het geval van een biofilm vormen al die afzonderlijke cellen een meercellig levend wezen met vele verschijningsvormen en functies die op elkaar zijn afgestemd in een complexe organisatie. Toch heeft de natuur de neiging van een levende cel om voor zichzelf te kiezen niet volledig kunnen onderdrukken. Er kan een moment aanbreken waarop één cel alle gemeenschapszin laat varen en zich ongeremd gaat delen. De woekering van die cellen, die ten koste van het collectief voor zichzelf hebben gekozen, kennen we helaas maar al te goed als kanker.

Bijna alle bacteriën leven liever in een gemeenschap die gehecht is aan een oppervlakte dan eenzaam rond te moeten trekken. Ook op dit punt onderscheiden zij zich niet van mensen. Jarenlang hebben microbiologen in het laboratorium bacteriën gekweekt in flessen met vloeibare kweekmedia. Onder die omstandigheden werd uitsluitend gekeken naar bacteriën met een nomadische leefstijl. Geen kritiek op al dat onderzoek, maar het is goed te beseffen dat deze bacteriën andere eigenschappen en gedrag vertonen dan de bacteriën die zich als onderdeel van een gemeenschap hebben gehecht aan een vaste oppervlakte. Jarenlang hebben we onze aandacht gericht op de nomadische leefstijl van de bacterie. Maar dat was slechts een kortstondige overgangstoestand: de bacterie was alleen maar onderweg van de ene stad naar de andere.

Het leven in de microbiële wereld is geen picknick. De strijd om te overleven houdt dag en nacht aan, en bacteriën moeten zich continu aanpassen aan hun steeds veranderende omgeving. Daarvoor verzamelen ze voortdurend informatie uit hun omgeving, en op basis daarvan bepalen ze hun overlevingsstrategie. Om die informatie op te pikken, beschikken bacteriën over sensoren. Dat zijn eiwitstructuren die dwars door de membraan gaan, waardoor de sensor zich deels aan de binnenkant en deels aan de buitenkant van de cel bevindt. Het

A. De bacterie

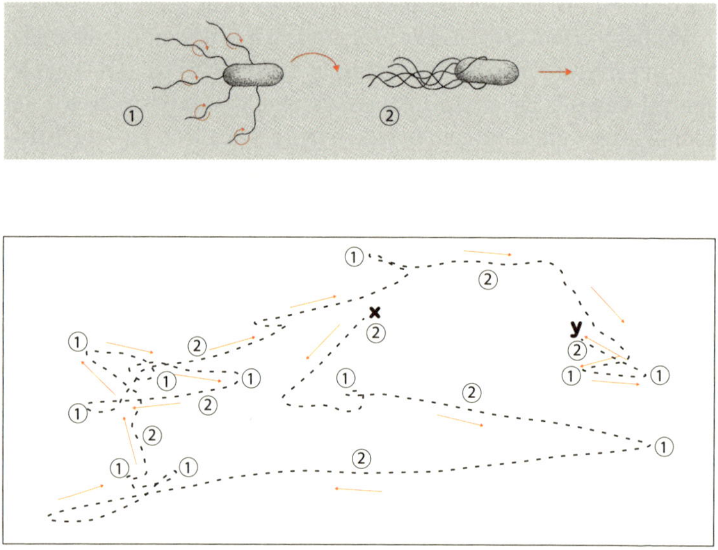

B. De mens

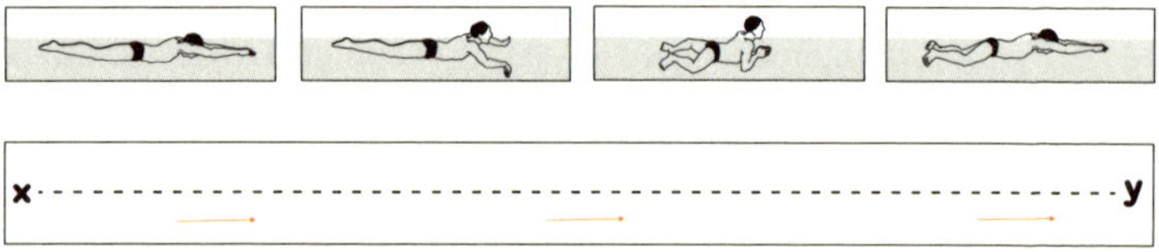

Afb. 8 Zwemmende bacterie en mens.

Het afgelegde traject van x naar y door een bacterie en een mens is aangegeven.

A: Een bacterie legt dit traject af met een 'dronkemansgang' door perioden van rechtdoor zwemmen (1) en tuimelen (2) gecontroleerd met elkaar af te wisselen.

B: Een mens zwemt dit traject min of meer in een rechte lijn.

deel aan de buitenkant is in staat om specifieke voedingsstoffen te detecteren, zoals aminozuren of suikers. Als zo'n verbinding met de sensor in contact komt, gaat er een signaal door de sensor naar de binnenkant van de cel. Via een keten van verschillende reacties komt dat signaal op de plaats van bestemming in de cel en veroorzaakt daar een reactie. De sensor zelf reageert ook op het signaal dat hij doorgeeft. Dat zorgt ervoor dat hij minder gevoelig wordt, een verschijnsel dat ook wel bekendstaat als adaptatie.

Ook de mens kent dat fenomeen. Bijvoorbeeld als het gaat om het ruiken van lekker eten. De eerste sensatie van de geur is intens en roept vaak een hongergevoel op. Als we echter langere tijd met onze neus boven het eten hangen is de sensatie niet meer zo intens als wanneer we de eerste vleug opvangen van na een lange dag werken: we zijn minder gevoelig geworden als gevolg van adaptatie. Dat mechanisme is heel belangrijk in de natuur. Door dat fenomeen vergroten we namelijk het bereik van wat we kunnen waarnemen enorm. Als we bij de eerste vleug al verzadigd zouden zijn geweest, zouden we niet meer in staat zijn hogere concentraties waar te nemen, en hadden we op basis van de geur de weg naar het voedsel nooit gevonden. Gelukkig raken onze sensoren geadapteerd, en zijn we zo weer in staat om een hogere concentratie waar te nemen en steeds dichter bij het voedsel te komen. Maar naast onze doelbewuste gang naar het geurende eten in de keuken gebeurt er nog meer. We bereiden ons lichaam voor. In onze mond wordt speeksel aangemaakt, vol met enzymen om de eerste stap te zetten in het proces van vertering. Dat is precies wat er in het geval van bacteriën ook gebeurt. Het signaal dat binnenkomt zal leiden tot de activering van genen om enzymen aan te maken die het waargenomen voedsel kunnen afbreken. In het geval van zwemmende bacteriën gaat er ook een signaal naar de motor van de cel om ervoor te zorgen dat er een koers bepaald wordt waarmee het eten zal worden bereikt.

De sensoren waar we het net over hadden worden ook wel receptoren, of nog specifieker chemoreceptoren genoemd. Bacteriën beschikken daarnaast ook over lichtreceptoren, waarmee ze bepaalde kleuren zonlicht kunnen waarnemen. Sommige bacteriën bevatten pigmenten waarmee ze energie uit zonlicht kunnen halen. Die bacteriën zullen naar een optimaal lichtklimaat zwemmen om dat te kunnen doen. Afhankelijk van de diepte in het water of de aanwezigheid van andere gepigmenteerde bacteriën zoeken ze naar het lichtklimaat dat het beste bij ze past. Het water werkt als een filter waarin een voor een de kleuren geabsorbeerd worden, steeds meer naarmate we dieper onder water duiken. Het zonlicht bevat alle kleuren van de regenboog, waarbij elke lichtkleur valt binnen bepaalde golflengtes. Het zichtbare spectrum loopt, net zoals de regenboog, van een golflengte van vierhonderd tot zevenhonderd nanometer, van violet naar blauw, groen, geel en rood. Als wij langzaam loodrecht in het water naar beneden zakken, verliest de wereld onder water stap voor stap zijn kleuren tot het helemaal donker wordt. Dat verlies van de kleuren gaat van lange naar korte golflengte. Dus de kleur rood verdwijnt als eerste. Daarom ziet alles er onder water vanaf een bepaalde diepte blauw en groen uit. Bacteriën die afhankelijk zijn van licht als energiebron houden rekening met dat effect. Zo heeft elke bacterie haar verzameling pigmenten om licht te oogsten aangepast aan de diepte waarop ze voorkomt.

De lichtsensoren die bacteriën nodig hebben om naar een optimaal lichtklimaat te zwemmen, werken bij de mens op een vergelijkbare manier. Als gevolg van de reactie met licht, de opname van een lichtdeeltje, verandert in beide gevallen de structuur binnen in de sensor, die een hele keten van reacties in gang zet. Het lichtgevoelige molecuul in het eiwit, vitamine A, kan ons lichaam niet zelf aanmaken. Daarom worden we nachtblind bij een tekort aan vitamine A en daarom zijn wortels, die carotenen bevatten waaruit we vitamine A kunnen maken, goed voor onze ogen. Het gaat dus om de eerste reactie die optreedt als het licht op ons netvlies valt en die verantwoordelijk is voor het feit dat we kunnen zien. Mens of microbe, de waarneming van licht komt op een vergelijkbare manier tot stand.

Allemaal leuk en aardig dat een bacterie in staat is de concentratie voedingsstoffen, de kleur en intensiteit van het licht waar te nemen, maar wat doet een bacterie als die informatie binnenkomt? Ze gaat eropaf, door ernaartoe te zwemmen ◀ **Afb. 8**. Maar hoe doet een bacterie dat dan? Een bacterie is zo klein dat ze niet of nauwelijks in staat is te bepalen uit welke richting de signalen komen. U kunt zich misschien voorstellen dat op een schaal van micrometers voor een bacterie licht en voeding van alle kanten tegelijk lijken te komen. Om een richting vast te kunnen stellen moet het signaal namelijk op twee plaatsen waar sensoren liggen binnenkomen, en dan moet er een vergelijking worden gemaakt. Maar een bacterie is zo klein dat die sensoren te dicht bij elkaar liggen. De exacte richting waarnemen is dus onmogelijk. De natuur heeft daarvoor een heel mooie oplossing bedacht. Een bacterie begeeft zich door de ruimte op een manier die zich nog het beste, hoewel het wat oneerbiedig klinkt voor zo'n elegante oplossing, laat beschrijven als een dronkenmansgang. Ze beweegt alsof er geen doel is, zoals wij de weg afleggen na een lange avond in de kroeg. De dronkenmansgang komt tot stand doordat de motor van een bacterie maar twee standen kent die elkaar constant afwisselen: rechtdoor zwemmen en tuimelen, waardoor de zwemrichting verandert, in een willekeurige richting.

Een bacterie neemt onderweg constant de omgeving waar om te beoordelen of haar deze beter of slechter wordt door de condities in de nieuwe omgeving te vergelijken met die van daarvoor. Wordt het beter, dan gaat de tuimelfrequentie omlaag, zodat ze in langere trajecten in de juiste richting zwemt; wordt het slechter dan gaat de tuimelfrequentie omhoog, waardoor de bacterie niet lang in dezelfde omgeving blijft hangen. Door middel van deze dronkenmansgang komt een bacterie uiteindelijk via een route met een zeer grillig verloop terecht in een beter leefklimaat. Voortbeweging vindt plaats door zweepstaarten die in een bundel opereren. Die staarten hebben een lengte van ongeveer tien micrometer, vijfmaal de lengte van de bacterie zelf. Een rotor zorgt ervoor dat de staart om zijn as draait en de bacterie zich zo met een staartbeweging als van een kurkentrekker door het water kan boren. Draait de staart tegen de wijzers van de klok in, dan zwemt de bacterie rechtdoor. Draait de bacterie met de wijzers van de klok mee, dan tuimelt ze. De draairichting van de staart wordt gestuurd door signalen uit de omgeving, en op basis daarvan besluit de bacterie rechtdoor te zwemmen of te tuimelen. Het zwemtraject van een bacterie kunnen we zien als een wijze levensles: als u minder vaker van richting verandert als de omstandigheden beter worden komt u uiteindelijk op de ideale bestemming terecht.

Een ander voorbeeld van bacterieel gedrag vind ik zo mooi dat ik het u niet wil onthouden **Afb. 9 ▶**. Bacteriën hebben namelijk zelfs een manier gevonden om de aantallen soortgenoten in hun omgeving waar te nemen. Vervolgens stemmen ze hun gedrag af op de hoeveelheid omringende soortgenoten. Dat werkt volgens een uit-

Afb. 9 Lichtproductie door bacterie en mens.
A) Dwerginktvis met lichtgevend orgaan met daarin miljarden bioluminescentiebacteriën van de soort *Vibrio fischeri*
B) Europa 's nachts met menselijke lichtvervuiling.

gekiend mechanisme met signaalmoleculen en receptoren. Bacteriën scheiden een signaalmolecuul uit, waarvoor ze zelf een receptor hebben. Als het signaalmolecuul aan de receptor bindt, worden er een aantal processen in de cel geactiveerd, waaronder de aanmaak van het signaalmolecuul zelf. Zo wordt het signaal verder versterkt. Door de diffusie kan worden uitgesloten dat een bacterie zijn zelfgeproduceerde signaalmoleculen detecteert, en is binding van een signaalmolecuul een directe aanwijzing voor de aanwezigheid van een soortgenoot. Als de populatie nu toeneemt, passeert de concentratie een kritische grens waardoor er steeds méér van het signaalmolecuul wordt geproduceerd. Nu gaan alle leden van de populatie als één man hetzelfde gedrag vertonen. Een mooi voorbeeld daarvan is de bacterie *Vibrio fischeri*, die in een speciaal orgaan van een dwerginktvis licht produceert. Het zou zinloos zijn als één enkele bacterie dat gedrag vertoonde. Want door de geringe hoeveelheid licht die één cel produceert zou alles dan nog steeds in duisternis gehuld zou zijn. Maar als gecoördineerde actie binnen het orgaan van de inktvis leidt het tot het gewenste zichtbare effect. Die symbiose tussen de inktvis en zijn bacteriepopulatie heeft als verbluffend resultaat dat de inktvis zich camoufleert door zijn silhouet te reduceren. Met hulp van de bacteriën bootst hij de kleur en intensiteit na van het invallende licht van de maan en de sterren.

We hebben gezien dat bacteriën in staat zijn voedingsstoffen te verteren en tot zich te nemen, dat ze steden kunnen stichten, hun omgeving kunnen waarnemen, en die informatie kunnen gebruiken om in een optimale leefomgeving terecht te komen. Maar hoe zit het precies met hun seksuele gedrag? **Afb 10 ▸**. In tegenstelling tot de mens is voor de voortplanting van bacteriën, zoals gezegd, seks niet nodig; die vindt altijd ongeslachtelijk plaats. Ze kopiëren hun erfelijk materiaal, maken in het midden van de cel een nieuwe celwand en splitsen zich in tweeën. Bij dat proces van voortplanting komt dus geen seks kijken, maar bacteriën kunnen onderling wel genetische informatie uitwisselen. Een deel van de bacteriepopulatie heeft een zogenaamde vruchtbaarheid of F-factor, en maakt een sekspilus aan. Een buis waarmee de bacterie contact kan maken met een soortgenoot die niet over deze F-factor beschikt. Tijdens het contact tussen de twee bacteriën wordt genetische informatie uitgewisseld. Zo krijgt de ontvangende bacterie eigenschappen van de donerende. In

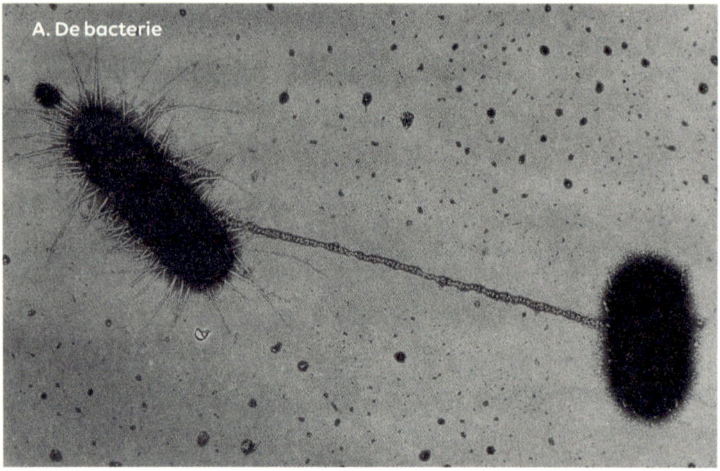

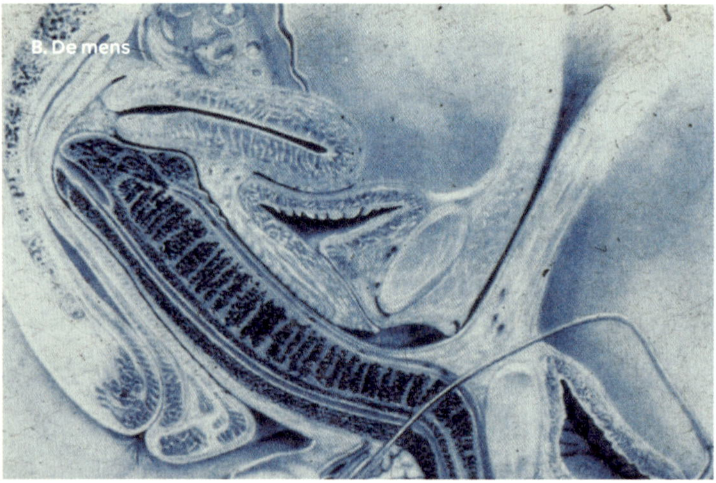

Afb. 10 DNA-overdracht door bacterie en mens.
A) Electronenmicroscopische foto van horizontale genoverdracht met een sekspilus door twee *E. coli* bacteriën.
B) Magnetic Resonance Image (MRI) van de coïtus.

dat donormateriaal zit in ieder geval de F-factor zelf, zodat de ontvangende bacterie ook een pilus gaat aanmaken en op haar beurt weer seksueel contact kan hebben met andere bacteriën. Over het algemeen vindt dat contact plaats tussen bacteriën van dezelfde soort, maar het kan ook tussen bacteriën van verschillende soorten. Voor het overleven van een populatie is het van groot belang dat er mechanismen aan het werk zijn die variaties in het DNA van de populatie aanbrengen, zodat deze zich door een proces van selectie en vermenigvuldiging aan kan passen als de omstandigheden veranderen. Bacteriële seks is maar een van de vele mechanismen die zorgen voor deze variaties. Naast willekeurige mutaties, die met een lage frequentie optreden in het DNA van bacteriën, zijn er tal van mobiele DNA-elementen actief die kunnen zorgen voor de gewenste variatie in bacteriële populaties, zodat zij zich hebben kunnen ontwikkelen tot de veelzijdige organismen die we vandaag de dag kennen.

Bacteriën zijn opgebouwd uit dezelfde bouwstenen als de mens. Ze kunnen voeding tot zich nemen, informatie uit hun omgeving waarnemen en verwerken, zich voortbewegen en ze kennen een primitieve vorm van seks door uitwisseling van DNA. Ze kunnen zich heel snel voortplanten, samenwerken in een vorm van sociaal gedrag en gedijen prima in een omgeving die continu aan verandering onderhevig is. Ze overtreffen in aantal en in massa het leven op onze planeet, waarvan ze niet alleen de eerste bewoners waren, maar ook de laatste zullen zijn, aangezien ze het vermogen bezitten zich aan te passen aan werkelijk elke denkbare omgeving. Hogere dieren zoals de mens stellen hogere eisen aan hun omgeving en zijn een stuk minder veelzijdig.

Al deze bijzondere eigenschappen vragen om een nederige houding van de mens ten opzichte van bacteriën. In plaats van de eenzijdige aanpak die gericht is op de bestrijding van bacteriën zou de mens de ongekende mogelijkheden die zij bieden beter moeten benutten. De mens zou bacteriën de ruimte moeten bieden en ze hun dagelijks voedsel moeten verschaffen. Gelukkig is dat ook precies wat de mens doet, al is dat over het algemeen onbewust. De mens is een gastheer voor de bacteriën waarmee hij een leven lang in symbiose leeft.

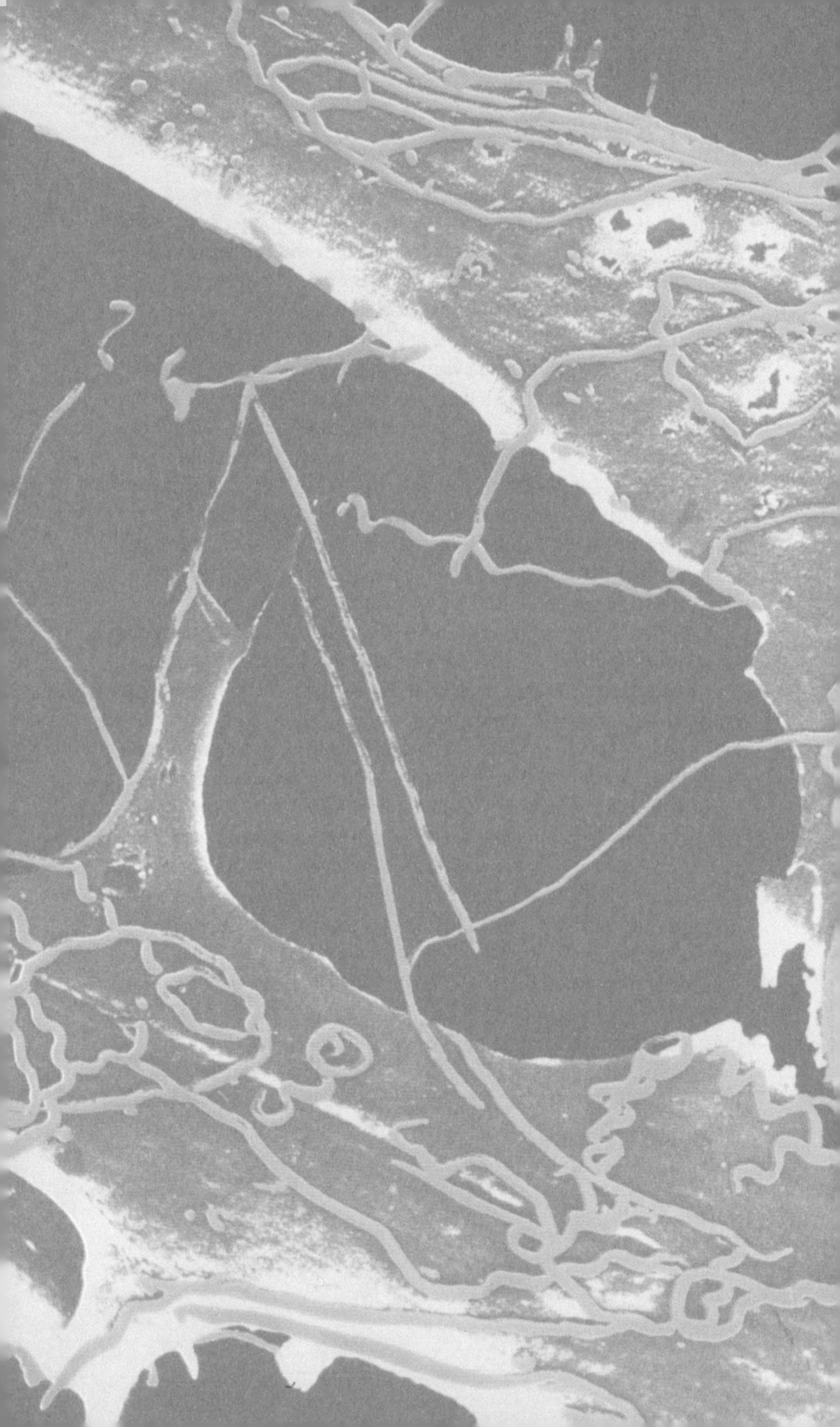

DE GASTHEER

Een mens is nooit alleen. Als een gastheer faciliteert zijn lichaam de huisvesting van een enorme verzameling onzichtbare organismen. Ons hele leven speelt zich af in samenwerking met micro-organismen die zo nauw met ons lichaam zijn verbonden dat ze welbeschouwd onderdeel van ons uitmaken. En dat is maar goed ook. Zonder die innige samenwerking met onze micro-organismen zouden we er namelijk helemaal niet zijn geweest. De mens is geëvolueerd in een wereld die vergeven is van de micro-organismen, en dat was onmogelijk geweest als niet overal in ons lichaam strategieën zouden zijn ontwikkeld om samen te leven met die micro-organismen, waaraan wij constant worden blootgesteld. In de uitgestrekte periode waarin de aarde bestaat, zo'n vierenhalf miljard jaar, komt de moderne mens pas de laatste tweehonderdduizend jaar kijken. Microben waren er al heel veel langer.

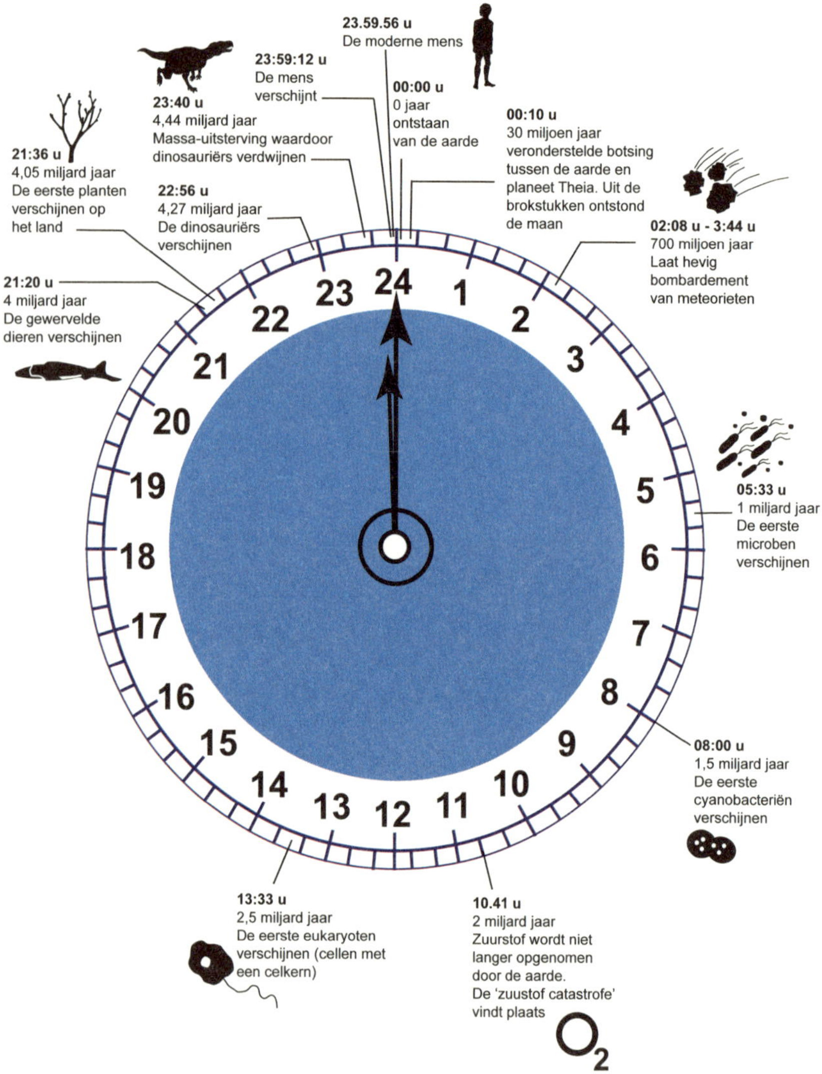

Afb. 11 Evolutie van het leven in het etmaal dat de aarde bestaat.

Volgens de laatste schattingen heersen de microben op onze planeet al meer dan drieënhalf miljard jaar. Vanaf dat moment hebben zij de geschiedenis hier geschreven. Op onze prille, afgekoelde aarde ontstonden de randvoorwaarden voor het leven. De atmosfeer was toen nog zuurstofloos en bestond mogelijk uit een mengsel van koolstofdioxide, stikstof, ammoniak en methaan. De planeet werd vanuit de ruimte van water voorzien door de inslag van kolossale ijskometen. Bacteriën waren de eerste bewoners. Zij konden goed gedijen onder de extreme, zuurstofloze condities die hier heersten. Een bijzondere groep onder hen, de cyanobacteriën, ontwikkelde op zeker moment het vermogen tot fotosynthese.

$$6\,CO_2 + 6\,H_2O \xrightarrow{\text{zonlicht}} 6\,C_6H_{12}O_6 + 6\,O_2$$

koolstofdioxine — water — glucose — zuurstof

Formule 1. Fotosynthese

Gedurende dat proces wordt met behulp van zonlicht water gesplitst, koolstof 'gebonden' uit koolstofdioxide in de lucht en komt zuurstof vrij. Het enorme succes van de cyanobacteriën heeft geleid tot een ongekende toename van zuurstof in de atmosfeer. Daardoor veranderde alles voorgoed, aangezien zuurstof voor een groot deel van het aanwezige leven zeer giftig was. Overal verplaatste het onzichtbare leven zich naar de holtes op aarde waar geen zuurstof voorkwam. Vele jaren later vond een deel van dit onzichtbare leven een niche, waar het evolueerde tot het meest complexe ecosysteem op aarde, met een onvoorstelbaar hoge dichtheid en diversiteit. De zuurstofloze omgeving van onze darmen. De voornaamste zetel midden in de mens.

Om inzichtelijk te maken hoe kort de mens pas op aarde aanwezig is, kunnen we de tijdspanne waarin de aarde bestaat in één etmaal persen ◄ **Afb 11**. In dat geval verschijnen de eerste microben om 5.33 uur 's ochtends en de eerste micro-organismen, die in staat zijn tot fotosynthese, om 8.00 uur, wat na een periode van tweeënhalf uur zal leiden tot hoge concentraties zuurstof in de atmosfeer. Dat leidt tot grote veranderingen van het leven op aarde, aangezien zuurstof giftig is voor veel organismen. Vervolgens ontstaan de eerste meercellige levensvormen, wat een groot succes in de evolutie is gebleken. Het meercellige leven heeft zich meer dan veertig keer onafhankelijk ontwikkeld vanuit onder andere bacteriën, schimmels, algen en slijmzwammen. De eerste eukaryoot ontstaat om 13.33 uur; de gewervelde dieren om 21.20 uur 's avonds. De moderne mens komt pas kijken om 23.59.56 uur, dus in de laatste vier seconden van het etmaal waarin de aarde bestaat. Alle organismen, inclusief de mens, hebben hun bestaan te danken aan het feit dat ze tot een succesvolle samenwerkingsvorm zijn gekomen met de microben die onze planeet al veel langer bevolken. Zonder die samenwerking tussen mens en microbe zouden wij geen enkele weerstand hebben tegen de micro-organismen in onze omgeving en onmiddellijk worden geïnfecteerd, overwoekerd en ontbonden. De mens zou zonder het pact dat hij heeft gesloten met zijn microben nooit een succesvol product zijn geworden van de evolutie die zich op aarde heeft afgespeeld.

Bij velen heerst de opvatting dat er slechts één manier is om te overleven tussen micro-organismen. De microben moeten te vuur en te zwaard bestreden worden. Denk daarbij aan onze smetvrees en het overmatig gebruik van desinfectiemiddelen en antibiotica. De natuur zelf, die door de eeuwen heen heeft bewezen een zeer goede leermeester te zijn, is echter tot nog een andere belangrijke strategie gekomen om te overleven in een wereld bevolkt door micro-organismen. Het uitsluiten en bestrijden van microben in ons lichaam is slechts een deel van de oplossing die de evolutie heeft opgeleverd. Die werkwijze zou ook niet effectief zijn, omdat we dan in een wapenwedloop met de microben terecht zouden komen die niet valt te winnen. Bij elke bekende vorm van afweer zijn micro-organismen namelijk in staat gebleken de aangelegde barrière op de een of andere manier te omzeilen.

Ook al zien wij overal in de anatomie en de fysiologie van ons lichaam terug dat micro-organismen bestreden en geweerd worden, het *tolereren* van micro-organismen in ons lichaam is een wezenlijk onderdeel van onze overlevingsstrategie. Eigenlijk doen we met de term tolereren de microben in ons lichaam tekort. We werken met ze samen, er is sprake van een symbiose. En zelfs daarmee drukken we ons nog voorzichtig uit. De symbiose tussen mens en microben heeft immers geen vrijblijvend karakter: voor het behoud van een goede gezondheid zijn we afhankelijk van de microben in ons lichaam.

Bacteriën beschermen ons tegen ziekteverwekkers en voeren met de enzymen die zij produceren bepaalde reacties uit in ons lichaam die wij zelf niet tot stand kunnen brengen. De populatie bacteriën in ons lichaam blijkt constant te reageren op alle prikkels die zij ontvangen vanuit ons lichaam. Zo kunnen we aan de hand van veranderingen in die populatie zien of we lijden aan een bepaalde ziekte, en de veranderingen gebruiken voor het stellen van een diagnose. Bovendien zijn wij door gebruik van recentelijk verkregen wetenschappelijke inzichten steeds beter in staat met voeding of medicatie de populatie bacteriën in ons lichaam zodanig bij te sturen dat in een beperkt aantal gevallen ziekten kunnen worden genezen, of beter nog kunnen worden voorkomen.

De bacteriën in ons lichaam doen niets voor niets. Wij faciliteren de juiste omgeving door ze een ideale temperatuur te bieden en van voedsel te voorzien, en in ruil daarvoor beschermen zij ons tegen ongewenste infecties. Daarnaast helpen ze ons met de spijsvertering, produceren ze vitamines, en zorgen ze voor de juiste 'afstelling' van ons immuunsysteem. Het voedsel voor al die bacteriën is een deel van ons eigen dieet, dat we afstaan, met name het deel dat we niet met onze eigen enzymen kunnen afbreken, zoals voor ons onverteerbare vezels. Toch is dat slechts een klein deel van het verhaal. We produceren in ons lichaam namelijk zonder het te beseffen specifieke voedingsstoffen voor bacteriën, die mede bepalen welke bacteriën op welke plaatsen in ons lichaam worden gehuisvest. Zo zit ons speeksel vol met eiwitten, zetten we constant celmateriaal en slijm af in onze darmwand en maken vrouwen in hun vruchtbare periode koolhydraten aan in hun vagina. Al deze stoffen voorzien de beschermende populatie bacteriën die we bij ons dragen van hun dagelijks voedsel. Ook ons immuunsysteem speelt een rol bij de selectie van de bacteriën die we tolereren.

Het is natuurlijk niet helemaal ten onrechte dat bacteriën een reputatie hebben opgebouwd als ziekteverwekkers. Maar die faam is gebaseerd op uitzonderingen. Een groot deel van de bacteriën die bij ons te boek staan als ziekteverwekkend behoren tot de normale microflora van ons lichaam en zijn niet alleen onschadelijk, maar zelfs nuttig. In uitzonderlijke gevallen, als de natuurlijke barrières worden opgeheven, bijvoorbeeld in het geval van een verminderde weerstand of een open wond, kunnen deze bacteriën in ons lichaam ziektes veroorzaken.

De micro-organismen in ons lichaam overtreffen volgens een bekende schatting in aantal onze lichaamscellen met een factor tien. Recentelijk is deze schatting bijgesteld tot een gelijk aantal microben en menselijke cellen, waaruit volgt dat drie tiende procent van ons lichaamsgewicht uit microben bestaat. Dat zijn er nog steeds heel erg veel. Bovendien blijken al die micro-organismen bij elkaar vierhonderd keer meer genen te bevatten dan onze eigen menselijke cellen. Er komen dus zo'n slordige acht miljoen bacteriële genen bij de twintigduizend menselijke genen die we al van onze ouders hebben ontvangen. In genetisch opzicht zijn wij microbemensen dus feitelijk meer bacterieel dan menselijk. De belangrijke vraag is nu welke erfelijke informatie van de bacteriën, die in ons lichaam wonen, gebruikt wordt en welke functie die vervult. Het hele arsenaal aan bacteriën in ons lichaam zit in ieder geval niet passief te wachten op betere tijden. Ze zijn actief en zetten reacties in gang waar wij dagelijks gebruik van maken. Die reacties zijn van belang bij onder andere bescherming tegen ziekteverwekkers van buiten, de training van ons immuunsysteem en onze spijsvertering. Dus om het dagelijks leven mogelijk te maken.

Micro-organismen zijn intieme vreemdelingen die overal op en in ons lichaam zitten, waar zij een innige relatie met ons onderhouden. Alleen tijdens de periode voor onze geboorte, in de beschermende omgeving van de baarmoeder, worden we nauwelijks blootgesteld aan microben. De eerste bacteriën die ons lichaam bevolken na de geboorte zijn van groot belang, aangezien zij het startpunt vormen voor de ontwikkeling van een populatie micro-organismen waarvan wij een deel levenslang bij ons zullen dragen. Gelukkig biedt Moeder Natuur een stevige bacteriële bagage waarmee wij de wereld in worden gestuurd. Die bacteriën komen tijdens en direct na onze reis door het geboortekanaal ons lichaam binnen via de mond en hebben het voorrecht zich als eerste in onze darmen te nestelen. Een pasgeboren baby wordt ook blootgesteld aan andere bacteriën van de moeder, zoals die welke afkomstig zijn van haar huid en haar mond. Daarnaast vindt er overdracht plaats als gevolg van contact met verzorgers en de directe omgeving. Vrijwel onmiddellijk na de geboorte kunnen bacteriën worden teruggevonden op alle oppervlaktes van het lichaam die in contact komen met de buitenwereld, waarvan de darmen verreweg het grootste oppervlak vormen. Daar vestigen zich dan ook de meeste bacteriën. Het begin van een langdurige relatie met onze micro-organismen. Zien we bij elke persoon de eerste dagen, maanden en jaren nog een grote variatie in de populatie micro-organismen die het lichaam bewonen, na een periode van drie jaar is die populatie in zekere mate gestabiliseerd. Naast de darmen zullen ook de mond, de slokdarm, de maag, de huid, de luchtwegen en de geslachtsorganen ons hele leven bevolkt worden door micro-organismen. Daarbij is het van belang om te weten dat alles waarmee ons maagdarmkanaal in contact komt zich weliswaar midden in ons lichaam afspeelt, maar biologisch toch wordt gezien als onze buitenkant. Helemaal binnen in ons lichaam, in onze weefsels, in onze bloedbanen, onze organen, de lever, de hersenen, ons hart, horen geen micro-organismen te zitten. Of laat ik me wat voorzichtiger uitdrukken. Het draait in de biologie altijd om evenwichten en systemen die in beweging zijn. Op de genoemde plaatsen in een gezond lichaam horen de aantallen micro-organismen heel erg laag te zijn.

Niet alleen direct na onze geboorte, maar gedurende ons gehele leven worden we blootgesteld aan een onvoorstelbaar groot aantal verschillende bacteriële soorten. Toch is maar een heel klein deel van al deze soorten uitverkoren om zich blijvend te nestelen in en op ons lichaam. Verreweg het grootste deel van de bacteriën waarmee we in contact komen zijn passanten. De unieke verzameling bacteriën die bij ons lichaam past is een gevolg van twee belangrijke oorzaken. Aan de ene kant zijn er allerlei mechanismen in ons lichaam aan het werk om slechts een beperkt aantal soorten toe te laten. Aan de andere kant stelt elke bacteriële soort een groot aantal voorwaarden aan zijn omgeving om zich blijvend in ons lichaam te kunnen huisvesten. Ondanks de hoge eisen die door beide partijen op tafel worden gelegd om een relatie met elkaar aan te gaan, kent ons lichaam vele verschillende niches waar mens en microbe elkaar vinden. Precies zoals de samenstelling van de vegetatie in een landschap varieert als gevolg van klimaat en bodemsamenstelling, zo varieert ook de samenstelling van de populatie micro-organismen op elke plek, of elke biotoop, in ons lichaam **Afb 12 ▶**. De soorten die zich vestigen in de mond zijn dus heel anders dan die welke we aantreffen op de huid of in de darmen. Maar ook binnen de omgeving van de mond, de huid of de darmen kunnen de condities sterk variëren en zien we grote verschillen binnen de microbiële populaties. Zo is de oksel een oase in het land-

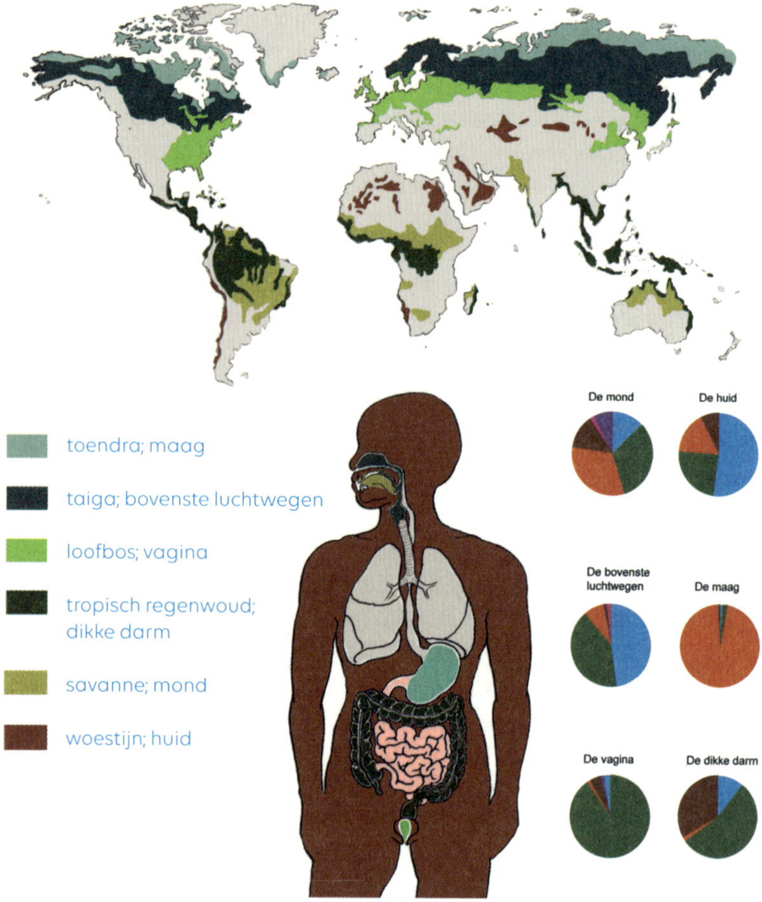

Afb. 12 Biomen op de aarde en ons lichaam.
Boven: Een selectie van de biomen op aarde die zijn gedefinieerd naar vegetatie: toendra, taiga, loofbos, tropisch regenwoud, savanne en woestijn.
Onder midden: De micro-biomen op en in de mens: de maag, de bovenste luchtwegen, de vagina, de dikke darm, de mond en de huid.
Onder rechts: Cirkeldiagrammen met samenstelling van bacteriële fyla in het menselijk lichaam. Blauw: Actinobacteria. Groen: Firmicutes. Oranje: Proteobacteria. Bruin: Bacteroidetes.
Magenta: Cyanobacteria. Paars: Fusobacteria.

schap van de huid, een uitgestrekt gebied waar bacteriën over het algemeen in betrekkelijk lage aantallen voorkomen. De huid kent niet alleen vochtige, maar ook droge en vette plekken, die sterk variëren in bacteriële samenstelling. De soorten en aantallen die worden aangetroffen op de tong zijn niet gelijk aan die op de tanden, of op het gehemelte. Het milieu in de maag en het begin van de dunne darm is door de hoge zuurgraad een stuk minder vriendelijk voor bacteriën dan dat in de dikke darm en bevat dus ook veel lagere aantallen micro-organismen.

Indien we ons een goed beeld willen vormen van de leefomgeving van de bacteriën die in en op ons lichaam voorkomen, is het van belang iets meer over de anatomie van het menselijk lichaam te weten, meer in het bijzonder over de barrières die het heeft opgeworpen om bacteriën buiten de deur te houden. Alle oppervlaktes op ons lichaam die blootgesteld worden aan de buitenwereld zijn bedekt met een bekleding die bestaat uit een laag gespecialiseerde cellen, de epitheelcellen. Zij vormen de beschermende deken om het kwetsbare weefsel en de organen van ons lichaam. We kunnen deze bekleding onderverdelen in twee typen: het droge epitheel, dat de bovenste laag van de huid vormt, en het vochtige epitheel, dat de ogen en alle inwendige structuren betreft die in direct contact staan met de buitenwereld, waaronder de darmen en de longen. Vochtige epitheelcellen maken onderdeel uit van het slijmvlies, dat continu slijm produceert. Dat slijm heeft een aantal uiteenlopende functies. Het dient als glijmiddel, waardoor het schade aan de darmwand voorkomt, en het zorgt er in ons maagdarmkanaal voor dat voedingsstoffen zich door de stroperigheid van het slijm langzaam verplaatsen, waardoor ze efficiënter kunnen worden opgenomen.

Het volledige oppervlak van het slijmvlies in ons lichaam is meer dan honderd keer zo groot als dat van de huid. Terwijl de huid van een volwassen individu bijna twee vierkante meter beslaat, bedekt het slijmvlies van de luchtwegen maar liefst tachtig en dat van de darmen zelfs een oppervlakte van tweehonderd tot driehonderd vierkante meter. Door die enorme afmetingen kunnen de darmen dus op een efficiënte manier voedingsstoffen opnemen uit het eten dat de maag net heeft verlaten. Het is wonderlijk dat dit past in de dunne darm, met een totale lengte van 'slechts' vijf tot zes meter. De enorme oppervlaktevergroting wordt bereikt door een ingenieus ontwerp.

De dunne darm is geen eenvoudige holle buis met een glad oppervlak, maar kent een sterk geplooide structuur. Deze plooien bevatten uitstulpingen van ongeveer één millimeter lengte, waarop weer heel fijne borsteltjes staan. Door de combinatie van al deze verfijnde structuren is het mogelijk met een volledig gladgestreken dunne darm het oppervlak van een volledige tennisbaan te bedekken.

De plaats waar onze microben zich nestelen is het epitheel. De cellen van het epitheel zitten vast aan het onderliggende weefsel met een eiwit dat bekendstaat als collageen. Dat vormt ongeveer een kwart van alle eiwitten in ons lichaam en houdt letterlijk de boel bij elkaar. Helaas stokt de productie van collageen als we ouder worden, waardoor de huid veroudert en er rimpels ontstaan. De epitheelcellen komen in ons lichaam voor in verschillende vormen. Een efficiente opname van voedingsstoffen en zuurstof is een van de belangrijkste functies van het epitheel. Om die reden is het in bijvoorbeeld de darmen en de longen heel dun en bestaat het slechts uit één of een paar cellagen. De epitheelcellen zijn plat, kubus- of cilindervormig en zijn soms bedekt met trilharen. Het epitheel bestaat grotendeels uit levende cellen, maar een aantal daarvan produceert het hoornachtige materiaal keratine, waardoor ze uitdrogen en doodgaan. Deze dode cellen vormen het droge epitheel, de bovenste laag van onze huid. Keratine is trouwens ook het eiwit dat het belangrijkste bestanddeel vormt van onze haren en nagels.

Het epitheel kan dus worden beschouwd als de beschermende bekleding van ons lichaam. Die is precies zo ontworpen dat ze kan voldoen aan de specifieke taken die nodig zijn op elke specifieke plek in ons lichaam. Vandaar dat de bekleding vele variaties kent. In de wand van de dunne darm beschikt het epitheel zoals gezegd over heel fijne borsteltjes die de wandoppervlakte vergroten om op efficiënte wijze voedingsstoffen op te nemen. In de blaas zijn er lagen aangelegd met verschillende vormen, die het mogelijk maken om het epitheel samen te trekken. In de vagina en de mond is er sprake van lagen van plaveiselepitheel, waarbij elke opeenvolgende laag net iets platter wordt, speciaal ontworpen voor de blootstelling aan schurende bewegingen. Soms is de bekleding voorzien van keratine, zoals bij de huid en de gewelfde bovenwand van de mondholte, het gehemelte. Er is ook een variant bekend die minder goed bestand is tegen slijtage en die slechts bestaat uit één laag van het plaveiselepitheel. Die cilindervormige cellen vinden we in de longblaasjes van de luchtwegen. Ze zijn voorzien van trilharen die constant in beweging zijn om slijm, met de daarin gevangen bacteriën, naar boven te transporteren. Daar aangekomen worden ze uitgespuugd of doorgeslikt. In het laatste geval maken de bacteriën een korte reis door de slokdarm en sterven ze massaal in het maagzuur. Epitheelcellen sluiten heel nauw op elkaar aan zodat voedingsstoffen alleen door het epitheel heen getransporteerd kunnen worden. Een selectief proces, waarbij de epitheelcellen aan de ene zijde nutriënten vanuit de darm opnemen en die vervolgens aan de andere zijde in ons lichaam weer uitscheiden. Deze opname vindt constant plaats wanneer nutriënten door de darmen heen getransporteerd worden.

De schitterende paradox van het epitheel is dat het enerzijds bacteriën buiten de deur houdt en het onderliggende weefsel zodoende beschermt tegen een invasie, maar anderzijds juist bij uitstek de leefomgeving in ons lichaam biedt waar de symbiose tussen mens en microbe gestalte heeft gekregen. Het epitheel kan beschouwd worden als een grote verzameling biotopen waarin telkens weer een ander selectief gezelschap van bacteriën kan plaatsnemen. Laten we eerst eens kijken naar de mechanismen die aan het werk zijn om ongewenste bacteriën uit te sluiten. In de eerste plaats vormt het epitheel zelf natuurlijk een belangrijke barrière om penetratie van bacteriën naar de onderliggende weefsels te voorkomen. Daarnaast wordt er slijm uitgescheiden dat voorkomt dat bacteriën kunnen doordringen tot de onderste laag. Dat slijm wordt constant geproduceerd en laat los, waardoor de bacteriën die erin zitten meekomen en ons lichaam verlaten. Niet alleen het slijm maar ook de volledige buitenste laag cellen laat los. Die schilferende oppervlaktes zijn een ingenieuze uitvinding van de natuur. We stoten keer op keer de cellen van ons epitheel af en verwijderen daarmee het buitenste laagje van onze inwendige bekleding. Zo wordt de volledige verzameling bacteriën verwijderd die zich daar tevoren had genesteld. Onder de bekleding bevindt zich telkens weer een nieuwe laag die bescherming biedt tegen de volgende lading bacteriën. Dat proces vindt dus constant plaats op alle plekken in ons lichaam waar het epitheel zit, zoals in onze luchtwegen, onze mond, onze darmen en in de vagina. Ook de huid maakt constant nieuwe cellen aan en stoot de oude af. Soms gaat dat proces te snel, dan zien we het resultaat daarvan terug in de vorm van met roos besneeuwde schouders. Afgezien van schilfering vormen dode, uitgedroogde cellen een goede bescherming tegen bacteriën, omdat die zich er niet graag nestelen. Het is een woestijn voor ze. Er is onvoldoende water en er zijn niet genoeg voedingsstoffen, waardoor ze slechts in betrekkelijk lage aantallen op de huid aanwezig zijn. Tot slot scheidt ons epitheel tal van antibacteriele verbindingen uit die in staat zijn bacteriën te doden of de groei ervan te remmen.

Terwijl het slijm wordt uitgescheiden om bacteriën te vangen, is het ook een bron van voedingsstoffen voor bacteriën, wat van belang is als er geen andere bron van voeding aanwezig is. We voeden onze microben dus letterlijk met het slijm dat we zelf produceren. Dat leert ons ook dat geen enkel afweersysteem dat we bij de mens kunnen vinden volledig waterdicht is. Er is immers altijd wel een bacterie te vinden die in staat is het te neutraliseren of, slimmer nog, aan te wenden in zijn eigen voordeel. Het slijm wordt in sommige gevallen geconsumeerd door een verzameling van bacteriën die genoodzaakt zijn met elkaar samen te werken, omdat ze het alleen door een gezamenlijke inspanning kunnen verteren. Sommige van onze darmbewoners zijn echter zo gespecialiseerd dat ze de volledige afbraakroutes in huis hebben om het slijm zonder hulp van anderen te kunnen afbreken en omzetten. Het zou natuurlijk dramatisch zijn als het slijm volledig geconsumeerd zou worden door micro-organismen. Dan zou het zijn beschermende rol niet langer kunnen vervullen. Gelukkig overtreft de snelheid van bacteriële consumptie niet die van onze productie. Een treffende demonstratie van een perfecte afstemming van de samenwerking tussen mens en microbe.

We hebben gezien dat er tal van mechanismen aan het werk zijn om bacteriën buiten de deur te houden, en dat sommige organismen kunnen groeien op het slijm dat we produceren. De vraag blijft dan hoe we bepaalde micro-organismen precies tolereren. Ons immuunsysteem speelt daarbij een cruciale rol. Jarenlang hebben we gedacht dat het er uitsluitend op gericht is om micro-organismen buiten de deur te houden, maar inmiddels zijn we tot het inzicht gekomen dat het er ook op gericht is om gewenste micro-organismen toe te laten en bij ons te houden. Een deel van onze immuuncellen is in staat om bepaalde bestanddelen van micro-organismen te herkennen. Typische voorbeelden daarvan zijn eiwitten in de zweepstaart van bacteriën of bestanddelen in de celwand van bacteriën. Deze stoffen vormen een signatuur, zodat wij gewenste microben in ons lichaam kunnen herkennen en met rust laten.

De herkenning van deze stoffen vindt plaats door zogenaamde 'Toll-like receptoren' die zich bevinden in epitheelcellen en witte bloedcellen en die, zoals de naam al doet vermoeden, door een groep enthousiaste Duitse onderzoekers voor het eerst zijn beschreven. De Toll-like receptoren vormen een klasse van eiwitten die een rol spelen als onderdeel van ons aangeboren afweersysteem. Activering van deze receptoren zorgt voor de uitscheiding van signaalstoffen die een ontstekingsreactie veroorzaken waarbij witte bloedcellen worden gerekruteerd die bacteriën opnemen en vervolgens verteren. De receptoren zijn echter niet overal even actief. Zolang de bacteriën zich netjes gedragen en niet onze cellen binnendringen, wordt dit verdedigingsmechanisme niet in werking gesteld. Zo kunnen we onderscheid maken. Micro-organismen waarmee we in symbiose leven zijn zelf ook in staat om stoffen aan te maken die een remmend effect hebben op ontstekingsreacties. Zo wordt ons immuunsysteem om de tuin geleid. Ook 'vermommen' sommige microben zich door stoffen aan te maken die moeilijk te onderscheiden zijn van die van menselijke cellen. We lijken dan dus op elkaar in moleculair opzicht, en daardoor worden sommige microben in ons lichaam minder snel herkend, en beoordeeld als lichaamsvreemd. Bovendien zijn de antimicrobiële stoffen die door de epitheelcellen worden uitgescheiden niet effectief tegen alle micro-organismen, zodat we een selectief gezelschap van bacteriën tolereren. Overigens worden de voorbijkomende bacteriën niet alleen gehinderd door de antimicrobiële stoffen van de gastheer, maar vooral ook door de vele antimicrobiële stoffen die geproduceerd worden door de overige aanwezige bacterien. Het is dus onze eigen microflora die samen met ons immuunsysteem ten strijde trekt om een gezonde populatie in stand te houden. Verder circuleren er antilichamen die binden aan eiwitten die bacteriën gebruiken om aan gastheercellen te hechten. Daardoor kunnen de bacteriën geen plaats meer vinden binnen de gastheer! Bovendien klonteren al die bacteriën na binding van deze antilichamen aan elkaar, waardoor ze zich nergens meer aan kunnen hechten en makkelijk kunnen worden afgevoerd.

Nu we weten dat er grote aantallen bacteriën in ons lichaam huizen, waarmee we een leven lang samen moeten leven, doet de vraag zich voor hoe die daar precies zijn gekomen. Vanaf welk moment in ons leven worden we precies gekoloniseerd door bacteriën? En hoe ontwikkelt deze populatie zich in de eerste fase van ons leven? Lang werd gedacht dat we ons in de eerste negen maanden na de conceptie in een volledig steriele omgeving in de baarmoeder bevinden, zonder enige invloed van bacteriën. Maar dat beeld van de baarmoeder zonder bacteriën is op zijn retour. Zelfs voor onze geboorte worden we al aan bacteriën blootgesteld en wordt er mogelijk al een start gemaakt met het leerproces om na de geboorte adequaat te kunnen reageren op de bacteriën in onze omgeving. In het vruchtwater waarin we als foetus ronddobberen zijn al bacteriën gevonden die in de darmen van het ongeboren kind terechtkomen, omdat het vruchtwater wordt ingeslikt. Die bacteriën zijn in heel lage concentraties aanwezig, en komen overeen met soorten die we vinden op plaatsen in het lichaam van de moeder waar de concentraties bacteriën heel hoog zijn, zoals de mond, de darmen en de vagina. Die bacteriën vinden mogelijk hun weg vanuit de darmen of de mond naar het vruchtwater via de bloedbaan. Ze worden daar via de epitheelcellen in de mond en de darmen opgenomen en verder via de bloedbaan getransporteerd. Dat klinkt wat wonderlijk, aangezien dat toch de barrière zou moeten zijn die juist bacteriën moest tegenhouden, maar de mate waarin bacteriën worden opgenomen in de darmen blijkt tijdens de zwangerschap sterk vergroot. Een zwangere vrouw is dus kwetsbaar omdat zij meer risico loopt door een verhoogde opname van bacterien, waarbij de witte bloedcellen van het afweersysteem zelf dienen voor het transport van de bacteriën. Daar zien we de paradox weer terugkomen: het afweersysteem dat ontworpen is om bacteriën te bestrijden doet tevens dienst als transportsysteem en faciliteert mogelijk de overdracht van bacteriën van moeder naar kind.

Voordat we de eerste slok moedermelk hebben genomen, vormen we al onze eerste ontlasting. In dit meconium zijn onze eerste bacteriën terug te vinden, samen met de restanten van onze eerste lagen darmepitheel, gal en bloed. Deze eerste bacteriën zijn mogelijk van belang bij een goede start op deze wereld. Het vruchtwater is zeker niet de belangrijkste bron van bacteriën die we in ons prille leven van onze moeder meekrijgen. Haar bacteriën bereiken ons voornamelijk via andere kanalen. Het geboortekanaal bevat namelijk hoge concentraties melkzuurbacteriën, waarmee we in contact komen tijdens de geboorte. Ook bacteriën uit de ontlasting van de moeder zijn bij de geboorte in overvloed aanwezig. Die komen ons lichaam binnen via onze mond en nestelen zich in onze darmen. Baby's die met een keizersnede ter wereld komen en daarnaast met antibiotica worden behandeld, blijken een geheel andere microflora te ontwikkelen. Daarbij speelt de huid van de moeder een belangrijke rol als bron van bacteriën. De training van ons immuunsysteem door blootstelling in die eerste dagen is van groot belang. Studies suggereren dat kinderen die met een keizersnede geboren worden een verhoogd risico lopen op de ontwikkeling van auto-immuunziekten zoals astma en inflammatoire darmziekten.

Tot slot ontvangen wij ook nog bacteriën via de moedermelk. Dat is fascinerend. De vraag doet zich meteen voor langs welke route deze bacteriën precies in de moedermelk terechtkomen. Analyses laten zien dat de bacteriën in moedermelk niet te onderscheiden zijn van die welke voorkomen in de darmen van de moeder. Na de geboorte ontvangen we via de moedermelk grote hoeveelheden witte bloedcellen. Het is goed mogelijk dat bacteriën de lange reis van de darm naar de melkklieren in de borst afleggen in witte bloedcellen. Die schakelen bacteriën uit door ze te omsluiten en inwendig te verteren. Maar zoals al duidelijk werd, is geen enkel onderdeel van ons afweersysteem volledig waterdicht. Er zijn altijd wel een paar bacteriën die zich zo hebben aangepast dat zij de dans kunnen ontspringen. Sterker nog: ze maken handig gebruik van ons afweersysteem en liften mee met witte bloedcellen die dienstdoen als vehikels voor transport door ons lichaam.

Als we de hoeveelheden bacteriën in het vruchtwater en moedermelk in ogenschouw nemen, blijken de aantallen erg laag en doet zich de vraag voor hoe belangrijk zij precies zijn voor het tot stand komen van de darmflora van baby's. Het zijn vooral de voedingsstoffen in de moedermelk die van grote invloed zijn op de flora in de babydarm. Speciale suikers, die in borstvoeding zitten, zijn bepalend voor de samenstelling van de darmflora. Die suikers worden met name geconsumeerd door bifidobacteriën. Dit type blijkt de babydarm volledig te overheersen tot het moment waarop de baby overstapt op vaste voeding. Dan daalt hun aantal naar een paar procent van het totale aantal in de darmen. Bifidobacteriën zijn bekende weldoeners en bieden de baby bescherming op een aantal fronten. Ze beschikken over een uniek pakket aan genen om de speciale melksuikers efficiënt op te nemen en om te zetten, en zo laat deze soort mogelijke ziekteverwekkers heel ver achter zich. Verder produceren bifidobacteriën vetzuren die dienen als favoriete voeding voor andere bacteriën, die direct betrokken zijn bij de ontwikkeling van het darmepitheel en de juiste afstelling van het immuunsysteem. Bovendien hebben de suikers uit moedermelk zelf ook nog een beschermende functie. Ze binden aan ziekteverwekkende bacteriën zoals *Salmonella, Listeria* en *Campylobacter,* waardoor die zich niet meer kunnen hechten aan het darmepitheel. Zo blijven deze soorten op veilige afstand van de darmwand. Baby's die in water opgelost poeder van koemelk krijgen, kennen een andere samenstelling van de darmflora, omdat de genoemde suikers uit de moedermelk ontbreken. Om dat probleem te voorkomen worden tegenwoordig dat type suikers, bekend onder de namen fructo-oligosacharide (fos) en galacto-oligosacharide (gos), aan melkpoeders toegevoegd. Het is echter veel te kostbaar om de suikers met exact dezelfde structuur en in dezelfde compositie als die in moedermelk toe te voegen. Het blijft dus een vervanging. Er gaat als het aan de darmflora van de baby ligt niets boven moedermelk.

Als we het hebben over de overdracht van bacteriën van moeder naar kind, dan zien we dat er allerlei mechanismen aan het werk zijn in het lichaam van elke zwangere vrouw om die overdracht te faciliteren en ervoor te zorgen dat de juiste bacteriën gaan domineren in de babydarm. Over het algemeen gaat de aandacht in dit verband uit naar ziekteverwekkende bacteriën, maar zij vormen de uitzonderingen. Dat illustreert dat er een omslag in onze manier van denken nodig is. In plaats van ons te richten op een beter begrip van de gezonde situatie gaat te veel aandacht uit naar het uitsluiten van elk risico om ziek te worden. Risico's uitsluiten is natuurlijk goed en verstandig, maar er zit vaak een prijs aan vast. Die wordt vaak over het hoofd gezien. Het op korte termijn genezen of voorkomen van infecties door veelvuldig gebruik van antibiotica kan bijvoorbeeld leiden tot een ontregeld immuunsysteem door gebrek aan blootstelling aan bacteriën op de lange termijn. Het draait dus om het vinden van een balans. Welke risico's ben ik bereid te accepteren? De discussie daarover wordt naar mijn idee te weinig gevoerd.

Om een voorbeeld te geven van zo'n risico in de overdracht van bacteriën van moeder naar kind: grote problemen kunnen ontstaan als ziekteverwekkende bacteriën kans zien gebruik te maken van de route van die overdracht en zich laten meevoeren door witte bloedcellen op transport door ons lichaam. Een bekend voorbeeld daarvan is *Listeria monocytogenes*, die in staat is de darmbarrière te passeren en ook overleeft in het voor bacteriën agressieve inwendige milieu van de witte bloedcel. De witte bloedcellen in onze bloedbaan transporteren deze bacterie, die zich erg goed kan binden aan barrières in ons lichaam, zoals de bloed-hersenbarrière, maar ook de placentabarrière, waardoor *Listeria* niet alleen een bekende veroorzaker is van hersenvliesontsteking, maar ook van een miskraam of vroeggeboorte. Omdat zwangere vrouwen een verhoogde opname van bacteriën laten zien, vormen juist zij een risicogroep voor het oplopen van een *Listeria*-infectie. De *Listeria*-bacterie houdt van een eiwitrijke omgeving en komt heel soms voor in rauwe melk en kazen die daarvan zijn gemaakt, zoals brie, roquefort, gorgonzola en camembert. Deze delicatessen worden daarom ook afgeraden voor zwangere vrouwen.

DE VAGINA

Wat op het eerste gezicht een eenvoudig kanaal lijkt dat de baarmoeder met de buitenwereld verbindt, blijkt een complexe biotoop, waarin de aanwezige microben gevoed worden door organische verbindingen die verschaft worden door het menselijk lichaam zelf. Komt in de mond en het maagdarmkanaal het overgrote deel van het voedsel voor de bacteriën van buiten, in de vagina komt de voeding van binnenuit. Een vruchtbare vrouw biedt een constante bron van suikers, waaronder voornamelijk glycogeen, glucose en mannose, waar melkzuurbacteriën zich tegoed aan doen. Als tegenprestatie zetten die bacteriën de suikers om in melkzuur, en dragen daardoor bij aan een hoge zuurgraad, waardoor de meeste schadelijke bacteriën buiten de deur blijven. **Afb 13 ▸**

Daarnaast genereren melkzuurbacteriën de geur van de vagina, en die blijkt een belangrijke rol te spelen bij de seksuele aantrekkingskracht. Uit onderzoek met proefdieren blijkt bijvoorbeeld dat een

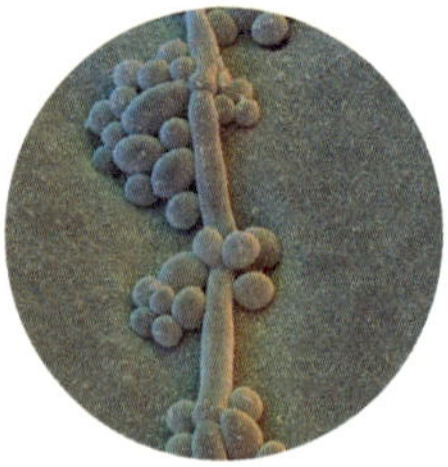

A1

A2

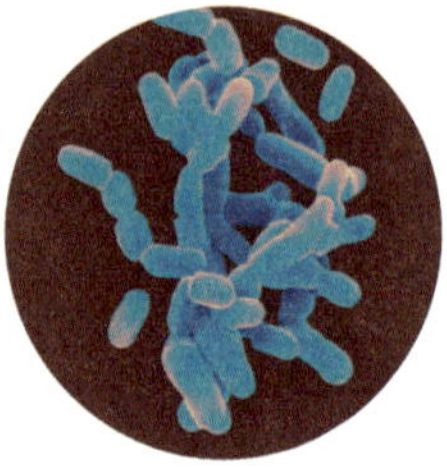

A3

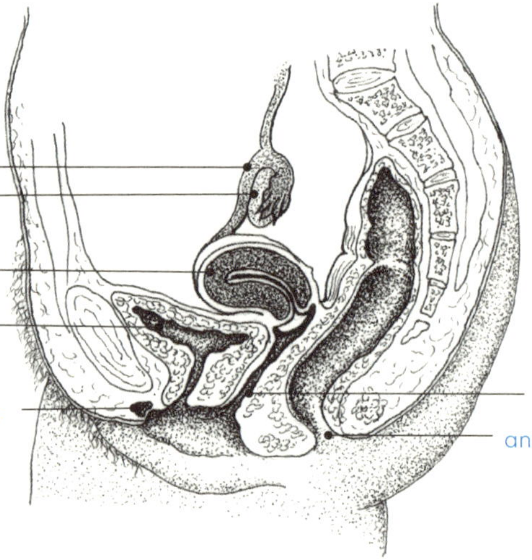
eileider
ovarium
baarmoeder
urineblaas
clitorus
vagina
anus

B

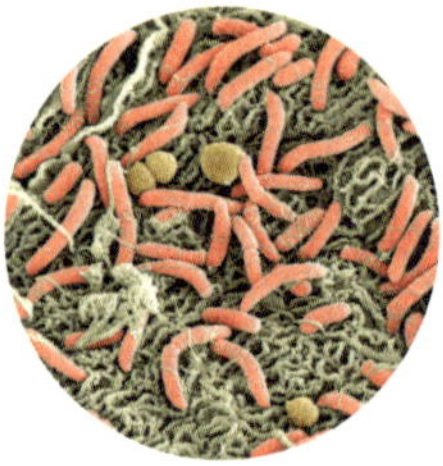

A4

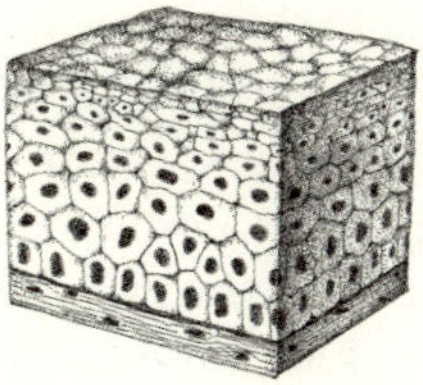

C

- Meerlagig plat epitheel niet-verhoornend
- Oppervlak 360 cm^2
- pH 3.8 – 6.5
- Aantal bacteriën ~ 1 miljard
- Lage diversiteit

D

Afb. 13 De vagina.

A) Leden van de vaginale flora:

1. *Candida albicans* is een normale bewoner van de darmen en komt voor op de huid en in de mond. Bij verminderde weerstand of een antibioticumkuur kan de schimmel in de vagina de plaatselijke bewoners overgroeien en is er sprake van infectie. De vagina geeft meer afscheiding dan normaal en jeukt en ruikt sterk. Dit heet witte vloed.

2. *Treponema pallidum* is een bacterie, die geassocieerd wordt met de geslachtsziekte syfilis. De bacterie leeft zonder zuurstof. Er zijn meer *Treponema*-soorten die geen ziekte bij de mens veroorzaken dan soorten die dat wel doen.

3. *Gardnerella vaginalis* is een bacterie die in geringe aantallen in de vagina voorkomt, maar in geval van bacteriële vaginose (BV) overheerst de bacterie, waarbij de pH in de vagina is verhoogd. BV gaat lang niet altijd gepaard met symptomen maar leidt wel tot een verhoogd risico op seksueel overdraagbare aandoeningen.

4. De melkzuurbacterie *Lactobacillus crispatus* is de meest voorkomende bewoner van de vaginawand. In een gezonde vagina zitten op het slijmvlies vooral veel melkzuurbacteriën. Zij zorgen voor een lage pH en voorkomen zo dat ziekteverwekkers kunnen gaan groeien en aan de vaginawand hechten.

B) De anatomie van het vrouwelijk geslachtsorgaan.

C) Het epitheel.

D) De kenmerken van de vagina.

mannelijke rat zijn weg in een doolhof aanzienlijk minder eenvoudig vindt naar een vrouwtje met een vagina waarin de bacteriën door de onderzoekers zijn uitgeschakeld met behulp van antibiotica. De samenstelling van de vaginale flora varieert tijdens de hormooncyclus en zorgt ervoor dat de aantrekkingskracht het grootst is in de vruchtbare periode. In de vagina staat namelijk de aanmaak van glycogeen, een belangrijk substraat waar melkzuurbacteriën op groeien, onder invloed van hormonen. Het wonderlijke is dat de gehele populatie in de vagina overheerst wordt door melkzuurbacteriën. Terwijl er vele honderden soorten melkzuurbacteriën en miljarden vrouwen op de wereld zijn, worden er maar vier soorten melkzuurbacteriën aangetroffen die domineren in de het vaginale milieu, waarvan *Lactobacillus crispatus* en *Lactobacillus iners* het meest worden aangetroffen. Dan is er nog een vijfde floratype dat volledig afwijkt van de eerste vier, waarbij melkzuurbacteriën niet langer domineren en er sprake is van een veel grotere diversiteit. Etniciteit speelt mogelijk een rol bij het voorkomen van het vaginale floratype: studies laten zien dat het type met de soort *Lactobacillus crispatus* vaker voorkomt bij Kaukasische dan bij Afro-Amerikaanse vrouwen, terwijl het vijfde floratype juist minder vaak voorkomt bij de eerstgenoemde groep. Dat vijfde floratype biedt minder bescherming en staat ook wel bekend als bacteriële vaginose, een toestand die meestal zonder enige symptomen voorkomt. In geval van bacteriele vaginose is de zuurgraad verlaagd, omdat er door de afwezigheid van melkzuurbacteriën minder melkzuur wordt geproduceerd, en is de vrouw vatbaarder voor seksueel overdraagbare aandoeningen. Bovendien is er een verhoogd risico op infecties in de baarmoeder die een vroeggeboorte kunnen veroorzaken. Dus tegen de gangbare wetten van de ecologie in is de vagina een plek in het lichaam waar een lage diversiteit aan soorten zorgt voor een wenselijke, gezonde situatie. Overigens zijn er tal van verschillende stammen van één unieke soort melkzuurbacteriën in de vagina aanwezig, wat mogelijk bijdraagt aan de stabiliteit van het ecosysteem. De condities in de vagina veranderen gedurende het leven als gevolg van de menstruatiecyclus, zwangerschap en menopauze. Net zoals bij elk ander ecosysteem in het menselijk lichaam, zal dan ook de samenstelling van de bacteriële populatie veranderen.

DE MOND

De mond kent vele functies. Naast een spraakkanaal en een alternatieve doorgang voor de ademhaling is de mond ook een poort naar het spijsverteringskanaal. Bij die laatste functie is er een belangrijke rol weggelegd voor micro-organismen. De mondholte bestaat uit een complex systeem waarvan de verschillende onderdelen met elkaar samenwerken, om aan de ene kant voeding te selecteren die geschikt is om opgenomen te worden en aan de andere kant de voeding te bewerken zodat deze geschikt wordt gemaakt voor vertering in het maagdarmkanaal. Ook kan de mondholte beschreven worden als een omgeving waar veel krachten aan het werk zijn om de kolonisatie van micro-organismen tegen te gaan, maar waar tegelijkertijd de groei van specifieke micro-organismen wordt gestimuleerd. Onder de krachten die de aanhechting van micro-organismen in de mondholte bestrijden vallen bijten, kauwen, bewegingen van de tong en een constante stroom van speeksel. Dat bevat niet alleen een groot aantal antibacteriële verbindingen, maar ook een aantal eiwitten die ervoor zorgen dat bacteriën aan elkaar klonteren, waardoor zij niet kunnen aanhechten aan de tong of de tanden en doorgeslikt worden. Vervolgens wacht deze bacteriën na een korte reis door de slokdarm een wreed lot in de zure omgeving van de maag, waar verreweg de meeste bacteriën zullen worden uitgeschakeld. Ook de epitheelcellen, die constant opnieuw worden aangemaakt, zorgen ervoor dat bacteriën nooit langdurig kunnen aanhechten. Vervanging van de buitenste laag epitheelcellen in de mondholte vindt elk etmaal een keer plaats. Onderschat de efficiëntie van de mondholte als bacterieel afvoersysteem niet. Naar schatting worden daar elke dag zo'n slordige 80 miljard bacteriën verwijderd en weggeslikt. **Afb 14** ▶

De mond biedt ook ruimte aan unieke structuren die voornamelijk zijn opgebouwd uit hydroxyapatiet en mineralen. Dat zijn de enige plaatsen in ons hele lichaam waar bacteriën echt vaste voet aan de grond krijgen, omdat ze zich er kunnen vestigen zonder dat de bodem onder hun voeten wordt weggeslagen door afsplitsende cellen. Die structuren staan beter bekend als de tanden. Het overgrote deel van alle bacteriën in onze mond bevindt zich als een dunne laag, een biofilm, op onze tanden. Daarnaast zijn er nog een aantal plaatsen waar micro-organismen kunnen schuilen tegen de extreme schuivende krachten die in de mond heersen: kleine holtes of crypten in de tong, de ruimtes tussen de tanden, en de holtes tussen de tanden en het tandvlees. Vandaar dus dat tandartsen er bij hun patiënten op hameren dat ze goed moeten schrapen, flossen of stoken.

Zijn er eigenlijk wel voldoende nutriënten voor al die bacteriën in de mondholte, waarvan het aantal geschat wordt op zo'n slordige biljoen? Natuurlijk niet. Welk ecosysteem we ook bestuderen, bacteriën komen altijd voedsel te kort. Toch komen er aardig wat voedingsstoffen voorbij op een dag. Uiteraard komen er via onze voeding de nodige nutriënten binnen, en daarnaast worden deze geproduceerd door andere bacteriën en door de epitheelcellen. Bovendien zijn er ook nog de epitheelcellen zelf, die constant worden afgescheiden en dienen als voedingsbron voor de bacteriën in de mond. Tot slot zitten er eiwitten in het speeksel waar bacteriën zich tegoed aan kunnen doen. Ook bevat speeksel mineralen, zoals calcium en fosfaat, die bacteriën goed kunnen gebruiken.

Laten we de stap maken naar de overige condities die heersen in onze mondholte. De temperatuur in de mond varieert normaal gesproken tussen de 33 en 37 graden Celsius, maar er treden van tijd tot tijd ook grote fluctuaties op. Denk bijvoorbeeld eens aan de consumptie van ijskoude frisdrank of gloeiendhete koffie. Dat doet een flink beroep op het aanpassingsvermogen van de aanwezige bacteriën. De zuurgraad in de mond is normaal gesproken neutraal, maar kan zuur worden door de activiteit van bacteriën. Speeksel werkt als een goede buffer en is van belang om verzuring tegen te gaan. Dat moeten we zien te voorkomen, want dat zijn condities waarbij het glazuur oplost en gaatjes kunnen ontstaan. Als we echter eenvoudig om te zetten suikers consumeren, zoals glucose, schiet de buffercapaciteit van het speeksel soms tekort en wordt de pH te laag door de hoge zuurproductie van bacteriën op onze tanden. Zo krijgen gaatjes door de zoetigheid toch een kans. Tot slot is de atmosfeer in de mond van belang. Overal in de mond is zuurstof aanwezig, maar toch is er substantiële groei van micro-organismen, die uitsluitend groeien zonder zuurstof en waarvoor dat gas zelfs dodelijk is. Zij zitten bijvoorbeeld in de holtes tussen de tanden en het tandvlees. Dat komt doordat het weinige zuurstof dat daar te vinden is zeer effectief wordt geconsumeerd door de andere aanwezige micro-organismen. Omdat er zoveel verschillende biotopen in de mond te vinden zijn, wordt er een zeer hoge diversiteit aan microbiële soorten aangetroffen. Door een eenvoudige monstername in de mond, die weinig gêne of ongemak oplevert in vergelijking met die op andere plaatsen in ons lichaam, is de mond één van de ideale modelsystemen om de relatie microbe – mens te bestuderen.

Wat komen we zoal in de mond tegen? De meest voorkomende bacteriën in de mond zijn de bolvormige ketenvormers ofwel streptokokken. Die kunnen worden onderverdeeld in een viertal groepen die elk een eigen biotoop kennen: de Mitis-groep, die voornamelijk voorkomt in tandplak, de Mutans-groep, die zich in tandplak en gaatjes bevindt, de Salivarius-groep, die op het slijmvlies zit, en de Anginosus-groep, die in de holtes van het tandvlees te vinden is. Naast *Streptococcus* zijn er nog vele andere geslachten die je in de mond aantreft, waaronder *Actinomyces*, *Neisseria* en *Haemophilus*. Speeksel bevat heel hoge concentraties bacteriën maar kent naar alle waarschijnlijkheid geen echt vaste bacteriële populatie als gevolg van de hoge stroomsnelheid en de betrekkelijk lage concentraties aan eenvoudig om te zetten verbindingen. Speeksel bevat voornamelijk bacteriën die daarin slechts tijdelijk aanwezig zijn en andere biotopen in de mond hebben verlaten, zoals de tong, het gehemelte, het wangslijmvlies of de tanden.

Voor de tanden zelf is het een heel ander verhaal. Die verschaffen de microben een unieke omgeving, waar ze zich langdurig kunnen aanhechten en een ware gemeenschap kunnen vormen, ook wel bekend als tandplak. Er wordt onderscheid gemaakt tussen plak boven of onder de grens van het tandvlees. De tandplak boven de grens van het tandvlees wordt gevormd in een zuurstofrijke omgeving met een neutrale zuurgraad. Bacteriën hechten zich niet direct aan het tandglazuur zelf, maar vestigen zich op een eiwitlaag die gevormd wordt door aanhechting van eiwitten uit het speeksel. De eerste bacteriën op onze tanden hebben specifieke receptoren voor deze eiwitten. Die pioniers verschaffen op hun beurt bindingsplaatsen aan een volgende groep bacteriën, die zelf niet in staat zijn om direct aan het tandoppervlak te hechten. Dat aanhechtingsproces levert twintig miljoen bacteriën op per tand. De tandplak kan nog verder groeien door bacteriën die als een koppelstuk functioneren met andere bacteriën. De

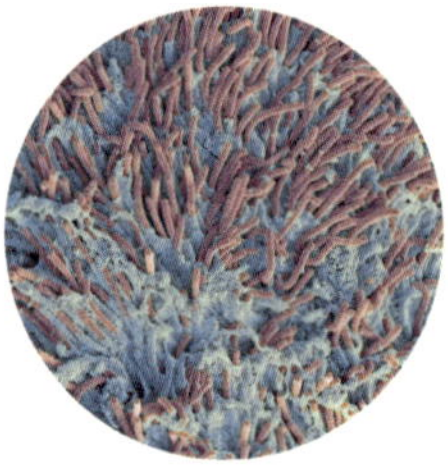

A1

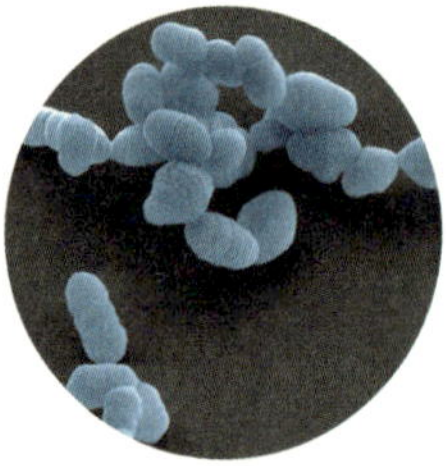

A2

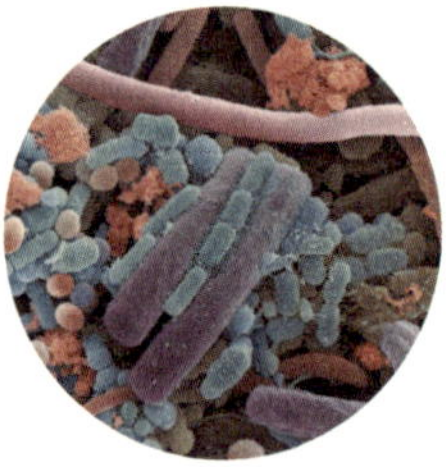

A3

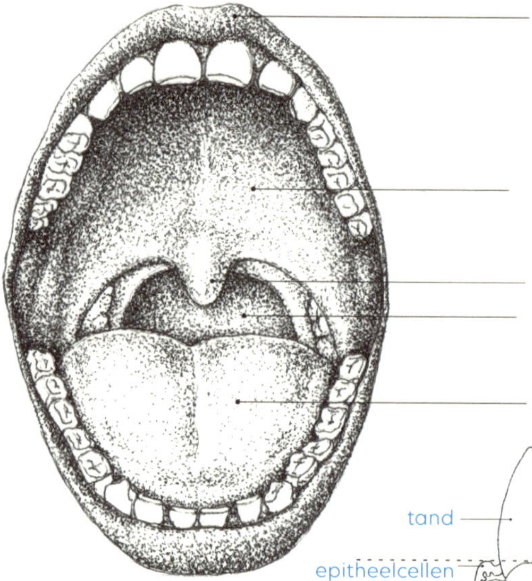

B1

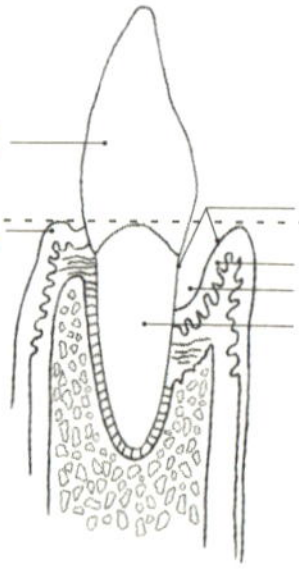

B2

A4

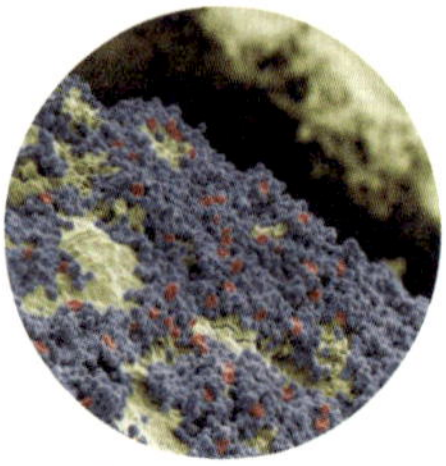

A5

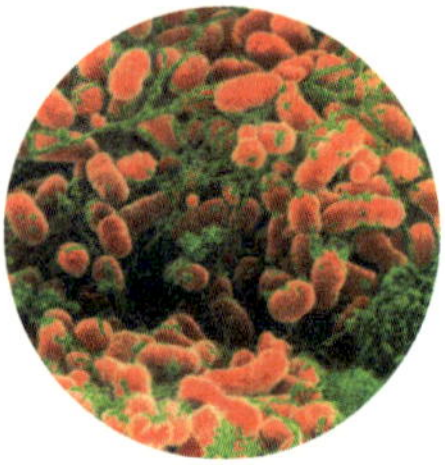

A6

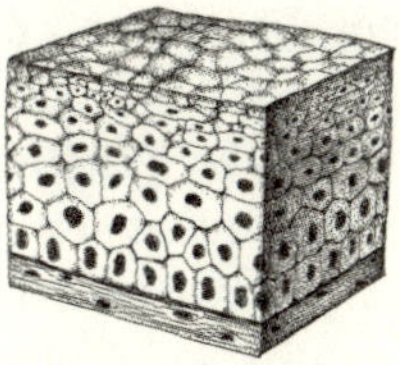

- Meerlagig plaveisel epitheel niet-verhoornend
- Oppervlak 200 cm^2
- pH 6.5 – 7.5
- Aantal bacteriën ~ 1 biljoen
- Zeer hoge diversiteit

C

D

Afb. 14 De mond.

A) Leden van de mondflora:

1. *Fusobacterium nucleatum* is een bacterie die erom bekendstaat dat zij goed kan plakken aan allerlei mondbacteriën en zo een belangrijke rol speelt in tandbederf;

2. De mondbacterie *Atopobium parvulum* maakt van voedselresten sterk ruikende stoffen die een slechte adem veroorzaken;

3. Op de tong vormen bacteriën biofilms. Dit zijn plakkerige laagjes van verschillende soorten bacteriën. Door regelmatig te kauwen en slikken, worden de bacteriën afgevoerd via het speeksel.

4. De mondbacterie *Streptococcus mutans* is de grote veroorzaker van gaatjes in tanden. De bacterie zet voedingssuikers om in zuur, dat vervolgens het glazuur aantast. *Streptococcus* plakt als een van de eerste aan het tandoppervlak waardoor andere bacteriën kunnen aanhechten.

5. Tandplak vormt een laag aan elkaar vastgeplakte bacteriën op het tandoppervlak.

6. De mondbacterie *Aggregatibacter actinomycetemcomitans* kan ontsteking van het weefsel rond de tand veroorzaken (parodontitis). Parodontitis kan leiden tot aantasting van het kaakbot en verlies van tanden en kiezen.

B1) De anatomie van de mond

B2) Supra- (boven de stippellijn) en subgingivale (onder de stippellijn) tandplak

C) Het epitheel

D) De kenmerken van de mond

bacterie *Fusobacterium nucleatum* is op dat gebied een ware kampioen, aangezien deze een verbinding kan leggen met zo´n beetje alle bacteriën die in de mond voorkomen. Uiteindelijk vormt zich een stabiele gemeenschap van bacteriën die op haar hoogtepunt een dynamisch evenwicht vormt met een buitengewoon ingewikkeld netwerk van ruimtelijke verbindingen en onderlinge afhankelijkheden voor de benodigde nutriënten. Na vier dagen van aangroei op een 'schone' tand is er geen extra ophoping meer van tandplak door de aanwezige schuivende krachten die worden uitgeoefend in onze mond. Zelfs als we niet poetsen.

In tandplak produceren de aanwezige bacteriën speciale suikers die niet in het speeksel oplossen, maar een beschermende laag vormen op de tand. Ons dieet is (uiteraard) van grote invloed op de samenstelling van de populatie bacteriën in onze mond. Eenvoudig om te zetten suikers worden door de bacteriën in tandplak afgebroken tot melkzuur en azijnzuur, waardoor de omgeving zuurder wordt. Langdurige blootstelling van het glazuur aan een hoge zuurgraad resulteert in demineralisatie van de tanden, oftewel gaatjes. Zuivelproducten als melk en kaas kunnen gaatjes tegengaan omdat die bufferen, en zelfs bijdragen aan remineralisatie door binding van calcium. Ook de eiwitten uit deze producten kunnen aan de genoemde eiwitlaag op het glazuur toegevoegd worden, en voorkomen zo de binding van schadelijke bacteriën, zoals *Streptococcus mutans*. Er is ook sprake van aanhechting van bacteriën op het gedeelte van de tanden dat zich onder het tandvlees bevindt. Die omgeving biedt een heel ander ecosysteem. Er is daar geen toegang voor speeksel, geen mechanisch geschuur en geen zuurstof. Als gevolg daarvan kunnen er bacteriën verblijven die zonder zuurstof leven, en is er een veel hogere diversiteit aan bacteriën te vinden. Ook in de tong zitten holtes waar geen zuurstof kan komen en waar hoge concentraties bacteriën zitten. Op de andere oppervlaktes in de mond, waaronder het harde en zachte gehemelte, zijn de aantallen bacteriën lager dan op tong of tanden, als gevolg van veelvuldig schuren en afschilferen. Deze bacteriën voeden zich met speeksel en slijm. Ook voor die groep is aanhechting van groot belang voor het behoud van hun populatie. Maar echt vaste grond onder de voeten, zoals op onze tanden, zullen ze nooit krijgen.

DE MAAG

In de maag heerst een heel agressief, zuur milieu. Als gevolg daarvan is de permanente populatie micro-organismen niet erg groot. Slechts een kleine tien miljoen. Veel van de bacteriën in onze maag zijn willekeurige passanten die we binnenkrijgen via ons voedsel. Daarnaast komen in de maag miljarden micro-organismen voorbij doordat we een flink deel van de microflora uit onze mond en luchtwegen dagelijks doorslikken. Ook al horen deze bacteriën bij ons lichaam, ze zijn verdreven uit hun natuurlijke biotoop en zullen het niet lang volhouden in het agressieve milieu van de maag. Aangezien er continu mechanismen aan het werk zijn waarbij onze microbiële bewoners worden verdreven, zullen alleen de bacteriën die in staat zijn zich te binden en te vermenigvuldigen een langdurig bestaan in ons lichaam opbouwen. Soorten die levend zijn aangetroffen in de maag zijn voornamelijk zeer zuurtolerante soorten zoals lactobacillen en streptokokken, maar dat zijn voornamelijk verdreven bewoners van de mond en luchtwegen. **Afb 15 ▶**

Er is in ieder geval één organisme dat met recht beschouwd kan worden als een autochtone bewoner van de maag, en dat is *Helicobacter pylori*. Deze helixvormige bacterie komt veel voor en speelt een belangrijke rol in de ecologie van de maag. Deze specialist met zijn typische vorm heeft zich zo aangepast dat hij precies past op het epitheel in de maagwand – een mooi voorbeeld van de co-evolutie van microbe en mens. Onderzoek laat zien dat *Helicobacter pylori* in onze maag waarschijnlijk betrokken is bij de regulatie van ons maagzuur en onze voedselinname door afgifte van signalen die onze eetlust remmen. We 'verkrijgen' deze bacterie niet bij onze geboorte of vlak daarna, maar pas ergens tussen ons vijfde en tiende levensjaar. Steeds minder kinderen, met name in ontwikkelde landen, worden gekoloniseerd door *Helicobacter pylori*, waarschijnlijk als gevolg van een moderne leefstijl. De maagbacterie kent een interessante geschiedenis en heeft keer op keer onderzoekers weten te inspireren. Het eerste resultaat van onderzoek, dat een Nobelprijs heeft opgeleverd, liet zien dat de spiraalvormige *Helicobacter pylori* geïsoleerd kon worden uit de maag van patiënten met maagzweren. Dat was echter nog geen bewijs voor een oorzakelijk verband tussen het voorkomen van de bacterie en het ontstaan van een maagzweer. Boven-

A1

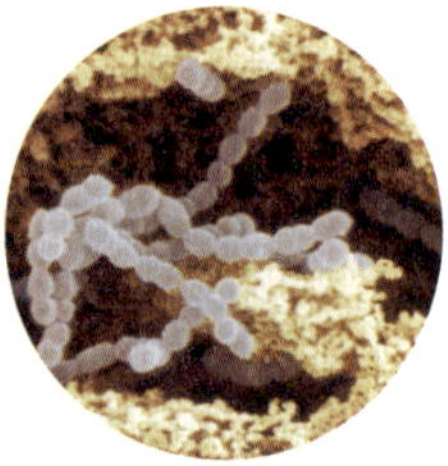
A2

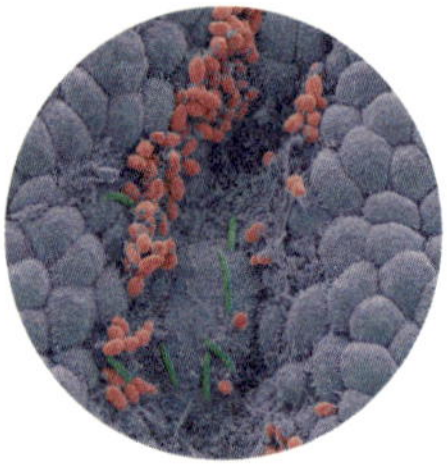
A3

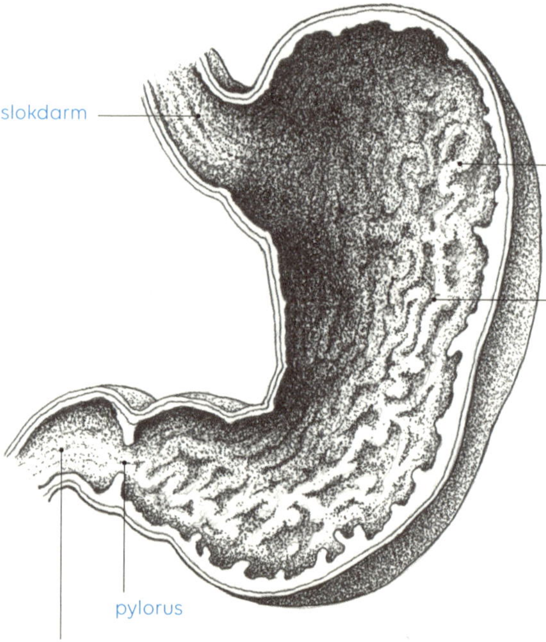
slokdarm
slijmvliesplooien
maag
pylorus
twaalfvingeringe darm
B

A4

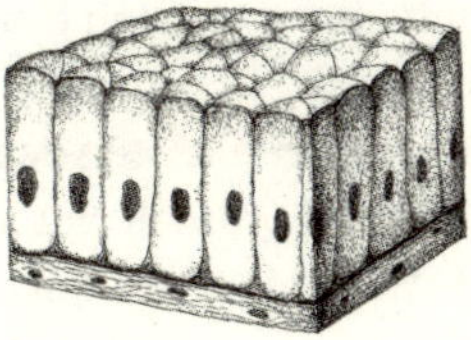

- Eenlagig cilindrisch epitheel
- Oppervlak 800 cm^2
- pH 1.0 – 5.5
- Aantal bacteriën ~ 10 miljoen
- Zeer lage diversiteit

C

D

Afb. 15 De maag.
A) leden van de maagflora:
1. De maagbacterie *Helicobacter pylori* beïnvloedt twee hormonen die de eetlust regelen. Het ene hormoon geeft een hongergevoel, het andere hormoon juist een vol gevoel. Mensen zonder *Helicobacter pylori* maken meer hongerhormoon aan en zouden daardoor dikker kunnen worden dan mensen zonder deze bacterie in hun maag.
2. Sommige bacteriesoorten zoals de streptokokken kunnen makkelijk de zure maag overleven. Via de maag komen ze in de darmen terecht.
3. De helft van alle mensen heeft *Helicobacter pylori* (groen) in zijn maag. Deze maagbacterie kan maagzweren of zelfs maagkanker veroorzaken. Dat wil niet zeggen dat iedereen die de bacterie bij zich draag dit ook krijgt. Tachtig procent van de dragers heeft er geen last van.
4. In het geplooide oppervlak van de maagwand produceren epitheelcellen een dikke slijmlaag. Deze laag beschermt de maag tegen zuur en enzymen, die weer door andere cellen in de maagwand worden aangemaakt om voedsel te verteren.
B) De anatomie van de maag
C) Het epitheel
D) De kenmerken van de maag

dien werd het onderzoek door vakgenoten ontvangen met een flinke dosis scepsis. Zij waren er namelijk van overtuigd dat in het agressieve milieu van de maag geen bacteriën konden leven en wisten zeker dat maagzweren alleen maar door stress kunnen worden veroorzaakt. Voor het aantonen van een oorzakelijk verband tussen een microbe en een ziekte zijn vier regels opgesteld waaraan moet worden voldaan. Een van deze regels houdt in dat de in het lab gekweekte microbe in staat moet zijn om de ziekte te veroorzaken. Vanwege de controverse rondom zijn werk voelde de ontdekker van *Helicobacter* het als een plicht zich als proefkonijn in dienst van de wetenschap te stellen. Hij dronk een in het lab gekweekte cultuur van de bacterie op. Gelukkig ontwikkelde zich na een aantal dagen een flinke maagontsteking en konden de bacteriën uit zijn maag geïsoleerd worden. Het experiment was geslaagd. Het bewijs voor *Helicobacter* als oorzaak van de maagontsteking was nu een stuk overtuigender geleverd. Aan de hand van deze inzichten wordt *Helicobacter pylori* tegenwoordig in geval van klachten aangepakt met een therapie waarbij de bacterie met behulp van een zware antibioticumkuur volledig uit de maag wordt verwijderd. Uiteraard met als bijwerking een ernstige verstoring van de darmflora.

De soort *Helicobacter pylori* komt in ons lichaam voor als een verzameling stammen met een grote genetische variatie die met elkaar een stabiele populatie vormen en elk individueel over verschillende eigenschappen beschikken. Uit studies blijkt dat de oorsprong van de *H. pylori* bacterie van groot belang is: juist de *H. pylori* bacteriën waarmee een betreffende bevolkingsgroep niet is geëvolueerd blijken schade aan te kunnen richten die kan leiden tot maagkanker. Indien de balans tussen *H. pylori* en zijn gastheer verstoord is, wordt in de moderne geneeskunde doorgaans niet getracht deze te herstellen, maar wordt de hele populatie zoals gezegd door middel van antibiotica uitgeroeid. Over de langetermijneffecten van het ontbreken van *Helicobacter pylori,* zoals het verhoogde risico op opkomend maagzuur of obesitas, maakt men zich geen zorgen. Het lijkt wel of de geschiedenis zich hier op een bijzondere manier herhaalt. Geloofde men eerst niet dat *Helicobacter pylori* schadelijk is, nu heeft men moeite te accepteren dat de bacterie een gunstig effect kan hebben op de gezondheid van de mens. Oog voor nuance is de mens niet gegeven. Laten we hopen dat de huidige therapie, die erop gericht is *Heli-*

cobacter pylori te verwijderen, spoedig zal worden vervangen door een behandelmethode die streeft naar het herstel van de balans, door gericht de schadelijke stammen aan te pakken.

DE DARMEN

Het volledige maagdarmstelsel bestaat uit een holle buis die loopt van de mond tot aan de anus. Opnieuw vinden we een enorme hoeveelheid verschillende biotopen. De darmwand is voorzien van vele fijne structuren, waardoor deze het grootste contactoppervlak vormt tussen de mens en de buitenwereld. Het darmkanaal bevat spieren die samentrekken in een strak gecoördineerde volgorde. Zo wordt het voedsel door middel van een soort golfbeweging voortgestuwd. Via de mond en de slokdarm komt het voedsel eerst in de maag terecht, die een inhoud heeft van maximaal anderhalve liter. Daarna worden door de maagklieren zoutzuur en het enzym pepsine uitgescheiden, dat bij een zeer lage zuurgraad eiwitten afbreekt. Vervolgens komen we terecht in de dunne darm, waar na elke maaltijd ongeveer twee liter van de voorverteerde maagbrij binnenkomt. De dunne darm is ongeveer zes meter lang en vormt het belangrijkste kanaal voor de vertering en opname van ons eten. **Afb 16 ▸**

De doorlooptijd in de dunne darm bedraagt drie tot vijf uur. In een volwassen mens komt wel zo´n negen liter vloeistof per dag binnen. De boel wordt letterlijk constant doorgespoeld, zodat microben zich erg moeilijk kunnen handhaven. We hebben te maken met zo´n twee liter drank, anderhalve liter speeksel, tweeëneenhalve liter maagsap, een halve liter galzuur, anderhalve liter alvleeskliersap, en één liter dunnedarmsap. De dunne darm bestaat achtereenvolgens uit de twaalfvingerige darm, de nuchtere darm en de kronkeldarm. In de twaalfvingerige darm wordt de maagbrij door lokale samentrekkingen gemengd met sappen uit de darmen, waaronder alvleeskliersappen en galzuur. In de dunne darm wordt zo'n negentig procent van alle kleine moleculen opgenomen, waarna het overgebleven deel zijn weg vindt naar de dikke darm, die bestaat uit de blindedarm, de karteldarm en de endeldarm.

De aantallen micro-organismen in de dunne darm zijn zeker in het eerste deel betrekkelijk laag. De twaalfvingerige darm en de nuchtere

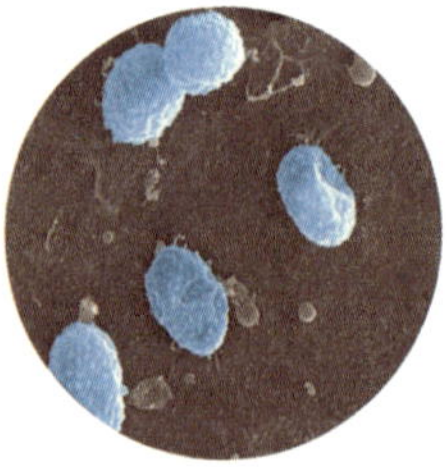

A1

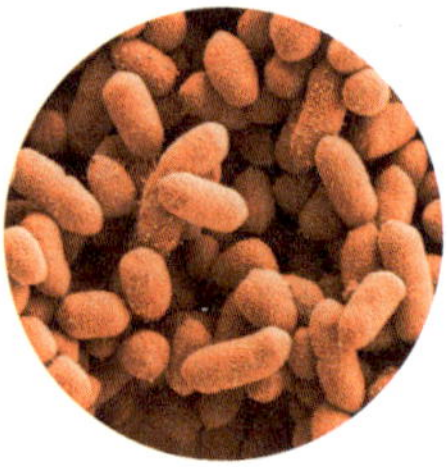

A2

A3

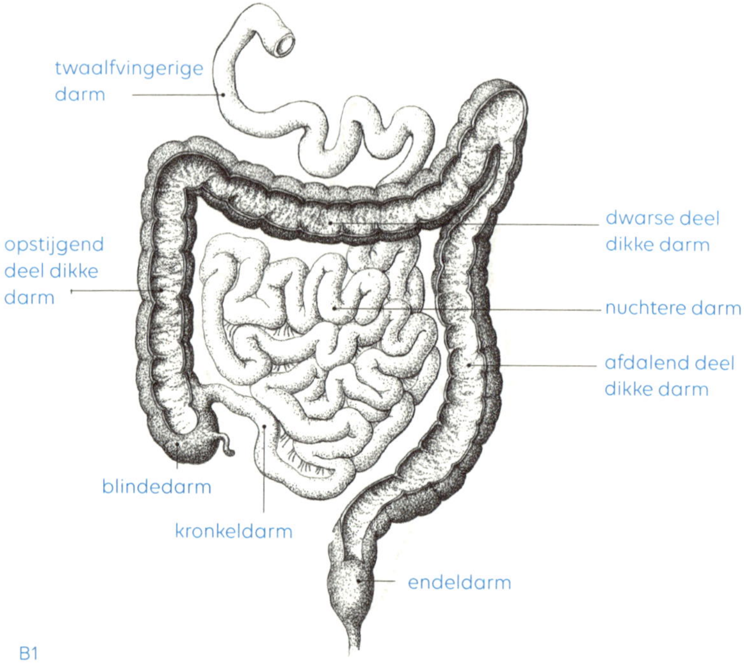

B1

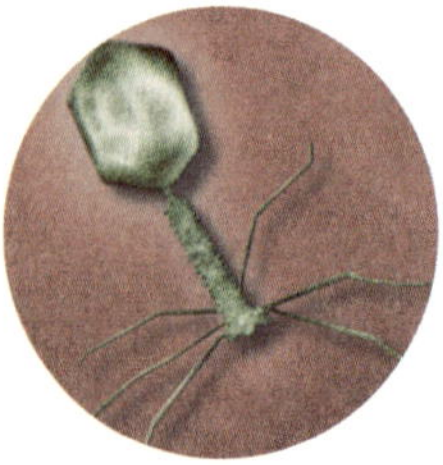

A4

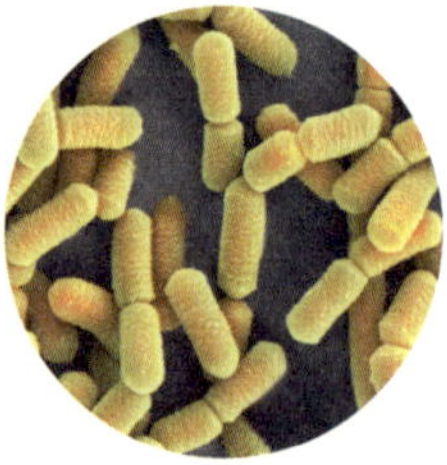

A5

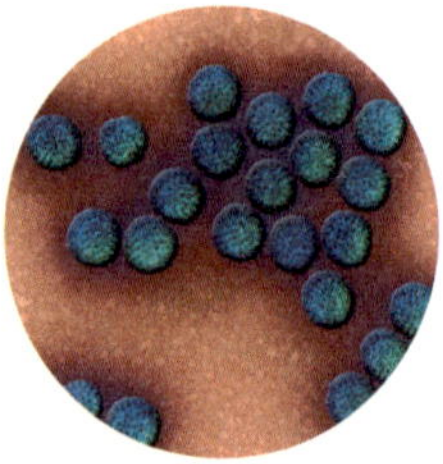

A6

Afb. 16 De darmen.

A) leden van de darmflora:

1. De darmbacterie *Akkermansia muciniphila* komt in groten getale voor in de slijmlaag van de dikke darm, vooral bij mensen met een laag gewicht. Wanneer de bacterie aanwezig is, neemt de dikte van de darmslijmlaag toe waardoor voedingsstoffen minder goed worden opgenomen. Misschien is zij op termijn het nieuwe wapen tegen obesitas en diabetes.
2. De darmbacterie *Bacteroides thetaiotaomicron* is in grote hoeveelheden aanwezig in het spijsverteringskanaal. Zij kan voor de mens onverteerbare vezels afbreken tot stoffen die we wel op eigen kracht kunnen verteren.
3. De darmbacterie *Enterococcus faecalis* overleeft zonder moeite de extreme omstandigheden in de dunne darm. De bacterie kan daarnaast erg goed tegen antibiotica. Dat veroorzaakt bij verzwakte mensen in het ziekenhuis soms problemen, zoals infecties aan de hartkleppen en urinewegen.
4. De darmen zitten vol bacteriofagen: virussen die alleen bacteriën aanvallen. Ze doen dat door als een maanlander op een bacterie neer te strijken en DNA in de bacterie te injecteren. We kunnen ze zien als een extra afweersysteem. De slijmlaag aan de binnenkant van onze darmen zit vol bacteriën die aangepakt worden door een leger bacteriofagen. Zo houden ze schadelijke bacteriën buiten de deur en helpen ze infecties voorkomen.
5. Het probioticum *Lactobacillus rhamnosus* is een van de melkzuurbacteriën die de zure maag overleeft. In de darmen vormt zij een beschermende laag op de darmwand en remt de groei van ziekteverwekkers door melkzuur, antibacteriële stoffen en waterstofperoxide te produceren.
6. Het rotavirus kan de dunne darm infecteren met als gevolg diarree en overgeven, vooral bij jonge kinderen. Het virus is heel besmettelijk en wordt doorgegeven via contact met ontlasting, via handen of voorwerpen. Bij voldoende weerstand wordt het virus na een paar dagen effectief opgeruimd door het afweersysteem.
7. De darmbacterie *Bifidobacterium longum* komt vooral voor bij baby's. Deze bacterie kan de suikers in moedermelk makkelijk afbreken en remt de groei van andere slechte bacteriën door productie van melkzuur.

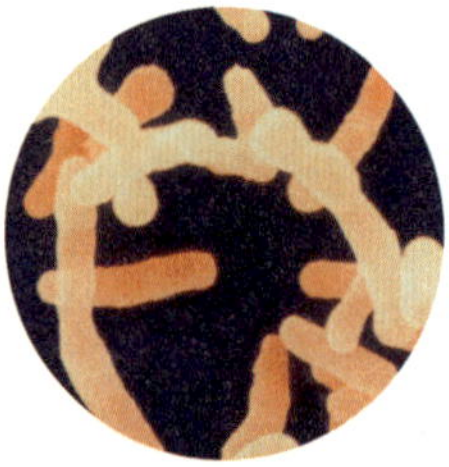
A7

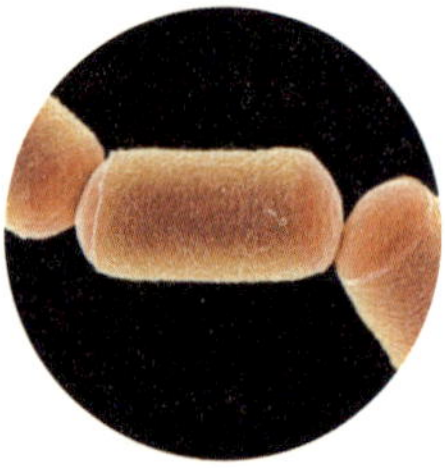
A8

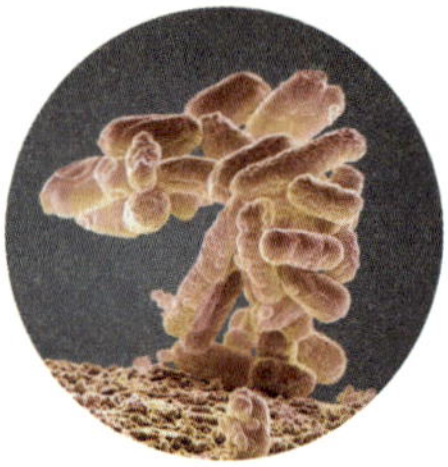
A9

B1
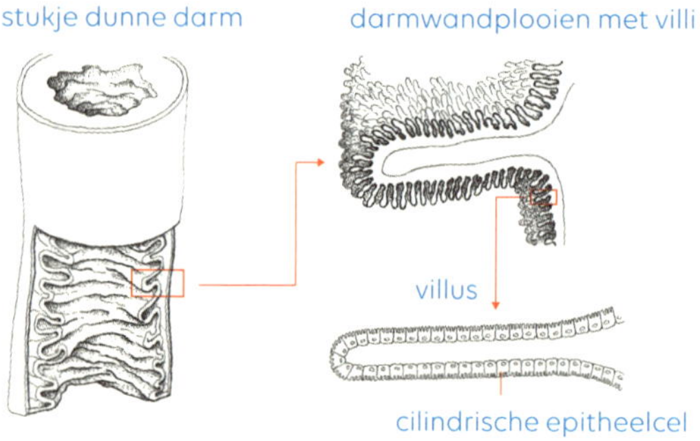

B2
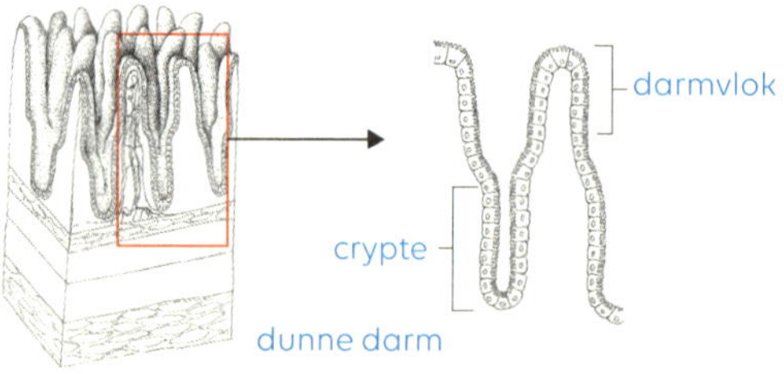

B3
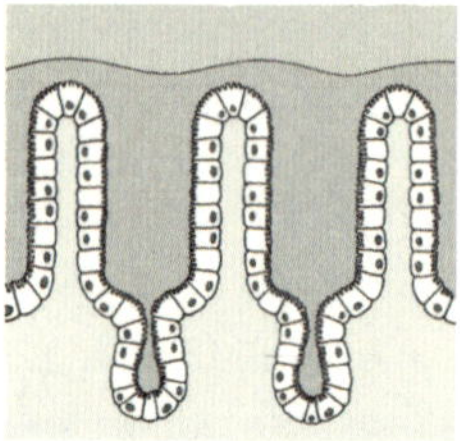
dunne darm

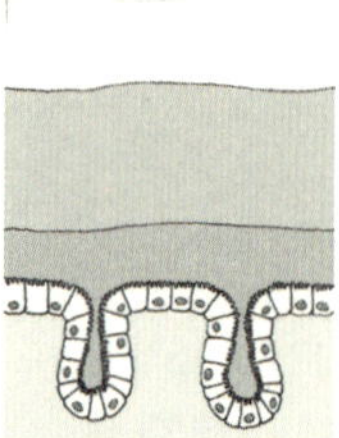
dikke darm

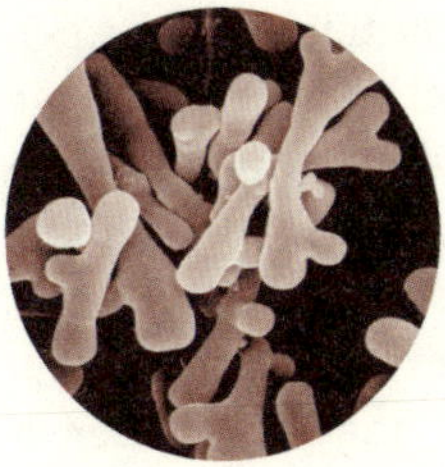

A10

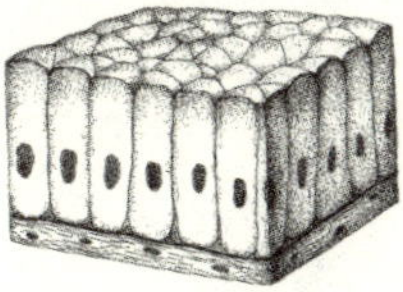

- Eenlagig cilindrisch epitheel
- Oppervlak 200 m^2
- pH 5.5 – 7.5
- Aantal bacteriën ~ 100 biljoen
- Zeer hoge diversiteit (dikke darm)

C

D

8. De methaanbacterie *Methanobrevibacterium smithii* is belangrijk voor een efficiënte vertering van voedingsvezels. Bij mensen met anorexia zijn deze bacteriën in grote aantallen aangetroffen. Waarschijnlijk omdat het lichaam uit een caloriearm dieet nog de laatste calorie wil peuteren.
9. *Escherichia coli* is de bekendste darmbacterie terwijl zij maar een zeer klein deel van de totale hoeveelheid darmbacteriën uitmaakt. Omdat zij ook buiten de darm (over)leeft, is zij zeer geschikt om poepsporen aan te tonen.
10. De darmbacterie *Bifidobacterium animalis* zit vooral in de dikke darm van mens (en dieren). Deze bacterie maakt voor ons vitamine B9 (foliumzuur), die essentieel is voor allerlei functies zoals celdeling en groei.

B1) De anatomie van de darmen
B2) Oppervlaktevergroting in dunne darm
B3) Links: oppervlaktestructuur met de enkele mucuslaag in de dunne darm. Rechts: oppervlaktestructuur met de dubbele mucuslaag in de dikke darm. De binnenste (lage concentratie bacteriën) en de losse, buitenste laag (zeer hoge concentratie bacteriën).
C) Het epitheel
D) De kenmerken van de darmen

darm bevatten voornamelijk streptokokken en lactobacillen als permanente bewoners, dat is het zuurtolerante deel van de soorten die we ook terugvinden in de mond en de neusholtes. De aantallen soorten in de dunne darm zijn zeker niet constant want na voedselinname is er sprake van veel meer verschillende soorten, maar die zijn slechts tijdelijk aanwezig. In de kronkeldarm bevinden zich veel hogere concentraties aan micro-organismen. Dat kan toegeschreven worden aan de langere doorlooptijd van de voeding, de sterke verdunning van de antimicrobiële verbindingen uit gal en alvleessap, en de neutrale zuurgraad. Er is in dit deel van de dunne darm nog zuurstof aanwezig, waardoor er veel meer zuurstoftolerante micro-organismen zitten dan strikt anaerobe bacteriën, waarvoor zuurstof giftig is.

De dikke darm heeft een geheel ander oppervlak dan de dunne darm. Er zijn geen fijne uitstulpingen in de darmwand die bijdragen aan de enorme oppervlaktevergroting, maar er is sprake van een dikke slijmlaag, en er worden geen enzymen uitgescheiden. In dit deel van het lichaam is de rol van de gastheer bij de spijsvertering betrekkelijk klein. De afbraak van ons voedsel wordt hier volledig uitgevoerd door bacteriën. De voedselbrij krijgt hier een vaste vorm, omdat er veel water aan wordt onttrokken. Zo'n tachtig procent van al het water wordt teruggewonnen in de dikke darm. Van de ontlasting die uiteindelijk ontstaat wordt maar liefst meer dan de helft van de massa gevormd door bacteriën. De dikke darm bevat onbeschrijflijk hoge concentraties aan bacteriën, in totaal zo'n honderd biljoen, waarvan de helft nog levensvatbaar is. De populaties zijn dicht bij de darmwand anders dan midden in de dikke darm. Vlak bij de wand is meer zuurstof aanwezig, en zijn er nutriënten en antimicrobiële stoffen die door de gastheercellen worden uitgescheiden. Dicht bij de wand heeft de populatie bacteriën een meer permanent karakter; daarvoor dienen de bacteriën te kunnen hechten aan de epitheelcellen of eiwitten in het slijmvlies. De mens beschikt door de aanwezigheid van zijn darmflora over tal van extra genen met functies die hij zelf niet heeft, zoals het afbreken van bepaalde koolhydraten, vetten, en het aanmaken van vitamines en vetzuren. Een groot deel van alle stoffen die in ons bloed aanwezig zijn komen bij bacteriën vandaan.

Het geheel van nutriënten in de darm bestaat niet alleen uit het dieet van de gastheer, dat een groot effect heeft op de samenstelling van de darmflora, maar ook uit de maag- en darmsappen, de epitheelcellen zelf en de producten die door de bacteriën worden uitgescheiden. Het dieet van de micro-organismen bestaat uit een grote verzameling koolstofverbindingen die de gastheer zelf niet kan omzetten. De belangrijkste eindproducten van de stofwisseling van onze darmbacteriën zijn koolstofdioxide, waterstof en vetzuren. Die laatste worden opgenomen door het darmepitheel en voorzien voor maar liefst drie tot negen procent in onze energiebehoefte. De concentratie koolhydraten neemt af naarmate de reis in de dikke darm vordert. Een aantal van de stoffen die niet worden verteerd, zoals bepaalde vetten, worden met de ontlasting uitgescheiden. Eiwitten in de dikke darm worden voornamelijk gesplitst door eiwit-afbrekende enzymen van bacteriën, niet door die van de gastheer. Ook het afbreken van peptiden en aminozuren die bij de splitsing van eiwitten ontstaan is een van de specialisaties van darmbacteriën. Daarnaast produceren ze een groot aantal vitamines, waaronder vitamine K en vitamines B_1, B_3, B_6, B_9 en B_{12}.

Het totaalplaatje ziet er dus als volgt uit: in het bovenste deel van de dunne darm zijn lage aantallen microben aanwezig. Daar worden alle nutriënten opgenomen die direct uit het dieet komen. Vanaf het laatste deel van de dunne darm, namelijk de kronkeldarm, nemen de concentraties bacteriën toe en maakt de gastheer gebruik van de capaciteit van enorme hoeveelheid bacteriën om het voedsel verder te verteren. Daar wordt microben een omgeving aangeboden waar ze zich kunnen vestigen. Naast de rol die ze spelen bij de spijsvertering leveren bacteriën een belangrijke bijdrage aan de ontwikkeling van het darmepitheel en het immuunsysteem van de gastheer. Het grootste deel van alle bacteriën in ons lichaam bevindt zich in onze dikke darm. Ontlasting heeft een hogere concentratie levende wezens dan enig ander ecosysteem op aarde. Om het belang van alle bacteriën in onze darmen te onderstrepen wordt weleens naar deze volledige verzameling bacteriën verwezen als 'het vergeten orgaan'. Een orgaan dat we lang over het hoofd hebben gezien, en waarvan het belang pas recentelijk op waarde is geschat.

DE HUID

Onze huid laat een prachtige geografische verdeling zien van microbiële populaties: ieder landschap kent zijn eigen specifieke samenstelling van de microbiële populatie als gevolg van een uiteenlopend klimaat en een variabele bodemsamenstelling. Zo biedt onze huid vruchtbare grond op plaatsen waar veel van het lipide-rijke talg wordt geproduceerd. Een vochtige omgeving vinden we dicht bij de zweetklieren en in de huidplooien waar het water wordt vastgehouden. Sommige plekken zijn echter zo droog en kennen zulke grote fluctuaties in de temperatuur dat ze doen denken aan een woestijn. De vette omgeving betreft het deel van onze huid dat een hoge dichtheid aan talgklieren bevat, zoals het gezicht, de borst en de rug. De vochtige biotopen zijn vooral te vinden op de voetzolen, in de knieholtes, de elleboogholtes, de oksels, de liezen, de navel en de overige huidplooien, terwijl de droge gebieden zich voornamelijk uitstrekken over de benen en armen. Op de natte plekken zien we hoofdzakelijk *Staphylococcus* en *Corynebacterium*. De eerstgenoemde gebruikt het ureum uit zweet als stikstofbron. In de vette gebieden bevinden zich vetafbrekende micro-organismen, waaronder bacterien van het geslacht *Propionibacterium* en de gist *Malassezia*. In de droge gebieden vinden we veel lagere aantallen organismen terug. Als we kijken naar het verloop van de microbiële volkeren op onze huid, vinden we de meeste variatie in de droge gebieden. Daar waren de nomaden rond, terwijl de microbiële populatie die zich onderdompelt in het vet op haar plaats blijft. **Afb 17 ▸**

Naast bescherming tegen infecties hebben de bacteriën op onze huid nog een belangrijke functie: ze zijn betrokken bij het genereren van onze lichaamsgeur. Laten we beginnen bij de oksels. Die vochtige plekken onder onze armen vormen een ideale omgeving voor bacteriën, die leven van de organische verbindingen die wij transpireren. Zij zetten die verbindingen om in vluchtige varianten die een karakteristieke geur bezitten. De samenstelling van dit geurenpalet hangt af van de soorten bacteriën die onze oksels bevolken. Vrouwen beschikken over het algemeen over een hoge concentratie propionibacteriën, die een fruitige, zoete uienlucht verspreiden, terwijl mannen meer stafylokokken hebben, die een vluchtige geurverbinding maken die overeenkomt met die van camembert. Gezien de grote individuele variatie van deze okselbacteriën zal elk individu – man of vrouw – zijn eigen karakteristieke lucht verspreiden, die door de ene persoon wel en door de andere niet als aangenaam wordt ervaren. De bacteriën op onze huid spelen dus op deze manier een rol bij onze partnerkeuze.

Gisten komen bij iedereen in groten getale voor op de huid, voornamelijk in de talgrijke, vette regio's. Bij mensen met roos zijn gisten in nog veel grotere aantallen aanwezig dan gemiddeld. Gisten leven van het vetlaagje op de huid. Ze produceren enzymen die het vet uit de talg afbreken tot verzadigde vetzuren en onverzadigde vetzuren. Ze nemen de verzadigde vetzuren op, en de onverzadigde blijven achter op de huid. Deze vetzuren irriteren de huid en kunnen eczeem veroorzaken. Daarbij is het aantal afgescheiden dode huidcellen sterk verhoogd, waardoor ze in het milde geval van roos zichtbaar worden in het hoofdhaar en op de schouders. Eczeem kan ook op andere plaatsen voorkomen, zoals in de wenkbrauwen, bij de neusvleugels, achter de oren en op de borst. Het afscheiden van dode huidcellen is overigens een normaal verschijnsel, aangezien de bovenste huidlaag zichzelf, net zoals het overige epitheel in en op ons lichaam, steeds vernieuwt.

DE LUCHTWEGEN

Ons ademhalingsstelsel bestaat uit de luchtwegen en de ademhalingsspieren. Het zorgt niet alleen voor de aanvoer van zuurstof in ons bloed, maar ook voor de afvoer van koolstofdioxide. Het transport van beide gassen, naar alle uithoeken van ons lichaam, wordt voor rekening genomen door ons hart en vaatstelsel. De uitwisseling van zuurstof en koolstofdioxide vindt overal plaats langs de grens waar het ademhalingsstelsel en het vaatstelsel elkaar ontmoeten: in de longblaasjes helemaal aan de uiteinden van de luchtpijptakjes in onze longen. De luchtwegen worden gekoloniseerd door microben en hebben een oppervlak dat zich uitstrekt over zo'n tachtig vierkante meter. Ze kunnen onderverdeeld worden in de bovenste en onderste luchtwegen. Het bovenste deel bestaat uit de neusholte, de keel(holte) en het strottenhoofd. Het onderste uit de luchtpijp en de longen. Verreweg de meeste microben komen voor in het bovenste

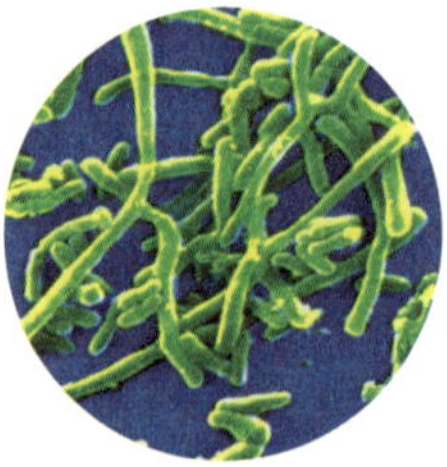

A1

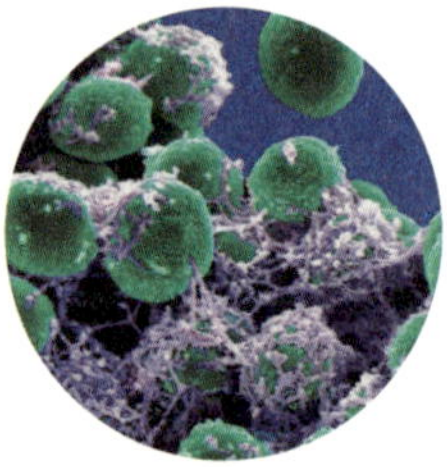

A2

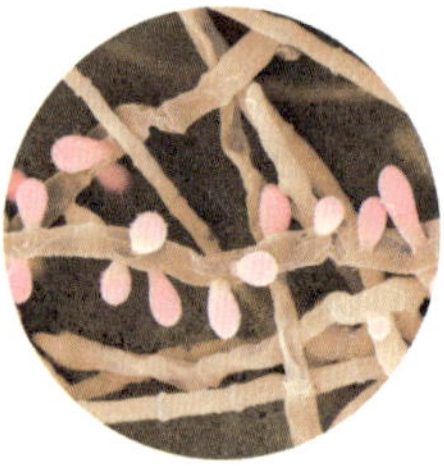

A3

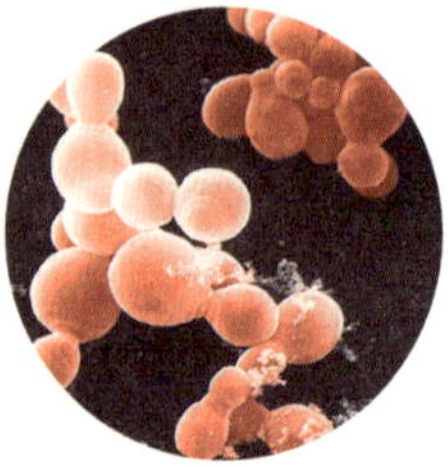

A4

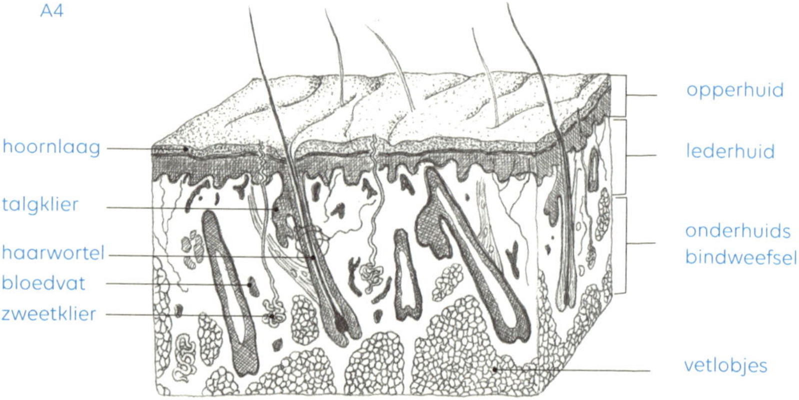

B

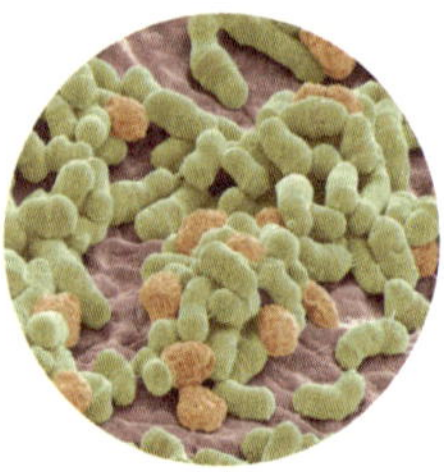

A5

A6

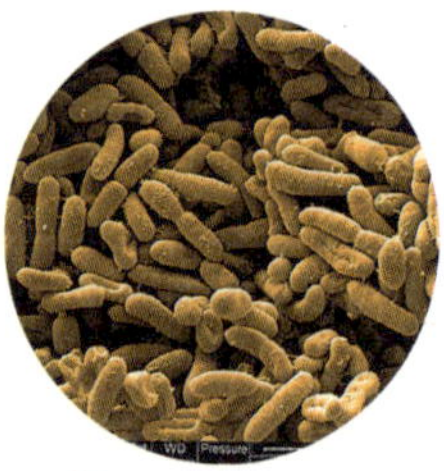

A7

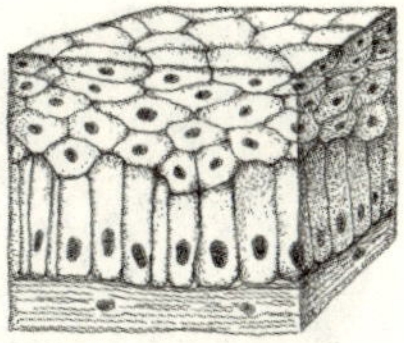

- Meerlagig verhoornd plaveisel epitheel
- Oppervlak 1,8 m^2
- pH 4.8 (voorhoofd) – 6.9 (oksels)
- Aantal bacteriën ~ 100 miljard
- Hoge diversiteit

C

D

Afb. 17 De huid.

A) leden van de huidflora:

1. In de mannenoksel wemelt het van de huidbacterie *Corynebacterium jeikeium*. De bacterie zet zweet om in ranzige en kaasachtige geurstoffen.
2. De bacterie *Staphylococcus epidermidis* is de meest voorkomende bacteriesoort op de droge huid. Zij zorgt grotendeels voor een natuurlijke barrière en beschermt zo de huid.
3. De huidschimmel *Trichophyton rubrum* heeft lange draadachtige structuren. De schimmel leeft van huid, nagels en haar; dit zijn de weefsels die de stof keratine bevatten.
4. De gist *Malassezia furfur* is een normale huidbewoner. Bij sommige mensen kan de gist huidontkleuring veroorzaken, te herkennen aan plekken zonder pigment op de borst en rug.
5. De gist *Malassezia globosa* komt bij iedereen voor op de huid. Het is een normale huidbewoner die van talg leeft, maar kan ook een rol spelen bij de vorming van roos.
6. De oksels van vrouwen bevatten hogere aantallen van de huidbacterie *Staphylococcus haemolyticus* dan die van mannen. Deze bacterie zet zweet om in fruitige en uiachtige geurstoffen.
7. De huidbacterie *Brevibacterium linens* is een van de belangrijke veroorzakers van kaasachtige voetengeur. Deze geur komt vrij als zij dode huidcellen afbreekt. Dezelfde bacterie gebruiken we bij de bereiding van sterk ruikende kazen.

B) De anatomie van de huid

C) Het epitheel

D) De kenmerken van de huid

A1

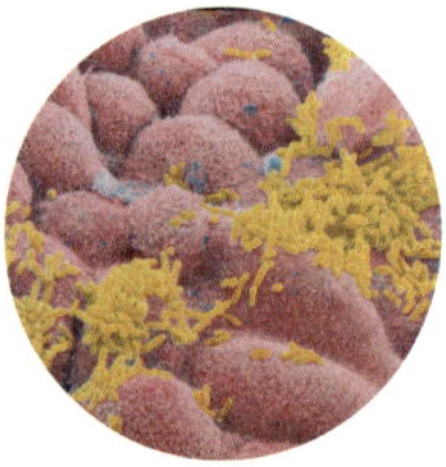

A2

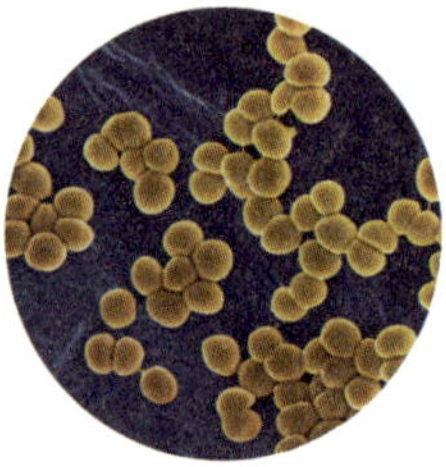

A3

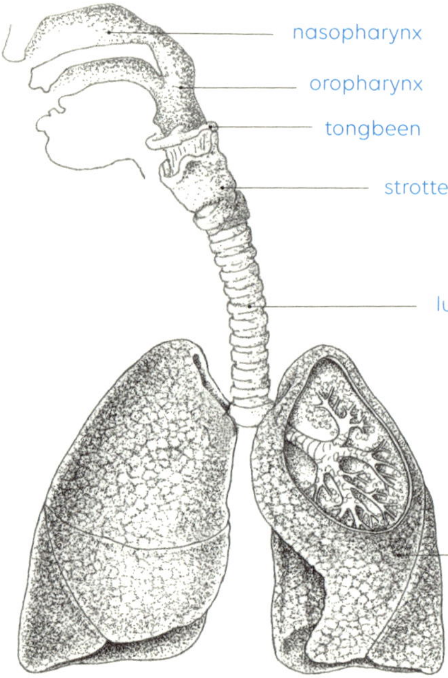

B

A4

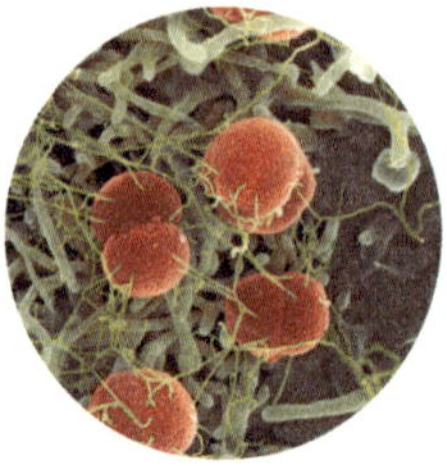

A5

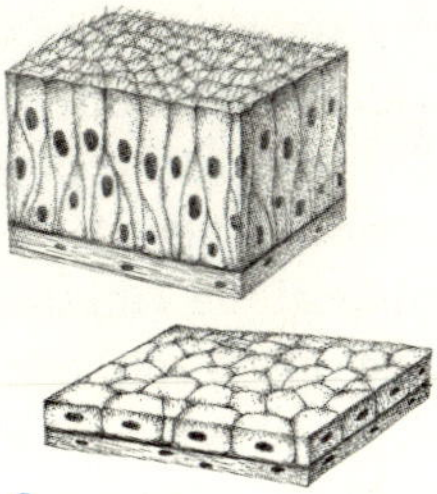

C

- Pseudo-gelaagd trilharig cilindrisch epitheel (de luchtpijp)
- Eenlagig plaveiselepitheel (tussen de longblaasjes en de longhaarvaten)
- Oppervlak 80 m^2
- pH 6.3 – 7.5
- Aantal bacteriën ~ 100 miljoen
- Hoge diversiteit (neusholte)

D

Afb. 18 De luchtwegen.

A) leden van de microflora van de luchtwegen.

1. Veel mensen dragen de bacterie *Streptococcus pneumoniae* (pneumokok) bij zich zonder dat ze daar last van hebben. Maar bij mensen met een zwak immuunsysteem kan zij infecties van long, oor, buikvlies en hersenen veroorzaken.

2. De bacterie *Haemophilus influenzae* bevindt zich in de bovenste luchtwegen waar zij aan de luchtwegcellen vastplakt. Ook al doet haar naam anders vermoeden, de bacterie is niet de veroorzaker van griep, maar van hersenvliesontsteking, bronchitis of longontsteking, vooral bij jonge kinderen.

3. *Staphylococcus aureus* is een gewone bacterie die iedereen in zijn neus heeft. De bacterie plakt vast aan het slijm in de neus, maar komt ook voor op de huid. Het is de bekendste ziekenhuisbacterie omdat sommige stammen resistent geworden zijn tegen antibiotica, de zogeheten mrsa-bacterie.

4. *Moraxella catarrhalis* is onderdeel van de natuurlijke microflora van de mens en zit in het slijmvlies van de bovenste luchtwegen. De soortnaam verwijst naar het druipen van de neus in geval van een ontsteking van het slijmvlies. Vooral bij kinderen staat de bacterie erom bekend oorontsteking te veroorzaken.

5. De bacterie *Neisseria meningitidis* komt bij vijf tot vijftien procent van de volwassenen van nature in de keel voor. De bacterie is bekender onder de naam 'meningokok', en veroorzaker van hersenvliesontsteking.

B) De anatomie van de luchtwegen

C) Boven: Pseudo-gelaagd trilharig cilindrisch epitheel.

Beneden: Eenlagig plaveiselepitheel.

D) De kenmerken van de luchtwegen

deel. Uiteraard moeten de luchtwegen beschermd worden tegen alle microben en fijne stofdeeltjes die aanwezig zijn in de enorme hoeveelheid lucht die we inademen. Het volume daarvan komt voor een volwassen mens overeen met ongeveer tienduizend liter per dag. Het belangrijkste mechanisme achter deze bescherming is de vangst van microben en stof in de slijmlaag die zich bevindt op de epitheelcellen van het bovenste deel van de luchtwegen. Het slijm wordt vervolgens door trilharen omhoog getransporteerd en weggeslikt of uitgespuugd. Het epitheel is bedekt met een heel dun laagje vloeistof van slechts één twintigste millimeter dik. Die vloeistof bevat verbindingen die een antimicrobiële werking hebben, maar ook lage concentraties voedingstoffen (eiwitten, suikers en vetten) waarmee de bacteriën in onze luchtwegen zich kunnen voeden. Naast de mechanische verwijdering door trilharen en de samenstelling van genoemde vloeistof speelt ook ons immuunsysteem een rol bij de samenstelling van de microflora in het bovenste deel van onze luchtwegen. Net zoals in de epitheelcellen elders in ons lichaam zijn daar Toll-like receptoren aanwezig die in staat zijn bacteriën te herkennen. Indien nodig veroorzaken zij een immuunrespons om bacteriën op te ruimen. Ook voor de luchtwegen geldt dat de bacteriële soorten die er voorkomen snel zullen worden geassocieerd met infectieziektes. Niet geheel ten onrechte, maar ook hier geldt: dat zijn de uitzonderingen. Veelvoorkomende soorten zijn *Streptococcus pneumoniae, Staphylococcus aureus, Neisseria meningitidis* en *Haemophilus influenzae*. Al deze soorten horen in onze luchtwegen te zitten en bieden bescherming tegen infecties. ◄ **Afb 18**

VEROUDERING

Het is uit het voorgaande duidelijk geworden dat de microbiota in de mens sterk verschilt per biotoop. De condities die heersen op een bepaalde plaats in het lichaam vormen verreweg de belangrijkste factor bij de bepaling welke micro-organismen er voorkomen. Ook spelen omgevingsfactoren een belangrijke rol. De verandering van samenstelling van de lucht die we inademen als we reizen. De verandering van ons dieet en leefgewoontes gedurende ons leven. En zelf veranderen we natuurlijk ook. We worden ouder. Ook onze leeftijd is een belangrijke factor wat betreft de samenstelling van onze microflora. Bij veel van de studies die zijn uitgevoerd naar veranderingen van de microflora op hoge leeftijd is die van de darm meegenomen. Vermindering van onze immuunfunctie en verlenging van de doorlooptijd van onze voeding in de darm spelen een rol bij de veranderingen die we in dat ecosysteem waarnemen. De meest dramatische daarvan zijn een afname van de aantallen en diversiteit van micro-organismen. Die wordt geassocieerd met toename van antibioticagebruik en veelvuldige ziekenhuisopname. Ook vindt men in de microflora van ouderen onderling meer variatie dan in die van jonge volwassenen. Een aantal studies laten zien dat er een verschuiving is in de samenstelling en activiteit van de darmflora, resulterend in een toename in de omzetting van eiwitten, een afname in de omzetting van koolhydraten en de productie van bepaalde vetzuren. Kortom: het behoud van een constante microbiële samenstelling in het maagdarmkanaal blijkt de uitdaging voor gezond oud worden.

DE DOOD

Er komt onvermijdelijk voor iedereen een moment waarop het lichaam niet langer in staat is de cruciale functies te blijven uitvoeren die verantwoordelijk zijn voor de regulatie van de ademhaling, bloeddruk, zuurgraad, lichaamstemperatuur en het immuunsysteem. Op dat moment komt er een eind aan ons leven. Indien wij de mens en zijn micro-organismen in zijn totaliteit als een ecosysteem beschouwen, en dat doen we hier, dan zijn we verre van levenloos na ons overlijden. De micro-organismen, waarmee we een leven lang hebben samengeleefd, rest nog een laatste taak. Een die door velen als luguber wordt ervaren: de ontbinding van ons lichaam. Dat is een complex proces met een belangrijke rol voor de microben in ons lichaam, de insecten en omgevingsfactoren, waaronder temperatuur, luchtvochtigheid en de hoeveelheid zuurstof. Bacteriën spelen een onmisbare rol in dit proces. De ontbinding van ons lichaam wordt over het algemeen in een vijftal stadia onderverdeeld: de verse fase, de inflatiefase, de vroege en de late rotting en de droge fase. De eerste begint al een aantal minuten nadat de dood is ingetreden. Als gevolg van een gebrek aan zuurstof, een toename van koolstofdioxide en afvalstoffen en de ontregeling van onze enzymen treedt er een proces op dat zich het beste laat omschrijven als zelfvertering. De enzymen breken onze eigen cellen af. Daar komen vloeistoffen bij vrij, maar dat is niet zichtbaar met het blote oog. Ook bacteriën laten zich van een andere kant zien. Ze beginnen onze darmen te verteren van binnenuit, waarbij ze in een later stadium ook het weefsel daaromheen meenemen. Het lichaam heeft ondertussen de temperatuur van de omgeving aangenomen, de huid heeft een bleke kleur gekregen en de spieren zijn verstijfd. Al snel treedt er een belangrijke verandering op: de populatie van bacteriën die zuurstof nodig hebben maakt plaats voor anaerobe bacteriën. In een volgende stap beginnen de bacteriën met een rottingsproces waarbij gassen vrijkomen die ervoor zorgen dat de vloeistoffen in het lichaam naar buiten worden geduwd en het dode lichaam wordt opgeblazen (inflatiefase). Ook andere vluchtige afbraakproducten komen daarbij vrij, zoals putrescine en cadaverine, die verantwoordelijk zijn voor de karakteristieke geur van een lichaam in ontbinding. Een geur die men nooit meer vergeet. De afbraak kan zowel in aan- als afwezigheid van zuurstof plaatsvinden. In het kort komt het erop neer dat door de enzymatische actie van micro-organismen grote moleculen van ons lichaam worden omgezet in kleinere verbindingen.

Dat afbraakproces staat ook wel bekend als katabolisme, een verzamelnaam voor alle vormen van stofwisseling waarbij grote moleculen worden afgebroken tot kleine bouwstenen van de levende natuur. Bij katabole reacties komt als gevolg van de verbranding energie vrij. De bouwstenen die na het uiteenvallen van de grote moleculen ontstaan, worden door bacteriën gebruikt om nieuwe structuren te vormen of nog verder afgebroken. De vrijgekomen energie wordt grotendeels omgezet in warmte, terwijl een klein deel wordt opgeslagen, opdat cellen daarmee nieuwe verbindingen kunnen maken en groeien. Op die manier leidt afbraak dus tot energie voor de aanmaak van nieuwe verbindingen die nieuw leven mogelijk maken, en sluiten bacteriën de cyclus van de organische verbindingen waar wij uit zijn opgebouwd.

Het katabole proces verschaft micro-organismen dus een manier om energie te genereren; ons lichaam in ontbinding is voor micro-organismen niets anders dan een nutriëntrijke omgeving om op te groeien. Decompositie, ontbinding, rotting, bederf, maar ook fermentatie kan vanuit microbiologisch oogpunt niet van elkaar worden onderscheiden. Een microbe oordeelt niet. Of er nou sprake is van rotting of van een omzetting die leidt tot verrijkte voeding of drank, het zijn dezelfde microbiële soorten die bezig zijn met dezelfde biochemische omzettingen. En dat is wat mij betreft ook een troostrijke gedachte. Micro-organismen sluiten de cyclus van het leven. 'Uit stof zijt gij geboren en tot stof zult gij wederkeren.' Uiteindelijk vindt de materie waaruit wij zijn opgebouwd dus weer een nieuwe bestemming in dieren, planten en microben. Zelfs een deel van de gassen die bij de ontbinding zijn gevormd zullen door bacteriën en planten worden gebonden en zo een nieuwe bestemming vinden.

DE MICROBELOZE MENS

Er zijn een aantal uitzonderingen in de natuur. De microbeloze mensen. Zij zijn na hun dood door bepaalde omstandigheden in een omgeving terechtgekomen waar de microben een deel van hun afbraakwerkzaamheden niet kunnen verrichten. Soms zijn die condities door de natuur zelf opgelegd, zoals in het geval van de duizenden jaren oude veenlijken, waaronder de man van Grauballe, de man van Tollund **AFB 19 ▶** en het Drentse meisje van Yde. Door een laag zuurstofgehalte en het zure water in het veen hebben micro-organismen al die tijd geen kans gekregen hun omzettingen te verrichten. De lijken zijn gemummificeerd en in betrekkelijk goede staat bewaard gebleven. Ook kou geeft in uitzonderlijke gevallen microben geen kans. De ijsman Ötzi bevond zich volgens schattingen vijfduizend jaar lang in bevroren toestand in het hooggebergte. Hij stond daar maar, zoals prachtig verwoord in een bekend gedicht: 'onder de vleugelslag van de arenden, het suizelen van de wind en een snelvoetig reizend wolkenpak'.

Ook door menselijk toedoen kunnen er microbeloze mensen ontstaan. Neem bijvoorbeeld de mummies in de pyramides in Egypte, of de diepvriesmensen. Lichamen van mensen die klinisch dood zijn, en die door een behandeling goed worden geconserveerd. In het geval van dergelijke 'cryonauten' wordt het lichaam ingevroren in vloeibare stikstof in de hoop op een serie wetenschappelijke

Afb. 19 De microbeloze mens.
De Man van Tollund is een in 1950 gevonden veenlijk bij Silkeborg, Denemarken. De man stierf omstreeks 350 voor Christus. Sinds die tijd hebben de microben geen vat op hem gekregen door de bijzondere, voor microben vijandige condities in het veen. Zijn laatste maaltijd was een groentesoep.

doorbraken die een ontdooitechniek opleveren, en een aantal andere vereiste inzichten, die een verlenging van het leven in de toekomst mogelijk maakt. Het betreft hier uitzonderingen die buiten het bereik van microben zijn gebleven. Over het algemeen wordt ons lichaam na onze dood met hulp van de microben weer opgenomen door de levende natuur. Ons lichaam is dan verdwenen. Maar alle atomen waaruit wij ooit waren opgebouwd zijn er nog. Alleen de manier waarop ze verbonden zijn met andere atomen is veranderd. Bovendien leven wij voort door onze daden die de wereld voor altijd hebben veranderd. Of wat minder groots en meeslepend: in de dierbare herinnering van onze naasten.

Na ons leven kunnen wij dus slechts in uitzonderlijke gevallen het bacteriële leven een halt toeroepen. De vraag doet zich voor in hoeverre wij de controle hebben *tijdens* ons leven. Kunnen wij als gastheer uitsluitend lijdzaam de omgeving faciliteren voor onze microben, of kunnen wij als een ware meester het onzichtbare leven ook de baas zijn? Of is er sprake van een ander scenario? Zijn het de micro-organismen die óns de baas zijn?

DEMODEX, DE WIMPERMIJT

's Nachts bevinden we ons in die aangename, steeds opnieuw terugkerende passieve toestand waarin ons bewustzijn verandert, onze waarneming vermindert en de activiteit van de spieren in ons lichaam afneemt. Onze ademhaling wordt regelmatig en onze gesloten ogen lijken uit te willen te drukken dat de rust in ons lichaam volledig is teruggekeerd na een drukke dag. Maar schijn bedriegt. Er is een onzichtbaar nachtdiertje actief, de wimpermijt. Het is maar een paar tienden van een millimeter lang en heeft een thuis gevon-

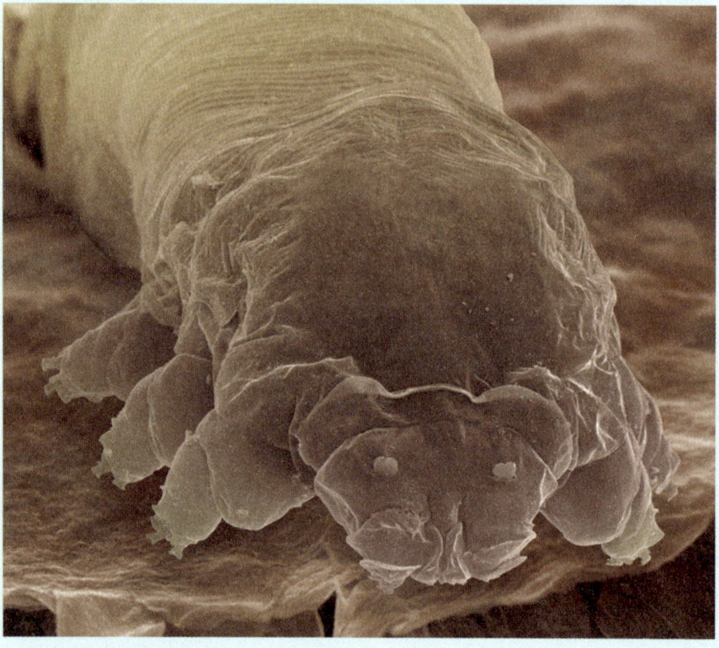

Afb. 20 Demodex, de wimpermijt.

den in de haarzakjes van onze wimpers. De hele dag houdt de mijt zich stil in deze kleine holtes in onze oogleden en doet zich daar te goed aan talg en huidcellen, die hij met zijn kaken verorbert. Als we slapen komen de wimpermijten, waarvan er honderden in ons gezicht wonen, tevoorschijn. Ze kruipen over ons gezicht met hun vier paar poten, op zoek naar soortgenoten om mee te paren. Na een korte nachtelijke escapade zetten de wimpermijten weer koers naar onze wimpers, om daar in de talgklieren eitjes te leggen. Na drie tot vier dagen komen die uit, en dan ontwikkelen de larven zich tot volwassen mijten, die een paar weken oud worden. Mensen dragen wimpermijten over door onderling contact van huid en haar, maar overdracht van mijten naar andere zoogdieren, zoals onze huisdieren, komt niet voor. Elke diersoort heeft namelijk zijn eigen mijten. Iets waar we waarschijnlijk niet vaak bij stilstaan. Bij elke diersoort die uitsterft, komt er zodoende dus ook een definitief einde aan een heel ecosysteem dat bestaat uit alle levende wezens die onlosmakelijk met deze soort zijn verbonden. Schadelijk zijn wimpermijten niet, aangezien bijna iedereen ze bij zich draagt zonder vertoon van enige symptomen. Alleen onder uitzonderlijke omstandigheden kunnen ze ontstekingen veroorzaken. We voelen de wimpermijten niet over onze huid kruipen. Daar zijn ze te klein voor. Bovendien zijn ze lang voordat wij ons uitrekken in de eerste zonnestralen alweer terug gekropen in hun donkere talghol. Ze hebben een hekel aan zonlicht. De wimpermijten op ons gezicht staan bekend onder de prachtige namen *Demodex folliculorum* en *Demodex brevis*, waarvan de eerste voornamelijk leeft in de haarzakjes en de laatste een plek heeft gevonden in de talgklieren die ernaast liggen. Rondom het oog leidt dat tot een bijzonder schouwspel dat verreweg de meesten van ons nooit zullen zien, maar dat desalniettemin ontroert: de wimpermijt *Demodex folliculorum* in gezelschap van zijn soortgenoten. Zij zijn met hun knoestige koppen ingegraven in onze wimperfollikels terwijl hun staarten naar buiten zijn gestoken. Staarten die disproportioneel groot zijn voor het achtpotige lijf waaraan ze vastzitten. Dicht in de buurt bevindt zich de kleinere *Demodex brevis*, met zijn solitaire leefstijl, gevestigd in de talgklieren of net iets verderop in de klieren van Meibom. Daar wordt een olieachtig product geproduceerd dat een dun laagje vormt op onze traanfilm om te voorkomen dat de tranen in onze ogen te snel verdampen.

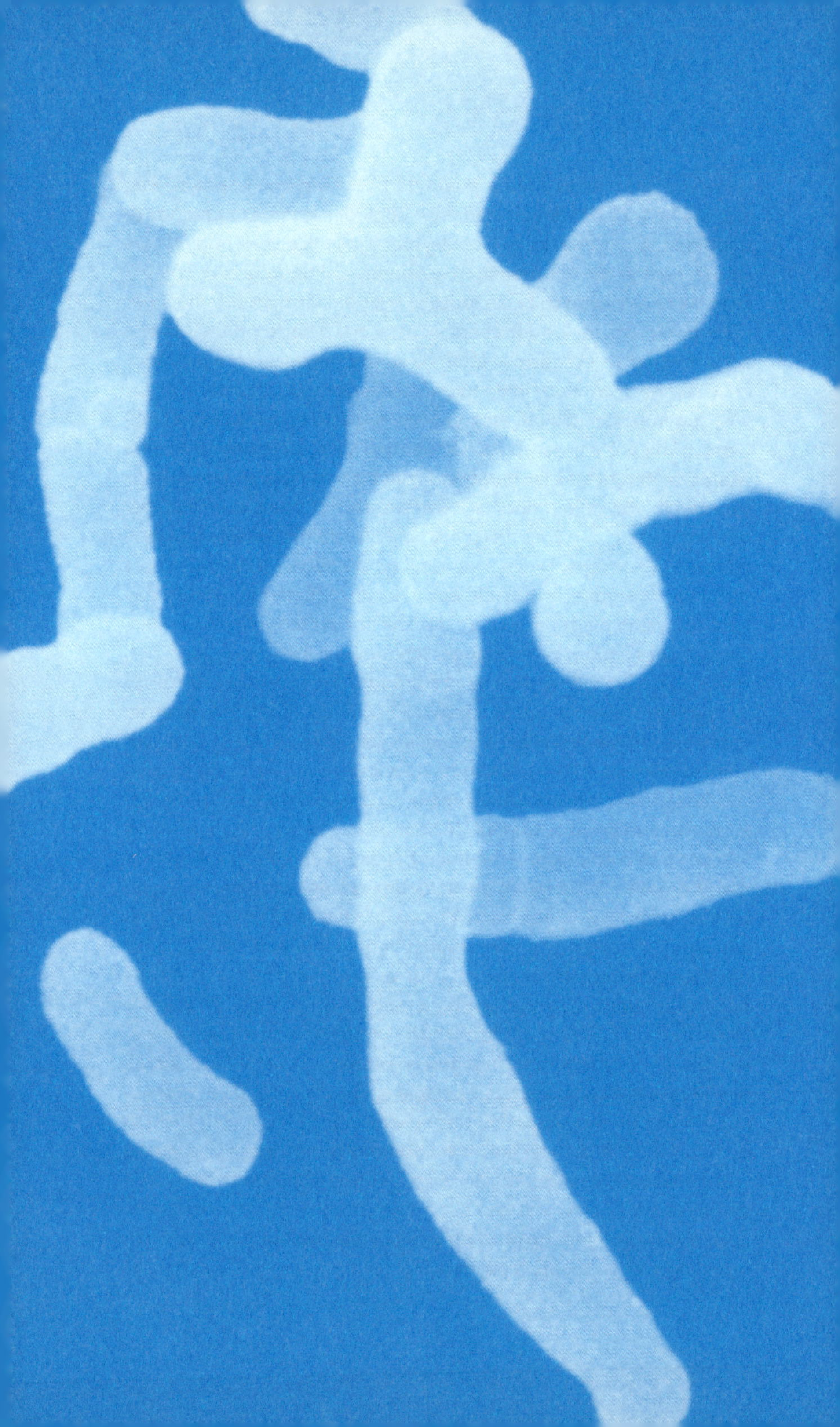

DE SLAAF

De vraag doet zich voor of de bacteriën die zetelen in ons lichaam invloed hebben op onze omgang met de wereld om ons heen. Mogelijk stuurt bij een aantal van ons een selecte groep bacteriën in de darmen ons gedrag, wat leidt tot een eenzijdige voedselinname. Dat is in het voordeel van deze bacteriën, omdat zij zich te goed doen aan dit voedsel, maar gaat ten koste van de gezondheid van hun gastheer. Zo heeft dit evolutionaire conflict mogelijk een ware obesitas-epidemie veroorzaakt. Langzamerhand is de diversiteit in onze darmflora afgenomen, volgens een zichzelf versterkend proces. Een groep bacteriën in onze darmen geeft signalen af in ons lichaam die ons gevoel van verzadiging onderdrukken, waardoor de behoefte aan vetten en suikers niet langer wordt geremd en deze bacteriën nog meer de overhand krijgen. De balans is zoek. Onze stofwisseling is verstoord. We gaan vetten opslaan, worden zwaarlijvig en als gevolg daarvan minder mobiel, waardoor we minder gaan verbranden. En de invloed van de darmbacteriën in ons lichaam reikt mogelijk nog verder. Ze lijken ook effect te hebben op ons sociale gedrag en ons geluksgevoel. De darmbacteriën zouden via hun gastheer niet alleen voor hun voeding kunnen zorgen, maar door beïnvloeding van zijn sociale gedrag ook voor mensen in de directe nabijheid, waardoor overdracht en verdere verspreiding mogelijk wordt. Het beeld van de mens als slaaf van zijn bacteriën roept vele vragen op. Volgens welke mechanismen kunnen bacteriën de mens controleren? Hoe sterk is het bewijs voor hun verregaande invloed? Kan de mens ontsnappen aan zijn onzichtbare ketenen?

Onze darmen kunnen we zien als een controlecentrum in ons lichaam waar signalen die van invloed zijn op onze eetlust, ons sociale gedrag en onze stemming hun oorsprong vinden. Het is de plaats waar verreweg de meeste bacteriën in ons lichaam voorkomen, en wel in een ongekend hoge dichtheid en diversiteit. De darmen geven de ruimte aan het meest complexe ecosysteem op aarde, dat bestaat uit een waanzinnige hoeveelheid bacteriën die de hele dag door signalen afgeven. Die signalen kunnen via allerlei verschillende routes onze hersenen bereiken. Als wij afgaan op ons onderbuikgevoel, laten we ons dan leiden door de bacteriën in onze darmen? Voor ons welzijn is de activiteit in onze darmen van groot belang. Zo luidt een bekende volkswijsheid dat elke ziekte, ook die van de geest, begint in de darmen. In de verwijzing naar uitdrukkingen en volkswijsheden die van generatie op generatie zijn overgedragen kunnen we dus een bevestiging zien van de verregaande invloed van onze darmbacteriën op onze algehele gesteldheid. Maar uitdrukkingen die in de taal zijn ingesleten of eeuwenlange ervaring zijn niet veel waard in de ogen van de wetenschapper. Ze gelden niet als bewijs. Als iets maar vaak en lang genoeg wordt geroepen hebben we de neiging het op een zeker moment als een gegeven te gaan beschouwen. In dit boek zien we alles natuurlijk in het licht van bewijs dat is verkregen door wetenschappelijk onderzoek.

Verregaande invloed van bacteriën op de mens kan zowel een beangstigende als een troostrijke gedachte zijn. Die invloed impliceert dat een deel van onze identiteit besloten ligt in de bacteriën waarmee we samenleven. De keuze van ons voedsel en vooral de mate waarin we dat tot ons nemen, ons sociale gedrag, de partner die we kiezen: het wordt allemaal mede bepaald door de micro-organismen in ons lichaam. Aan de ene kant is dat mogelijk beangstigend, want we komen tot het besef dat we niet de volledige controle hebben over de belangrijke keuzes die we in ons leven maken. Maar dat besef kan ook troost bieden. We kunnen onze 'menselijke kant' niet langer alles verwijten. Fouten maken is niet langer alleen maar menselijk. Bovendien, het deel van ons gedrag waar we niet altijd even trots op zijn, onze grenzeloze eetlust, ons bandeloze libido, kunnen we nu toeschrijven aan de micro-organismen in ons lichaam. We zijn de slaaf van onze bacteriën, en zelf staan we buitenspel. We zijn ontoerekeningsvatbaar. Wat zou dat betekenen in de rechtszaal? U bent onschuldig. We hebben vastgesteld dat de bacteriën in uw darmen u hebben aangezet tot dit onacceptabele gedrag. Voor straf een maand op een dieet zonder vezels. In geval van recidive een antibioticumkuur. Dat zal ze leren. Maar goed, het is natuurlijk zaak eerst de verregaande invloed van bacteriën op ons handelen te onderbouwen. Laat ik nog even proberen me te beheersen en te wachten met bewijs verzamelen. Ik wil het beeld van de mens als slaaf van zijn bacteriën niet meteen nuanceren.

Voordat ik kom met een mogelijke verklaring die laat zien hoe het mogelijk is dat bacteriën vanuit de krochten en kelders van ons lichaam invloed uitoefenen op ons gedrag, zouden we eerst de vraag kunnen stellen waarom ze dat doen. Al het leven is een product van de evolutie, dus er gebeurt zelden iets biologisch zonder dat daar een verklaarbare oorzaak voor te vinden is. En ook nu hoeven we helemaal niet lang te zoeken. Het is allemaal heel plausibel. Om succes te hebben in het leven als populatie bacteriën in de darmen zijn twee zaken van belang. Voldoende voedsel om nageslacht te produceren en de mogelijkheid zich te verspreiden. Het eerste probleem wordt opgelost door de eetlust van de gastheer zo te reguleren dat diens keus valt op voedingsstoffen waar de populatie bacteriën goed op kan groeien. Bacteriën hebben vrijwel nooit genoeg te eten, dus daarnaast wordt ook nog het gevoel voor verzadiging in de gastheer geremd, zodat het voedsel onbeperkt blijft binnenstromen. Het tweede probleem wordt aangepakt door van de gastheer een sociaal wezen te maken, zodat hij met enige regelmaat mensen in zijn nabijheid heeft. Met een beetje geluk volgt er een uitnodiging op een diner, gevolgd door intiem contact. Het ideale scenario voor een bacterie. De avond begint met een maaltijd waar flink wat werk van gemaakt is. Geen eenvoudige afhaalpizza vol conserveermiddelen en een te hoog zoutgehalte, maar een driegangendiner bij kaarslicht met een prettige verhouding van koolhydraten, eiwitten en vetten. Enige tijd na de maaltijd volgt er fysiek contact, waardoor de overdracht van bacterien via de huid en de mond wordt gefaciliteerd. Zonder afbreuk te doen aan de romantiek is er nu een prachtige gelegenheid om nieuw terrein te verkennen. Na verloop van tijd kunnen de bacteriën zich in een aangename omgeving in de mond en darmen nestelen en daar een nieuwe populatie opbouwen. Vervolgens kan geleidelijk de invloed op het gedrag van de nieuwe gastheer worden vergroot.

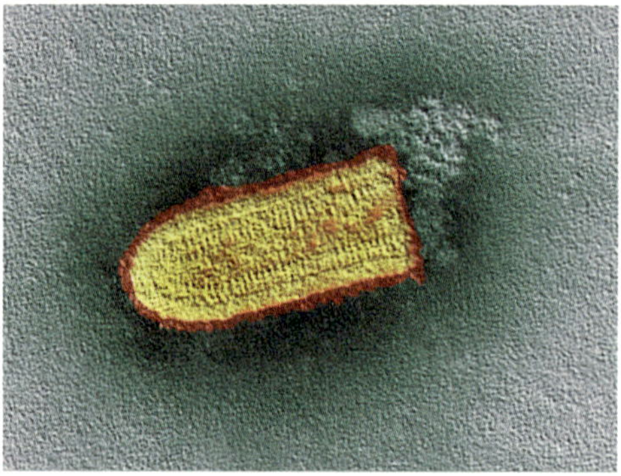

Afb. 21 Het rabiësvirus.
Het rabiësvirus, de veroorzaker van hondsdolheid, met zijn kogelvormige structuur met een lengte van ongeveer 180 nanometer en een doorsnede van ongeveer 75 nanometer.

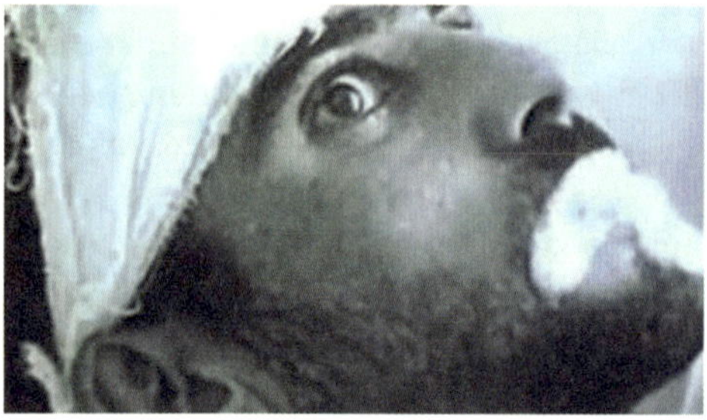

Afb. 22 Een patiënt met hondsdolheid.

Afb. 23 Hondsdolheid: Infectiebronnen, behandeling, ziekteverloop en preventieve maatregelen.
Het virus wordt verspreid door het speeksel van besmette zoogdieren van onder andere wasberen, wolven, vleermuizen en honden (1). Er zijn niet altijd duidelijke symptomen bij de dragers van het virus. Het is in elk geval verdacht wanneer een dier agressief of onrustig is, of wanneer een dier zijn schuwheid verliest (2).

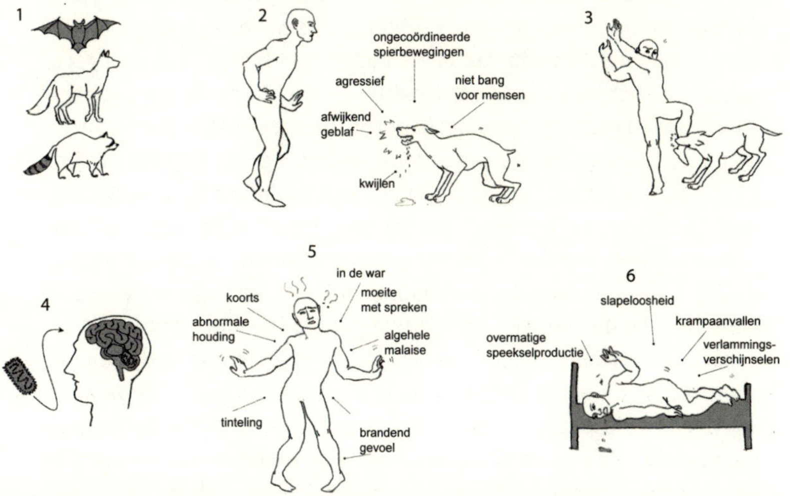

Er is na de besmetting – afhankelijk van de plaats van de beet – een incubatietijd die varieert van 2 weken tot vele maanden. Na een beet moet de wond goed worden schoongemaakt en ontsmet met alcohol (3). Vervolgens moet het slachtoffer zo snel mogelijk behandeld worden met een antiserum. Wordt er niet ingegrepen, dan kan het slachtoffer na verloop van tijd ziek worden (4). Het ziekteverloop begint met aspecifieke symptomen: lichte koorts, algehele malaise, hoofdpijn, verminderde eetlust, prikkelbaarheid, verhoogde spierspanning en overgevoeligheid voor fel licht en harde geluiden. De belangrijkste symptomen zijn abnormale gevoelens in het gebeten lichaamsdeel (5). Een gevoel van pijn, koude, jeuk of tintelen treedt op bij tachtig procent van de patiënten. Vervolgens is er sprake van verhoogde speekselproductie en kunnen er bij het zien van water en pogingen tot drinken krampen optreden van de slikspieren en de ademhalingsspieren (6). Daarna ontstaan er verlammingsverschijnselen, raakt de patiënt in coma en overlijdt. Onder preventieve maatregelen vallen vaccinaties en het vermijden van contact met wilde dieren. Als het rabiësvirus de hersenen eenmaal heeft bereikt is genezing zeer uitzonderlijk.

Alles goed en wel, maar leidt fysiek contact tussen twee mensen daadwerkelijk tot een grotere gelijkenis tussen de bacteriële populaties die met het lichaam van beide individuen kunnen worden geassocieerd? Daar zijn goede aanwijzingen voor. Een microbiologische studie naar het effect van tongzoenen op de verzameling bacteriën in de mond liet zien dat de mondflora op de tong van koppels significant meer op elkaar lijkt dan op die van individuen die geen relatie met elkaar hebben. Het effect van fysiek contact op de samenstelling van de menselijke microflora werd ook beschreven in een andere studie, die aantoonde dat de huid-, mond- en darmflora van een persoon meer lijkt op die van een huisgenoot dan op die van iemand die ergens anders woont. Ook contactsporten blijken ideaal te zijn om de overdracht van bacteriën te faciliteren, zodat teamleden doorgaans een deel van de verzameling van hun huidbacteriën met elkaar delen. En naarmate de wedstrijd vordert, begint de huidflora van de teamleden ook steeds meer op die van de tegenstanders te lijken.

Terug naar het effect van microben op ons gedrag. Zoals bekend, is de mens pas de laatste vier seconden in het etmaal van het bestaan van de aarde om de hoek komen kijken. De microben waren er al om half zes 's ochtends. Gedurende de volledige ontwikkeling van de mens is er sprake geweest van een co-evolutie tussen mens en microbe. Gezien deze jarenlange samenwerking is het naar mijn idee aannemelijk dat microben een verregaande invloed hebben op het functioneren en het gedrag van de mens. Als dat zo is, zou u de vraag kunnen stellen waarom we daar dan geen concrete voorbeelden van zien. Voorbeelden waarbij het oorzakelijk verband tussen de aanwezigheid van de microbenpopulatie in de gastheer en een gedragsverandering is vastgesteld. En niet zomaar een gedragsverandering, maar één die zonder meer gunstig uitpakt voor de microbe. Het antwoord is eenvoudig. Die voorbeelden zijn er. Ze zijn onder andere te vinden bij een aantal virale en parasitaire infecties. Laten we bijvoorbeeld eens kijken naar hondsdolheid, veroorzaakt door het rabiësvirus ◂ **Afb 21**. Besmetting leidt tot de ontwikkeling van agressief gedrag bij honden, waardoor de kans veel groter wordt dat het virus zich via een beet kan verspreiden. Bovendien vindt bij besmette dieren en mensen een verhoogde productie van het virusbevattende speeksel plaats, zodat de kans op overdracht sterk toeneemt ◂ **Afb 22**. Naast agressie is een tweede gedragsverandering die het virus teweegbrengt een 'hydrofobie', oftewel een angst voor water, waardoor een mens na infectie niet langer in staat is goed zijn dorst te lessen. Als je water drinkt, slik je het virus in het speeksel makkelijk weg, waardoor de kans op overdracht verkleind wordt. Zo ziet u dat jarenlange selectie voor optimale overdracht van het virus heeft geleid tot specifieke gedragsveranderingen bij de gastheer. ◀ **Afb 23**

Een ander fascinerend voorbeeld van een gedragsverandering is het effect van een parasitaire infectie van *Toxoplasma gondii* **Afb 24** ▶. Knaagdieren, zoals muizen, zijn na een *Toxoplasma*-infectie niet langer bang voor katten. Ze reageren langzaam op gevaar en zetten het niet langer op een rennen als er een kat in de buurt komt. Ook deze microbe neemt het zekere voor het onzekere. Want mocht deze gedragsverandering nog niet voldoende zijn, de hersenen van muizen worden door de parasiet ook nog eens zo geprogrammeerd dat zij zich aangetrokken voelen tot de geur van kattenpis. Wat zich vervolgens gaat afspelen laat zich raden. De muis wordt te grazen genomen en de parasiet kan de kat infecteren. Of een infectie met *Toxoplasma* symptomen bij volwassen mensen geeft?

Daar zijn de meningen over verdeeld. Een studie laat zien dat gedragsveranderingen die zijn waargenomen in geïnfecteerde prooidieren ook op mensen van toepassing zijn. Mensen met toxoplasmose blijken vaker risico's te nemen, hun reactiesnelheid vertraagt en men heeft daardoor een twee tot drie keer hogere kans op een ongeluk in het verkeer. Ook hebben onderzoekers geconcludeerd dat een infectie bij mensen kan leiden tot schizofrenie of het gekke-kattenvrouwen-syndroom (deze laatste diagnose is bij mijn weten nog nooit gesteld). **Afb 25** ▶ Wat bekender is het advies om in geval van zwangerschap de kattenbak niet schoon te maken om eventuele infectie en overdracht van *Toxoplasma* op het ongeboren kind te voorkomen, waarbij de parasiet ernstige schade kan veroorzaken. **Afb 26** ▶ Hondsdolheid en toxoplasmose leiden tot in het oog springende ziektebeelden, die om die reden dus ook niet aan onze aandacht zijn ontsnapt. Bovendien zijn het voorbeelden waarbij de microbe-mensrelatie duidelijk ten koste van de gastheer gaat. Gezien het feit dat deze relatie zich ontwikkeld heeft vanaf het ontstaan van de mens, is het zeker niet onaannemelijk dat tal van subtiele gedragsveranderingen waar wij ons minder goed bewust van zijn, verband houden met de aanwezigheid en activiteit van bacteriën in ons lichaam.

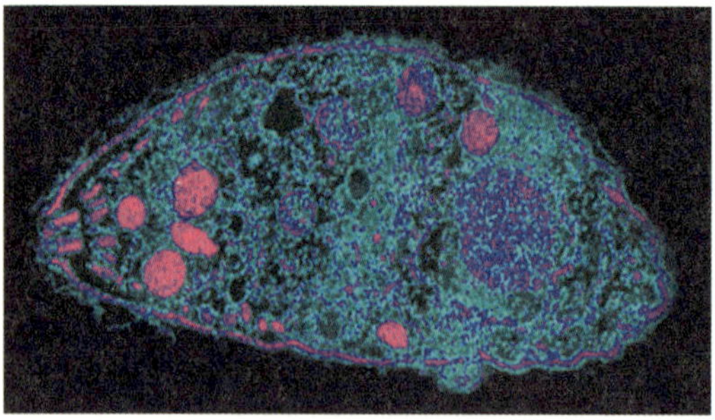

Afb. 24 De parasiet *Toxoplasma gondii*.

Afb. 25 De kattenvrouw.

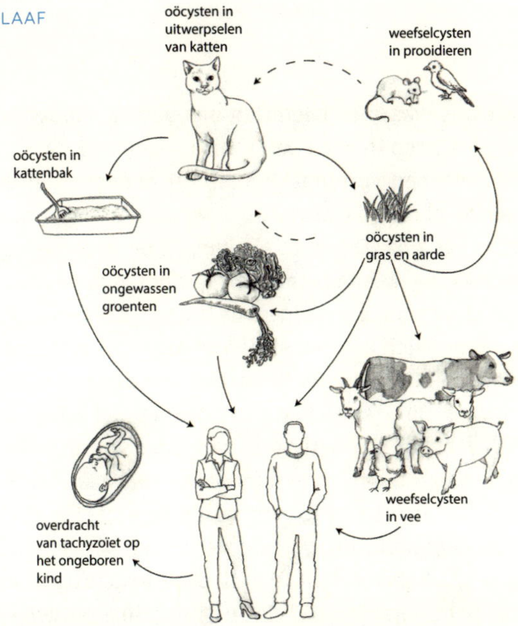

Afb. 26 De levenscyclus van *Toxoplasma*.
Een kat kan besmet raken door inname van *Toxoplasma* weefselcysten uit prooidieren (zoals muizen of vogels) of oöcysten uit de omgeving. Mensen kunnen via verschillende routes geïnfecteerd raken: via uitwerpselen van katten, ongewassen groente, of onvoldoende verhit vlees van onder andere varkens, geiten en schapen en kippen. Het actieve stadium van de parasiet is de tachyzoïet, die na inname vrijkomt uit de oöcyste of uit de weefselcyste en vervolgens de gastheercel binnendringt en zich daar vermenigvuldigt. De meeste mensen merken weinig tot niets als ze geïnfecteerd worden, symptomen blijven uit of lijken op een griepje. Als een vrouw geïnfecteerd raakt tijdens de zwangerschap kan het ongeboren kind worden aangetast. Een *Toxoplasma*-infectie heeft effect op het gedrag van knaagdieren, waardoor zij een makkelijkere prooi worden. Mensen met toxoplasmose blijken vaker risico's te nemen, hun reactiesnelheid vertraagt en men heeft een twee tot drie keer zoveel kans op een ongeluk in het verkeer. Voor een oorzakelijk verband tussen een *Toxoplasma*-infectie en schizofrenie, de neiging een kat als huisdier te nemen of – in een later stadium – ontwikkeling van de 'gekke-kattenvrouwen-ziekte' is nog onvoldoende evidentie.

Het mechanisme waarmee bacteriën ons gedrag zouden kunnen beïnvloeden is te vinden in een communicatienetwerk dat onze darmen met onze hersenen verbindt. Binnen dit netwerk, dat ook wel bekendstaat als de hersen-darm-as **Afb 27**▶, gaan de informatiestromen beide richtingen op. Dus niet alleen van de hersenen naar de darmen, maar ook omgekeerd. Laten we beginnen met de route waarlangs de signalen van onze hersenen naar onze darmen lopen. Het resultaat van die signalen komt ons allen zonder twijfel bekend voor. Gevoelens van verliefdheid zijn in de darmen goed te voelen als ronddartelende vlinders. Ook zal niemand ontkennen dat stress een dramatisch effect heeft op de activiteit van onze darmen. In beide gevallen krijgen we geen hap meer door onze keel. Maar hoe gaat dat precies in zijn werk? In onze hersenen worden emoties, motivatie en genot gevormd in het limbisch systeem, een groep structuren tussen de hersenstam en de hersenschors. Vanuit deze structuren is een netwerk aangelegd in de hersenen dat via ons autonome zenuwstelsel in verbinding staat met de functie van onze darmen. Het autonome zenuwstelsel controleert een groot aantal functies binnen ons lichaam die we niet bewust kunnen aansturen en die dus niet direct onder invloed staan van onze wil. Daaronder valt niet alleen de spijsvertering, maar bijvoorbeeld ook de ademhaling en de hartslag. Het autonome zenuwstelsel is opgesplitst in twee delen. Het ene zorgt er in tijden van ontspanning voor dat de organen in ons lichaam in een toestand van rust en herstel komen en dat de spijsvertering wordt gestimuleerd. Als we onder stress staan, dan treft het andere deel van het autonome zenuwstelsel voorbereidingen voor een vecht-of-vluchtreactie. In dat geval verwijden onze pupillen zich, wordt onze hartslag hoger en spannen onze spieren zich aan. Tegelijkertijd wordt onze spijsvertering geremd en komen er hormonen vrij in onze darmen. In tijden van verliefdheid of stress is ons lichaam dus (al dan niet terecht) bezig met de voorbereiding op vechten of vluchten, worden de activiteit in onze darmen en onze eetlust geremd. Het effect dat al deze signalen vanuit onze hersenen op onze darmen hebben, leidt tot een verandering van de leefomgeving voor de bacteriën en zal resulteren in een verandering van de samenstelling van de bacteriepopulatie in onze darmen.

Maar hoe zit het nu met het mechanisme waarmee micro-organismen in staat zouden zijn ons gedrag te beïnvloeden? Kunnen bacterien signalen afgeven die onze behoefte voor bepaalde voeding stimuleren, zodat we daardoor een specifieke populatie bacteriën in stand houden, mogelijk zelfs ten koste van onze eigen gezondheid? En hoe zouden zij van invloed kunnen zijn op ons sociale gedrag en onze stemming? Laten wij eens kijken naar de routes die onderdeel uitmaken van de hersen-darm-as in omgekeerde richting.

Allereerst zijn bacteriën in staat om signalen over te dragen via de tiende hersenzenuw, die ook wel bekendstaat als de zwerfzenuw of de *nervus vagus*. Deze behoort tot de twaalf zenuwen die direct uit de hersenen ontspringen en niet uit het ruggenmerg. De zwerfzenuw is de grootste van ons autonome zenuwstelsel. (Het deel waar we dus geen bewuste controle over hebben en dat onze inwendige organen aanstuurt.) De *nervus vagus* zwerft uit om zich te vertakken in onze inwendige organen en reguleert daar via de aanmaak van signaalstoffen onder andere de ademhaling, de hartslagfrequentie, de transpiratie, de afscheiding van maagsappen en de verplaatsing van ons voedsel vanuit de maag naar het begin van de dunne darm. Tot slot reguleert de zwerfzenuw de darmperistaltiek die de vertering van ons voedsel stimuleert en ervoor zorgt dat het zich met een golfbeweging door de darm verplaatst. Maar de *nervus vagus* stuurt niet alleen signalen in de richting van de verschillende organen van het lichaam. Niet minder dan negentig procent van zijn capaciteit wordt gebruikt om informatie door te geven over de toestand van onze organen naar het centrale zenuwstelsel. Het overgrote deel van de zenuwvezels in de *nervus vagus* bevat sensorische zenuwcellen. En dat zijn precies het type zenuwcellen waar bacteriën hun signaal aan kunnen afgeven. Er zitten in totaal wel honderden miljoenen zenuwcellen in onze darmen, waaronder die van de *nervus vagus*. De laatste vertakt zich tot diep in de slijmlaag van onze darmen en bevindt zich met vele uitlopers in de dunne darm en in een deel van de dikke darm. De sensorische zenuwcellen kunnen direct geactiveerd worden door de celwandcomponenten van bepaalde bacteriën, door de stoffen die vrijkomen als de bacteriën ons eten verteren of door neuroactieve stoffen die ze produceren.

Bacteriën zijn vindingrijk en hebben meerdere routes gevonden naar ons brein, die allemaal onderdeel uitmaken van de hersen-darm-as. Onze darmen en de maag bevatten gespecialiseerde epitheelcellen die hormonen produceren. Al deze cellen bij elkaar vormen het groot-

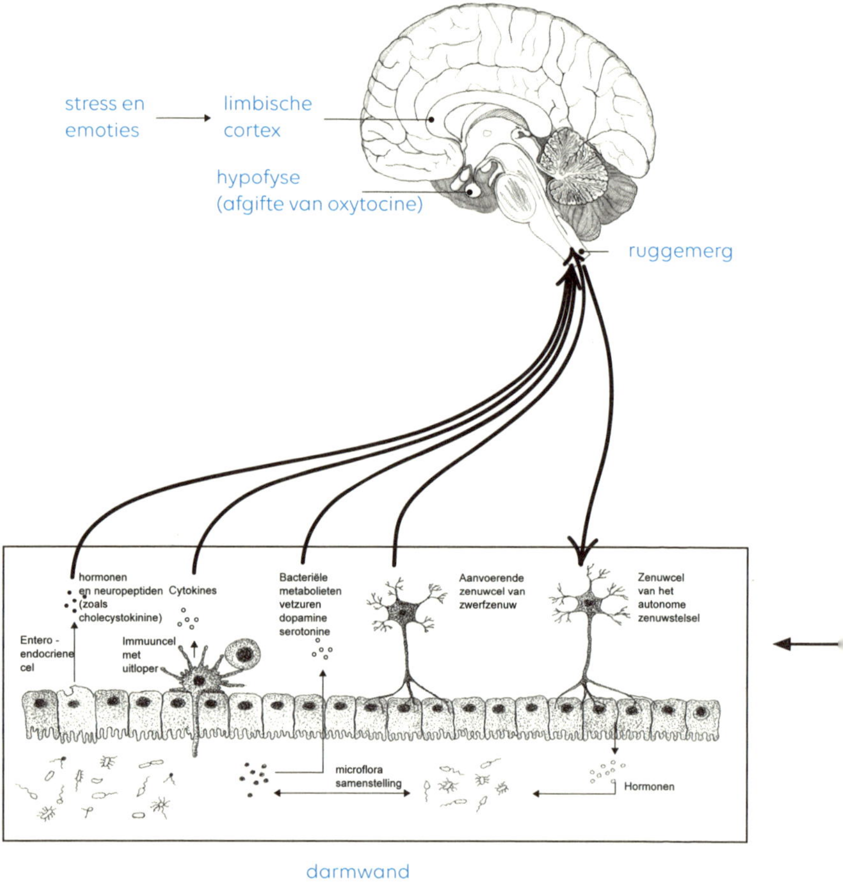

Afb. 27 De hersen-darm-as.

Links: Signalen van bacteriën in de darmen worden doorgegeven via de hersen-darm-as. De signaalroutes lopen via

1. cellen die gestimuleerd worden tot de afgifte van hormonen
2. activering van het immuunsysteem door de productie van cytokines

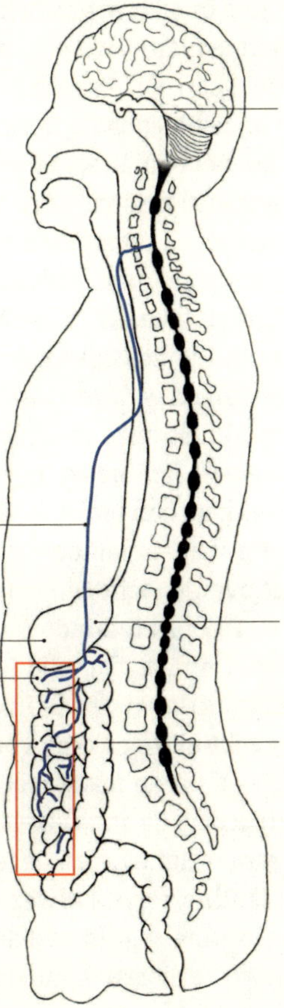

3. prikkeling van het zenuwstelsel (onder andere de nervus vagus) en
4. directe productie van hormonen en andere bioactieve stoffen.
Rechts: doorsnede van het lichaam met daarin de *nervus vagus* (rood) en hormonen die onder controle staan van of geproduceerd worden door bacteriën.

ste hormoonproducerende orgaan in ons lichaam. Ze zijn in staat de inhoud van onze darmen te meten, waaronder de afbraakproducten van de aanwezige darmbacteriën, en reageren daarop door hormonen uit te scheiden in onze bloedbaan. Deze hormonen, waaronder tientallen neuropeptides, hebben direct effect op de maag-darmactiviteit, maar kunnen na transport door onze bloedbaan ook op grote afstand van onze darmen effect uitoefenen op ons lichaam. Op deze wijze reguleren zij bijvoorbeeld onze eetlust als wij honger hebben en ons gevoel van verzadiging na een maaltijd. Onder de hormonen die onze eetlust bepalen vallen leptine en ghreline. Die zijn voornamelijk in de maag te vinden en werken daar als yin en yang. Terwijl ghreline wordt aangemaakt als onze maag leeg is en als hongerhormoon onze eetlust opwekt, is leptine de tegenhanger die zorgt voor het gevoel van verzadiging na een maaltijd. Beide hormonen spelen mogelijk een rol bij het ontstaan van obesitas. Uit onderzoek is gebleken dat mensen met overgewicht een verminderde gevoeligheid hebben voor leptine, waardoor zij minder snel verzadigd raken en langer door blijven eten. De maagbacterie *Helicobacter pylori*, die van nature in onze maag voorkomt, speelt in dit verhaal een interessante bijrol die gunstig lijkt uit te pakken voor de gastheer. Het verwijderen van deze bacterie uit de maag met een antibioticumkuur leidt tot een verhoogd risico op de ontwikkeling van obesitas. Onderzoek laat zien dat de aanwezigheid van deze bacterie resulteert in verlaagde niveaus van leptine, terwijl afwezigheid leidt tot een verhoogde productie van ghreline, wat in verband wordt gebracht met 'hedonistisch eten'. Dat wil zeggen: eten uitsluitend omwille van het genot, zonder dat ons lichaam op dat moment behoefte heeft aan calorieën. Dat verhaal maakt duidelijk dat er in onze maag een bacterie zit die via haar controle over onze hormonen werkt aan het behoud van onze slanke lijn.

Overigens zijn ook in de darmen hormonen aan het werk die de eetlust kunnen reguleren, waaronder cholecystokinine, dat ons gevoel voor verzadiging opwekt. Dat neuropeptide werkt niet alleen direct op de darmen, maar ook op het centrale zenuwstelsel. Het hormoon heeft een stimulerend effect op de *nervus vagus*, waardoor het precies het tegenovergestelde effect van het hongerhormoon ghreline heeft, dat remmend werk op de *nervus vagus*. De aanmaak van het cholecystokininehormoon staat onder controle van afbraakproducten van darmbacteriën zoals bepaalde langketenige vetzuren. Zo vertellen indirect dus ook onze darmbacteriën na een maaltijd dat we genoeg hebben gegeten.

Bacteriën blijken via controle over hormonen niet alleen een rol te spelen bij de regulatie van onze eetlust, maar ook bij die van ons sociale gedrag. Het hormoon oxytocine **Afb 28** ▶ blijkt namelijk onder controle te staan van een darmbacterie. Oxytocine is een neuropeptide dat bekendstaat als het knuffelhormoon ofwel het molecuul van de liefde, geluk en verbinding. Het stimuleert verzorgend gedrag, en de verbinding tussen mensen op allerlei niveaus van seksuele opwinding, verliefdheid en vriendschap en samenwerking. Verder vermindert het gevoelens van sociale stress en is het betrokken bij ons sociale geheugen, gevoelens van herkenning, empathie en vertrouwen. Het dempt gevoelens van angst en depressie. Het hormoon wordt uitgescheiden door een klier onder aan de hersenen, de hypofyse. Onderzoek laat zien dat inname van de darmbacterie *Lactobacillus reuteri* als voedingssupplement een stimulerend effect heeft op de oxytocine-uitscheiding **Afb 29** ▶. Hoe en langs welke route de bacterie dat precies doet is nog onbekend, maar het signaal voor hormoonstimulatie blijkt in ieder geval vanuit de darmen naar de hersenen via de bekende zwerfzenuw, de *nervus vagus* te lopen.

Een derde route van de hersen-darm-as is die van het immuunsysteem. Immuuncellen in onze darmwand kunnen met hun uitlopers constant detecteren welke bacteriën in de darmen zitten aan de hand van de bestanddelen in de celwand of stoffen die zij produceren. Op basis daarvan kunnen die cellen overgaan tot de afgifte van cytokinen. Dat zijn kleine eiwitten die ons immuunsysteem in werking zetten. De cytokinen, waarvan de concentratie heel sterk kan variëren (die kan zomaar opeens duizend keer zo hoog worden in geval van een trauma) kunnen een ontstekingsbevorderend maar ook een ontstekingsremmend effect hebben. Cytokines werken allemaal op specifieke receptoren. Ze kunnen op de eigen cel actief zijn, in de buurt of verderop binnen het orgaan. Er zijn verschillende manieren waarop cytokinen ons immuunsysteem kunnen activeren. Dat kan via immuuncellen, waaronder witte bloedcellen die een infectie van ziekteverwekkende bacteriën opruimen door ze volledig te omsluiten en af te breken. Een tweede activatieroute van cytokines is via onze bloedbaan, door de aanzet tot productie van anti-

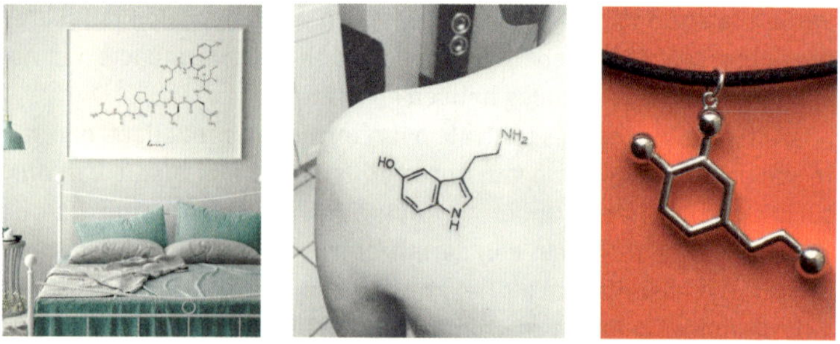

Afb. 28 Oxytocine, serotonine en dopamine.
Uitingen waarbij de mens is geïnspireerd door het effect van de biomoleculaire stoffen oxytocine (schilderij in de slaapkamer), serotonine (tatoeage) en dopamine (hangertje), waarvan de productie mede onder controle staat van bacteriën.

Afb. 29 Het effect van *Lactobacillus reuteri*.
Niveaus van oxytocine verhogen na inname van de bacterie *Lactobacillus reuteri*. Oxytocine is een neuropeptide dat bekendstaat als het 'knuffelhormoon' oftewel het molecuul van de liefde, geluk en verbinding.

lichamen. Die binden dan specifiek aan een bacterie of een virus, waardoor deze gemarkeerd en opgeruimd wordt of direct door het antilichaam wordt uitgeschakeld. Cytokines zijn van cruciaal belang bij het aanpakken van infecties en de verwerking van andere reacties van ons immuunsysteem. En bacteriën kunnen dus aanzetten tot de productie ervan. Sommige van de bacteriën en de producten die zij maken in onze darm hebben een sterk ontstekingsremmend effect, terwijl andere, waaronder de ziekteverwekkers, juist een ontstekingsreactie opwekken.

Een ontsteking kan acuut of chronisch zijn. Acute ontsteking is de prille reactie van ons lichaam op schadelijke signalen en ontstaat door extra aanvoer van plasma en witte bloedcellen vanuit de bloedbaan naar de aangetaste weefsels. Een groot aantal reacties zet de ontsteking verder voort, een proces waarbij het lokale bloedvatenstelsel betrokken is en verschillende andere celtypen. Het vervolg, een chronische ontsteking, kan van groot belang zijn voor een effectieve genezing, maar in sommige gevallen wordt ze pathologisch. Zo'n ontsteking kent een langdurige en overmatige cytokineproductie en wordt in verband gebracht met heel veel verschillende ziektes en aandoeningen in ons lichaam, waaronder ook die van de geest. Zo is een depressie een ziekte die je zou kunnen opvatten als een chronische ontsteking van de hersenen. Aangezien bacteriën in onze darmen een belangrijke rol spelen bij de juiste afstemming van ons immuunsysteem, kunnen zij dus langs deze derde route van de hersen-darm-as van invloed zijn op onze gemoedstoestand.

De meest rechtstreekse route van de darmbacteriën naar onze hersenen loopt via hormonen die ze zelf aanmaken en die vervolgens direct in onze bloedbaan terechtkomen. Dat is de vierde route van de hersen-darm-as. De darmbacteriën kunnen zo allerlei processen in ons lichaam activeren die zich op grote afstand van de darm afspelen. Zo maken zij hormonen aan die een exacte kopie zijn van de menselijke hormonen die onze stemming en ons gedrag bepalen. Meer dan de helft van al de dopamine en serotonine **Afb 30 ▸** in ons lichaam wordt door de bacteriën in onze darmen geproduceerd. Van een aantal bacteriën in onze darmen is aangetoond dat ze dopamine kunnen maken, waaronder *Escherichia coli*, *Bacillus subtilis* en *Staphylococcus aureus*. In kweken van deze bacteriën kunnen de concentraties van dopamine oplopen tot honderd keer zo hoog als die in onze bloedbaan.

Dopamine speelt een grote rol bij het ervaren van genot, blijdschap en welzijn. Serotonine is een stof die invloed heeft op het geheugen, zelfvertrouwen, de stemming, slaap, emotie, seksuele activiteit en eetlust. Maar u moet oppassen geen overhaaste conclusies te trekken: het betreft hier een rol voor beide stoffen als overdrachtsstoffen, zogenaamde neurotransmitters, die alleen direct op de plaats van afgifte actief zijn en daar signalen doorgeven tussen onze zenuwcellen. De veelzijdige rol van de twee dezelfde stoffen als hormonen, die aangemaakt worden door onze darmbacteriën en afgegeven worden in de bloedbaan, verdient nog meer onderzoek. Directe inname van dopamine of serotonine via onze voeding heeft dus ook geen direct effect op de hersenen. De prettige gemoedstoestand die door serotonine of dopamine wordt verkregen wordt dus ook niet eenvoudig opgewekt door deze stoffen te consumeren, maar door stoffen in te nemen die de afbraak ervan remmen, of door de inname van stoffen waaruit ze worden gemaakt.

Laten we de hypothese eens verder onderzoeken die inhoudt dat een deel van bacteriepopulatie aanstuurt op de inname van een bepaald dieet met het doel binnen de darmflora een prominentere positie in te nemen. Een deel van deze hypothese houdt in dat een specifieke bacteriepopulatie binnen onze darmflora verrijkt kan worden door een specifieke samenstelling van ons dieet. Dat blijkt zonder meer het geval te zijn. Het geslacht *Prevotella* komt bijvoorbeeld in hogere mate voor bij een koolhydraatrijk dieet, terwijl sommige *Bacteroidetes* meer voorkomen bij een vetrijk dieet. Speciale suikers in moedermelk worden in het bijzonder gewaardeerd door bacteriën van het geslacht *Bifidobacterium*. Om die reden vinden we zulke hoge aantallen van deze beschermende bacterie terug in de babydarm; in de darmen van volwassenen zijn er veel minder te vinden. Ook mensen met een bijzonder dieet blijken te beschikken over een karakteristieke, op maat gemaakte darmflora. In de darmen van Japanners hebben zich bijvoorbeeld bijzondere bacteriën uit de zee genesteld om zeewier af te breken. Afrikaanse kinderen die met een koolhydraatrijk dieet worden grootgebracht herbergen een speciale verzameling bacteriën die cellulose afbreken.

Maar is er ook een bepaalde samenstelling van de darmflora die in verband kan worden gebracht met zwaarlijvige mensen? **Afb 32 ▸** Het is niet eenvoudig daar algemene uitspraken over te doen. Een aantal studies laat zien dat mensen met overgewicht een verhoogde ratio van Firmicutes ten opzichte van Bacteroidetes hebben, de twee meest voorkomende groepen bacteriën in onze darmen. Deze ratio blijkt lager te worden indien deze mensen gewicht verliezen door over te stappen op een caloriearm dieet met weinig vet en koolhydraten. Deze resultaten bleken echter niet reproduceerbaar. De meest overtuigende trend is een systematische afname in de diversiteit van de darmflora bij mensen met overgewicht; hun darmflora is dus minder rijk aan verschillende bacteriesoorten. Het is in dit geval van belang om oorzaak en gevolg niet met elkaar te verwarren, op het moment dat de darmflora anders is bij zwaarlijvige dan bij slanke mensen, wil dat nog niet zeggen dat deze bacteriën ook de *oorzaak* zijn van het overgewicht.

Gelukkig zijn er een aantal onafhankelijke studies waarin microbiologen overtuigend hebben aangetoond dat er een effect is van de darmflora op het lichaamsgewicht. Deze studies zijn gedaan met behulp van muizen met een genetische aanleg om dik te worden. De eerste aanwijzingen kwamen uit een betrekkelijk eenvoudig experiment. Het is namelijk mogelijk de darmflora uit te schakelen door middel van antibiotica. Een cocktail van ampicilline en neomycine zorgt ervoor dat negentig procent van alle darmbacteriën wordt geëlimineerd. Nog beter werkt een cocktail van vancomycine, neomycine, metronidazole en ampicilline. In dat geval worden alle kweekbare bacteriën uitgeschakeld. Nu het experiment. We geven de muizen het regime met alle vier de antibiotica en een zeer calorierijk dieet. Daarna volgen we hun lichaamsgewicht, evenals dat van een controlegroep van muizen op hetzelfde dieet die geen antibiotica krijgen toegediend. Wat blijkt? De muizen met de geïnactiveerde darmflora worden in tegenstelling tot de controlegroep helemaal niet dik! Dat is dus een duidelijke aanwijzing voor de betrokkenheid van darmbacteriën bij de ontwikkeling van overgewicht.

Muizen zijn geen mensen. Zou het ook mogelijk zijn om te kijken naar het effect van de darmflora van mensen? Niet door proeven te doen met mensen, want dat gaat gepaard met te grote risico's, maar door transplantatie, door overdracht van darmflora van de mens naar de muis. Een Amerikaanse onderzoeksgroep kwam op dat sublieme idee. Door hun onderzoek met gnotobiotische muizen werden de aanwijzingen voor een cruciale rol van de darmflora bij de ontwikke-

Afb. 30 De mens als slaaf van zijn bacteriën.

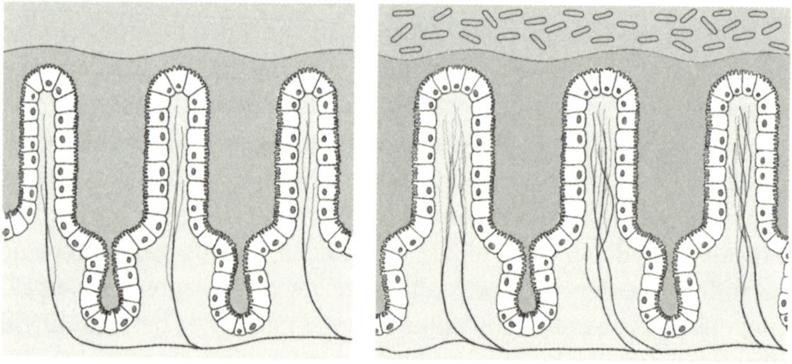

A B

Afb. 31 Ontwikkeling van de darm door darmbacteriën.
Ontwikkeling van de darmwand zonder bacteriën, zoals in kiemvrije muizen in (A) en met darmbacteriën (B).Zichtbaar is een darmvlok (zie ook afbeelding 16) die beter is ontwikkeld en doorbloed als gevolg van de interacties met darmbacteriën.

ling van overgewicht sterker. Gnotobiotisch is een term die verwijst naar een conditie waarbij de volledige darmflora als bekend kan worden verondersteld. Dat kun je voor elkaar krijgen door te werken met muizen die steriel via een keizersnede ter wereld zijn gebracht en vervolgens in een volledige steriele ruimte worden gehouden. De muizen krijgen steriel voedsel en steriel water en komen dus vanaf hun geboorte met geen enkele bacterie in contact. Een bestaan zonder bacteriën is voor de muis dus in theorie mogelijk onder deze kunstmatige condities. Vervolgens wordt aan deze muizen een bekende bacterie of microflora toegediend, en kan het effect daarvan worden bestudeerd zonder enige inmenging met de al van nature aanwezige microflora, die de interpretatie van de uitkomsten van de experimenten lastig, zo niet onmogelijk maakt.

In deze studie werd de vraag gesteld of overdracht van de microflora uit de darmen van zwaarlijvige mensen leidt tot de ontwikkeling van overgewicht bij muizen. Daarvoor werden tweelingen gerekruteerd die bestonden uit een zwaarlijvige en een slanke persoon. Ongetwijfeld een zeldzaam verschijnsel. Genetisch identiek, maar als gevolg van een verschillende leefstijl toch op een compleet ander lichaamsgewicht uitgekomen. De poep van de tweeling werd aan de gnotobiotische muizen overgedragen (die van de slanke en die van de zwaarlijvige aan verschillende muizen dus). De muizen werden vervolgens op een vetarm dieet gezet en hun gewicht werd gevolgd. De uitkomst laat zich mogelijk raden. De muizen die de poep ontvingen van het zwaarlijvige individu werden zwaarder dan de muizen die de poep van de slanke persoon kregen, maar alléén in geval van een vetarm dieet. Als beide muizen echter na het ontvangen van een van beide soorten poep op een vetrijk dieet werden gezet, werden ze beide zwaarlijvig. De darmflora speelt dus een rol, maar het is uiteindelijk het dieet dat de doorslag geeft. Een andere bijzondere waarneming uit deze studie was dat indien beide poep-ontvangende muizen bij elkaar in één kooi worden gezet op het vetarme dieet, beide muizen dun blijven. Blijkbaar is een slanke lijn besmettelijk. Omdat muizen poep eten worden ze snel en efficiënt blootgesteld aan elkaars darmflora. De bacteriën die geen overgewicht ontwikkelen winnen de competitie van de bacteriën die dat wel doen. Er zijn dus darmbacteriepopulaties die zeer efficiënt energie oogsten uit het voedsel dat ter beschikking komt aan de gastheer en bacteriën die dat minder efficiënt doen. In het eerste geval wordt er dus bij precies hetzelfde dieet meer energie uit het voedsel gehaald en ontwikkelt zich zwaarlijvigheid.

Prachtig dat ons eetpatroon in verband kan worden gebracht met bepaalde kenmerken van onze darmflora. We bevatten zeewier-afbrekende bacteriën als we dagelijks zeewier eten, cellulose-afbrekende bacteriën in geval van een bepaald koolhydraatrijk dieet en we kunnen de darmbacteriën verantwoordelijk houden voor de ontwikkeling van zwaarlijvigheid. Die laatste eigenschap kunnen we zelfs overdragen door een poeptransplantatie van een mens naar een muis. Maar kunnen bacteriën ons ook vertellen dat we ons moeten houden aan een speciaal dieet dat rijk is aan zeewier, koolhydraten en vetten? Veroorzaken zij een hunkering, een onweerstaanbare behoefte aan een speciaal dieet dat ten goede komt aan het voortbestaan van deze bacteriën in onze darmen?

De bewijslast daarvoor is minder sterk. Laten we eens kijken naar een studie met chocola. Voor dit onderzoek werd bij gezonde mannen hun voorkeur voor chocola gescoord met een uitkomst tussen de zes (heftig hunkerend naar chocola) en dertig (extreem 'chocolade-onverschillig'). Bij een deel van de mannen met een extreme score werd gekeken naar de samenstelling van bloed en urine. Er werd een significante relatie gevonden tussen de aanwezigheid van bacteriële afbraakproducten en een specifieke voorkeur voor het eten van chocola, en die is onafhankelijk van het dieet dat wordt voorgeschoteld. Met andere woorden: er is een specifiek profiel van afbraakproducten dat correleert met chocoladevoorkeur en dat profiel blijft net zoals de specifieke voorkeur behouden, ook als er enige tijd geen chocola wordt gegeten. Mooi werk, maar dat toont nog steeds niet aan dat er sprake is van een 'chocolade-hunker-bacteriën' die in onze darmen aan het werk zijn en ons ertoe aanzetten de ene reep na de andere naar binnen te werken. Strikt genomen levert deze studie zelfs geen extra aanwijzing op voor het bestaan van zulke bacteriën. Wat we wél veilig kunnen beweren is dat de studie in overeenstemming is met een model waarin de mens in zijn chocoladebehoefte wordt gecontroleerd door zijn darmbacteriën. Waar we dus nog op zitten te wachten zijn studies die laten zien dat dieetvoorkeur en consumptiegedrag overdraagbaar zijn door een transplantatie van de darmflora. Mogelijk is dat nog slechts een kwestie van tijd. De eerste studies, die laten zien dat andere vormen van gedrag overdraagbaar zijn door overdracht van darmflora van mens naar muis, zijn al verschenen. De darmflora van mensen met prikkelbaredarmsyndroom, een aandoening die vaak gepaard met angst en stress, blijkt het gedrag bij muizen te veranderen: ze werden na ontvangst van de darmflora angstiger.

Het is duidelijk: de puzzel is nog niet compleet. Uiteindelijk is bijna niets zo ingewikkeld en onverklaarbaar als menselijk gedrag, omdat er zoveel verschillende factoren op van invloed zijn. Sluitende antwoorden op de vraag naar de mate van invloed van bacteriën op ons gedrag zullen we dus niet eenvoudig krijgen. Dat neemt niet weg dat de invloed van de bacteriën in onze darmen op ons gedrag naar mijn idee een interessante en relevante toevoeging is aan het bekende *nature-nurture* debat. Over de bijdrage van genetisch eigenschappen en leefomgeving aan onze karaktereigenschappen. Wat maakt ons tot wie wij zijn? Ook voor populaties bacteriën waarmee wij in symbiose leven geldt dat onze genetische eigenschappen én onze leefomgeving van invloed zijn. En die bacteriën kunnen dus zonder meer via vele routes de weg naar onze hersenen vinden. Hoe groot uiteindelijk het effect daarvan zal zijn blijft een open vraag die pas beantwoord kan worden na grondig wetenschappelijk onderzoek. Bacteriën zijn in ieder geval in staat hun invloed uit te oefenen door signalen af te geven in ons lichaam via een complex netwerk. Overigens hebben zij ook effect op de ontwikkeling van het netwerk zelf. De verbindingen, die het netwerk van de hersen-darm-as vormen, worden mede onder invloed van bacteriën in ons lichaam aangelegd! Een voorbeeld daarvan is de ontwikkeling van ons darmepitheel; zonder bacteriën ziet de binnenkant van onze darmen er heel anders uit en is het deel van ons darmweefsel waarmee bacteriën met ons communiceren, veel minder sterk ontwikkeld ◂ **Afb 31**.

Indien u op basis van mijn betoog graag wilt aannemen dat bacteriën een verregaande invloed hebben op ons gedrag, dan zou u zich af kunnen vragen of we daar ooit los van kunnen komen. Het is opvallend dat het bij de behandeling van slechte gewoontes altijd draait om autonomie. Om zelfbeheersing. We moeten sterk zijn. We kunnen mediteren om ervoor te zorgen dat we ons gedrag beter onder controle krijgen. Laten zien dat we ons niet langer laten leiden door een deel van de bacteriën die in ons lichaam zijn gehuisvest. De activiteiten die de *nervus vagus* blijken te stimuleren, zoals rust, herstel, oefening, yoga en meditatie, hebben ook te maken met een versterking van onze wilskracht. Als we dus als gevolg van slechte eetgewoontes de balans van onze stofwisseling hebben verstoord, zullen we eerst via oefening moeten werken aan onze capaciteit om de onzichtbare ketens van ons af te werpen. En dan? Naar mijn idee komen we dan uit bij een eenvoudige wijsheid die we al lang kennen en die zonder probleem opgevolgd kan worden, zolang we maar beschikken over voldoende wilskracht. Eet gevarieerd en met mate. Zo werkt u aan het behoud van uw bacteriële diversiteit. Op die manier zou u dus als het ware uzelf kunnen loskoppelen van de signalen die worden afgegeven door een selecte groep bacteriën in uw darmen. Van slaaf naar meester over uw bacteriën.

KEBEHSENOEF, HOEDER VAN DE DARMEN

De oude Egyptenaren zonden niet alle organen met het gemummificeerde lichaam mee naar het hiernamaals. De darmen werden zorgvuldig gebalsemd, in een vaas bewaard en onder de hoede geplaatst van de valkenkoppige god Kebehsenoef. De hersenen werden daarentegen met een haak via het linker neusgat verpulverd en vervolgens volledig verwijderd uit het hoofd van de overledene zonder er verder nog enige aandacht aan te besteden. Terecht, want wat hebben onze hersenen ons in de loop der jaren nou gebracht? De bijzondere aandacht voor de darmen is volledig op zijn plaats, aangezien zij zorgen voor het belangrijkste contact met de buitenwereld. Zij vormen de verbinding tussen het uit- en het inwendige. De darmen strekken zich uit over een enorm oppervlak van honderden vierkante meters en zijn zodoende in staat om ons een begrip te laten vormen van alles wat ons lichaam binnenkomt vanaf het prille begin van ons leven. Maar het beeld van de buitenwereld verkrijgen wij niet alleen, de darmen vormen de belangrijkste zetel van onze bacteriën: intieme vreemdelingen waarmee wij ons leven lang in symbiose leven. Die bacteriën in onze darmen helpen ons niet alleen bij het verteren van ons eten. Hun invloed gaat mogelijk nog veel verder. Ze zouden een rol kunnen spelen bij ons gedrag, dat er zorg voor draagt dat de populatie bacteriën in onze darmen in stand blijft en zich verder kan verspreiden. In zekere zin maken ze zo onderdeel uit van onze identiteit. Voor het overleven van onze ziel is het dus van groot belang dat onze darmen intact blijven en dat ze naar het hiernamaals worden begeleid door Kebehsenoef, zoon van Horus, hoeder van de darmen.

Afb. 32 Kebehsenoef, hoeder van de darmen.

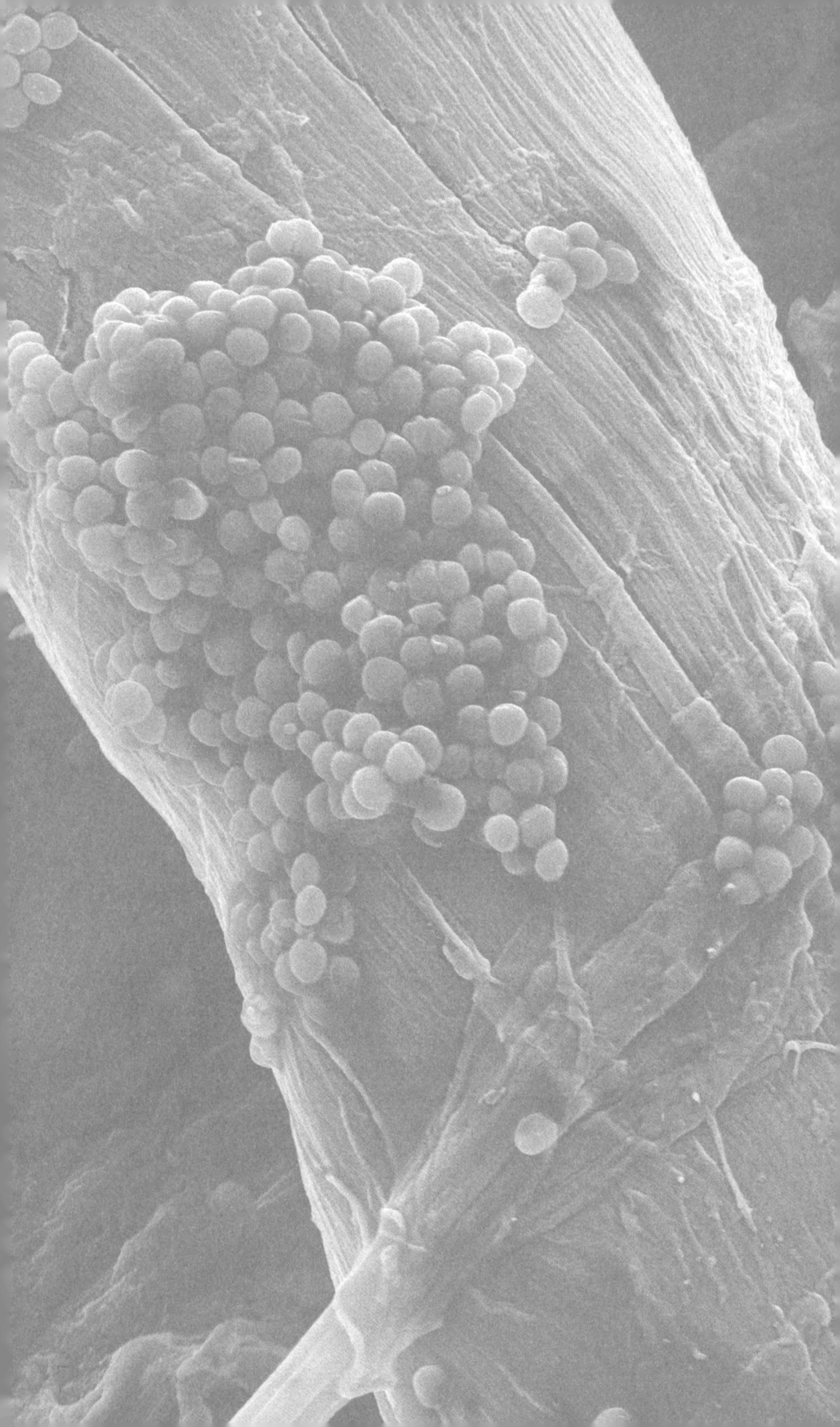

DE MICROBEMEESTER

De moderne mens is verblind door angst voor het onzichtbare leven. Hij gaat de strijd aan met nuttige bacteriën die verbonden zijn met lichaam en aarde. Hij verbreekt het pact dat wij gedurende de evolutie met onze microben hebben gesloten. Zo valt de mens in zijn eigen zwaard. Als geen ander zijn wij buitengewoon grondig geworden in het verdelgen van bacteriën. Met een overvloed aan ontsmettingsmiddelen en antibiotica gaan we het onzichtbare leven te lijf, ook als dat niet nodig en zelfs schadelijk kan zijn. Deze tijd vraagt om de aanpak van een microbemeester die poogt de juiste balans te vinden en houden tussen het gewenste en het te bestrijden bacteriële leven. De microbemeester weet dat we micro-organismen niet alleen moeten bestrijden, maar vooral ook moeten koesteren. Hij onderzoekt de selectieve condities waaronder gewenste micro-organismen groeien op de verkozen plaats en tijd. Het gaat hierbij om herstel van het microbiële ecosysteem dat nauw verbonden is met het menselijk lichaam door blootstelling aan microben gedurende ons leven. Ook betreft het hier de kunst van het fermenteren, zoals de omzetting van melk in yoghurt, of de controle over onze reststromen, zoals het composteren van organisch afval. De microbemeester weet dat een aanpak die uitsluitend gericht is op de bestrijding van micro-organismen nadelige gevolgen kan hebben. Hij kent de schadelijke effecten op onze gezondheid van ons zinloze streven naar een steriel bestaan. De microbemeester poogt op innovatieve wijze de microbiële ecosystemen die hij op zijn weg tegenkomt te behouden en te herstellen. Hij handelt daarbij zonder enige smetvrees.

Een nieuwe dag is aangebroken. Zonnestralen vallen door een wapperende vitrage op ons gezicht. We wrijven de slaap uit onze ogen, doen geen moeite een gaap te onderdrukken en kijken vertederd naar onze geliefde. De adem die we uitblazen is echter ver verwijderd van de frisse ochtendbries die de idylle compleet had moeten maken. 's Nachts houden onze kaken zich stil en komt onze speekselproductie bijna tot stilstand, waardoor de bacteriën niet meer zoals overdag constant van onze tong worden afgeschoven en weggespoeld. Ze zitten daar de hele nacht op onze tong te wachten op betere tijden. De stroom aan suikers en andere makkelijk verteerbare koolhydraten, waar bacteriën zich overdag tegoed aan kunnen doen, is al lange tijd opgedroogd. De hongerige bacteriën op onze tong hebben hun strategie moeten aanpassen om hun energiehuishouding op orde te krijgen. Ze zijn massaal de aanwezige eiwitten gaan afbreken die ze hebben aangetroffen in het speeksel, het slijm en de epitheelcellen in onze mond. Anders dan bij de afbraak van koolhydraten komen hierbij zwavelhoudende gassen vrij, met name het beruchte waterstofsulfide. Dat gas staat bekend om zijn ondraaglijke geur en kan de idylle in de vroege ochtend wreed verstoren. Vooral als de speekselproductie zo laag is geworden dat de polder in onze mond volledig is drooggevallen. We grijpen naar een tandenborstel om weer de regie over de bacteriën in onze mond te krijgen.

Gewapend met een borstel met tandpasta poetsen we de laag bacteriën die zich 's nachts heeft opgebouwd van onze tanden af. Tandpasta bevat fluoride, dat het tandglazuur bestendig maakt tegen de afbraak door zuren. Deze zuren worden aangemaakt door bacteriën

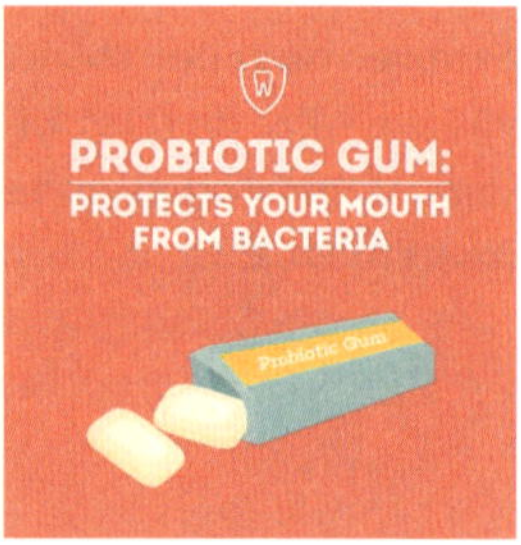

Afb. 33 Probiotische kauwgom.

in het tandplak, zoals bijvoorbeeld *Streptococcus mutans*, zodra ze getrakteerd worden op eenvoudig afbreekbare suikers uit zoetigheid. Tandpasta bestaat voor een deel uit een kunstmatig gefabriceerd of natuurlijk schuurmiddel. Dat verwijdert niet alleen een deel van het witte tandplak, maar ook de wat meer in het oog springende bruine aanslag van koffie en sigaretten. Helaas treedt bij dat schuurproces wat nevenschade op: het verwijdert ook een laag beschermend glazuur. Maar als het goed is, is in de hardheid van de schuurmiddelen in tandpasta's het juiste compromis gevonden tussen voldoende schurende werking en minimale glazuurslijtage. Tandpasta is niet alleen bedoeld om de bestaande plak te reduceren, maar ook om aangroei van nieuwe plak te voorkomen. In het geval van overmatige tandplakvorming tussen de tanden en het tandvlees kunnen er ontstekingen in het tandvlees ontstaan, die zich verder kunnen uitbreiden naar het steunweefsel van de tanden. In dat geval worden in de strijd tegen de bacteriën vezels en kaakbot afgebroken door ons eigen afweersysteem en ontstaan er verdiepte pockets. Daardoor komen tanden en kiezen los te zitten en kunnen zij uiteindelijk verloren gaan. Om dit doemscenario te voorkomen worden er antimicrobiële stoffen aan tandpasta's toegevoegd om de bacteriën in de tandplak te lijf te gaan. Goed poetsen met een schurende, fluoride-houdende tandpasta is dus van belang, maar of de bacteriedodende middelen in tandpasta of behandelingen met antibiotica het schadelijke effect van tandvleesontstekingen kunnen voorkomen is onduidelijk.

Een interventie in de mond door toediening van probiotische melkzuurbacteriën tijdens of na het tandenpoetsen zou mogelijk minder schadelijk kunnen zijn. Deze bacteriën kunnen worden toegevoegd aan de voeding als voedingssupplement, maar kunnen ook worden toegediend in de vorm van tabletten, tandpasta of zelfs kauwgom. ◀ **Afb 33** Een aantal onafhankelijke studies laat zien dat het toevoegen van een aantal van deze bacteriële preparaten aan de dagelijkse voeding een significant effect heeft op het voorkomen van gaatjes of tandvleesontsteking. Inname van de probiotica leidde tot een afname van de gaatjes veroorzakende Mutans streptokokken en tandvleesontsteking veroorzakende bacteriën in de mond. Een korte greep uit twee studies. Een Japanse studie met achtenzestig vrijwilligers die acht weken lang driemaal daags een tablet met daarin twee miljard bacteriën van de soort *Streptococcus salivarius* slikten, liet een afname zien van alle vijf bekende bacteriën die tandvleesontsteking veroorzaakten, maar de effecten waren subtiel: bij slechts één van de vijf ziekteverwekkende bacteriën was de afname groot te noemen. Een studie met zeshonderd kinderen die zeven maanden lang melk ontvingen met daarin het probioticum *Lactobacillus rhamnosus* GG liet een afname van gaatjes zien en een afname van de Mutans streptokokken ten opzichte van de controlegroep die gewone melk kreeg.

Nu we het microbiële ecosysteem in onze mond door een flinke poetsbeurt weer onder controle hebben, is het tijd voor de volgende interventie. We stappen onder de douche. We stellen onze huid, en dus ook de verzameling schimmels en bacteriën die daarop leven, bloot aan een straal warm water en aan zeep. Zoals overal in ons lichaam zijn de microben op onze huid zeer innig met ons verbonden. Het is een illusie te denken dat het gebruik van zeep en een harde waterstraal leidt tot een effectieve verwijdering van huidflora, mochten we ons dit tot doel hebben gesteld. En waarom zouden we dat überhaupt willen? Over het algemeen zijn de vele bacteriën en schimmels die op onze huid leven onschadelijk en zelfs nuttig, aangezien ze een rol spelen bij de training van ons immuunsysteem en huidinfecties kunnen voorkomen. Infectie-veroorzakende organismen krijgen geen kans zich in hun aanwezigheid te vestigen. Er bestaat dus zoiets als 'te schoon', met alle nare gevolgen van dien. Veelvuldig schrobben met bacterie- en schimmeldodende zeep dient onder normale omstandigheden geen enkel doel en kan zelfs leiden tot beschadigingen van de huid en het ontstaan van bacterie- en schimmelsoorten die resistent zijn tegen deze chemicaliën. Grondige verwijdering van de vetlaag van onze huid kan leiden tot een zeer droge huid, en die kan gaan scheuren. Zo wordt de kans op schadelijke infecties juist verhoogd. Het is beter om de huid mild te behandelen en de microben daar met rust te laten. Ze nemen immers een plaats in op onze huid, die door hun aanwezigheid niet door andere schadelijke bacteriën kan worden ingenomen.

Vervolgens gaan de haren in het schuim. Sommige shampoos bevatten anti-schimmels, speciaal gericht tegen gisten zoals *Malassezia* en *Candida*, die normaal gesproken zonder enige problemen te veroorzaken op onze huid voorkomen. Alleen als deze gisten te snel groeien, wordt een sterk schilferende hoofdhuid, ofwel roos, veroorzaakt. De gist is een specialist in het afbreken van oliën in talg. Aangezien de gist altijd aanwezig is, kan hij nooit de enige oorzaak van roos zijn. Andere factoren, zoals een hoge talgproductie, spelen een belangrijke rol. Ook kan de gist op de huid gaan domineren waardoor 'zomergist' ontstaat, wat goed te zien is aan witte vlekken waar de gist de vorming van pigment remt. Het evenwicht tussen de gist en de bacteriën op onze huid, die gisten onderdrukken, is in dat geval verstoord. In plaats van de gisten direct aan te pakken, is er ook een andere oplossing voor het probleem denkbaar: de groei van bacteriën stimuleren die door de zuren die zij produceren de competitie met de gisten aangaan. Huidonderzoekers vonden een elegante oplossing door een stof te gebruiken die selectief de groei van de van nature voorkomende huidbacterie *Staphylococcus lugdunensis* stimuleert en zo in staat is de balans tussen gist en bacterie te herstellen.

We drogen ons af en brengen deodorant aan onder onze oksels, een van de natte gebieden, die rijk zijn aan corynebacteriën en stafylokokken. Een deodorant verhindert het zweten en verdoezelt de geur die door het zweten en het broeien in de oksels ontstaat, door er met 'aangename' aroma's een sterkere geur overheen te leggen. Er zijn twee soorten zweet: dat van eccriene en dat van apocriene zweetklieren. Het zweet van de eerste heeft weinig geur van zichzelf, maar zweet van de tweede soort heeft een vrij sterke tot zeer sterke geur. Onder de oksels komen beide soorten zweetklieren voor. Maar ook voeding heeft invloed op onze zweetgeur. Als we veel knoflook eten, komt deze geur uit onze poriën. Ook sterke kruiden, uien en alcohol komen terug in de geur van ons transpiratievocht. Na langdurige inspanning kan zweet zelfs sterk naar ammoniak gaan ruiken, een bijproduct van de eiwitverbranding die dan plaatsvindt in ons lichaam.

Daarnaast wordt zweetgeur veroorzaakt doordat huidbacteriën vetten en andere stoffen omzetten in minder prettig ruikende vluchtige componenten, zoals boterzuur en zwavelverbindingen. Deodorant remt de bacteriën in hun groei, zodat ze minder van deze onaangename geuren kunnen produceren. Daarvoor worden bacteriedodende stoffen gebruikt als triclosan en alcohol. Ook worden de geurstoffen zelf uitgeschakeld door ze een chemische verbinding te laten aangaan. Zo gaat zinkoxide een verbinding aan met de vetzuren in het transpiratievocht die een deel van de zweetgeur veroorzaken. Ook daarvoor bestaat mogelijk een alternatief dat goed past bij de strategie van de microbemeester om te voorkomen dat als gevolg van moderne hygiënische praktijken de diversiteit van onze huidbacteriën afneemt. Vinden we in ons oeroude gedrag voorbeelden van een behandeling van de huid met bacteriën? Mogelijk is de bekende gewoonte van dieren om door de modder te rollen niets anders dan een manier om de huid te voorzien van gezonde bacteriën. Nu zien wij rollen door de modder niet direct als de ideale oplossing om schoon te worden. **Afb 34** Bovendien zal deze behandeling elke keer anders uitpakken gezien de sterk wisselende samenstelling van bacteriën in de aarde. Maar er bestaat de mogelijkheid om bacteriën uit de aarde te isoleren die in staat zijn te overleven en te groeien binnen een ecosysteem dat lijkt op dat van onze oksel. Gezien het aanwezige ureum

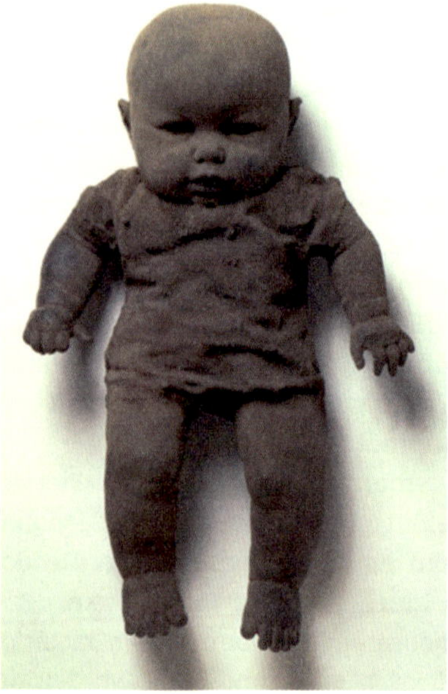

Afb. 34 Schoonmaken of blootstellen?

Afb. 35 Cow dung soap.
Zeep van koeienstront uit India.

(zweet bestaat voornamelijk uit water met melkzuur, ammoniak, ureum, en mineralen) zouden bacteriën die ureum kunnen omzetten het mogelijk goed doen. Goede studies ontbreken nog, maar mogelijk is de 'zweet-etende' bacterie *Nitrosomonas eutropha* in staat onze huid te koloniseren. Nu is de volgende vraag of deze bacterie ook ontstekingsreacties op onze huid kan voorkomen en zo kan bijdragen aan het behoud van een gezonde huid. Toch blijft de vraag spelen of één bacterie hier wel kan werken als de *golden bullet*. Mogelijk is de oeroude strategie, blootstelling aan een grote verzameling bacteriën, zoals een modderbad, effectiever. Ook in India deelt men dit inzicht, waar men een heerlijke zeep van koeienstront fabriceert ◂ **Afb 35**. Of deze zeep ook een okselfrisse lucht oplevert zal men zelf aan den lijve moeten ondervinden.

Heerlijk geurend vanonder de oksels, met een frisse mond en dampende haren spoeden we ons naar de ontbijttafel. Op weg naar de koelkast, een koude, donkere plaats vol verleidingen. Dat is de plek in ons huis waar we microben het leven zo moeilijk mogelijk maken. Bij een temperatuur van vier graden Celsius zijn er weinig organismen in staat om efficiënt te groeien, met uitzondering van een paar koude-minnende bacteriën en schimmels. Het moge duidelijk zijn waarom we ons eten gekoeld bewaren: we willen het bederf ervan door micro-organismen voorkomen. Bij het conserveren van voedsel gaat het erom micro-organismen aan een vijandige omgeving bloot te stellen. Het risico op bederf door organismen wordt verkleind door barrières op te werpen die hun groei remmen. Blootstelling aan een lage temperatuur in de koelkast is maar een van de vele barrières die we opwerpen. Blootstelling aan een hoge temperatuur, een zure omgeving, zuurstofloze condities zoals in een gasverpakking, heel droge omstandigheden of een heel hoge zoutconcentratie en de bekende conserveermiddelen zijn allemaal barrières die we gebruiken om voedselbederf te voorkomen. Daarmee creëren we een vijandig klimaat waarin bacteriën geen kans krijgen om verder te groeien. Bij elke barrière die we plaatsen, wordt de kans dat een ongewenste bacterie de eindstreep haalt kleiner. Nu denkt u wellicht dat deze barrières het best zo hoog mogelijk kunnen worden gemaakt. Dan is het bederfprobleem immers opgelost. Zo'n strategie klinkt logisch, maar heeft een belangrijke keerzijde. Ze gaat over het algemeen gepaard met een verlies van smaak, structuur en voedingsstoffen. Ergens ligt

Afb. 36 Bederf van brood (boven) en natto-productie (onder) door *Bacillus subtilis.*

dus het midden tussen veilig en lang houdbaar aan de ene kant en lekker en gezond aan de andere. In de gaarkeukens van sommige ziekenhuizen en verzorgingstehuizen is dit midden helaas ver te zoeken. Alle smaak en kraak is omwille van de veiligheid uit het voedsel gehaald. Best aardig om eens een rondje door de keuken te maken en bij alles wat u aantreft te bedenken welke barrières er zijn aangelegd en zo als een ware microbemeester een inschatting te maken van de ruimte die er wordt geboden aan bacteriën om te groeien in het aanwezige voedsel. Mocht er helemaal geen sprake zijn van barrières dan is het advies om het eten zo snel mogelijk te consumeren, want er zal naar alle waarschijnlijkheid sprake zijn van een korte houdbaarheid. Een mond vol beschimmeld voedsel is een onaangename ervaring, maar het is een geruststellende gedachte dat er lang niet altijd een ziekteverwekker tussen al die bederforganismen zit. Het omgekeerde is helaas ook waar. Als er een ziekteverwekkende bacterie in het eten zit, hoeft het niet per se bedorven te zijn.

Een interessant gegeven is dat bederf een resultaat is van ongecontroleerde groei van micro-organismen in ons eten, maar dat we de groei van micro-organismen ook gecontroleerd kunnen laten plaatsvinden op een door ons gewenste manier. In dat geval noemen we een vergelijkbaar microbiologische proces geen bederf meer, maar fermentatie. Een microbe oordeelt niet, dat laat hij aan de mens over. Dat wordt prachtig geïllustreerd aan de hand van *Bacillus subtilis*, toevallig een van mijn favoriete bacteriën, waar ik jarenlang onderzoek naar heb gedaan. Die bacterie is een bekende broodbederver. Ze is zelf niet waarneembaar op het brood, zoals schimmels, maar de gevolgen van een besmetting met deze bacterie zijn goed zichtbaar. Het brood ziet er dan draderig en plakkerig uit en heeft een ietwat fruitige geur. Dat fenomeen staat ook wel bekend als 'leng'. Als we zoiets aantreffen in onze keuken dan gaat het stuk brood compleet met *Bacillus* linea recta de vuilnisbak in. In Japan wordt precies dezelfde bacteriële soort, *Bacillus subtilis*, gebruikt voor de voedselbereiding. Gestoomde sojabonen worden besprenkeld met een suspensie van sporen van *Bacillus subtilis* en weggezet bij veertig graden Celsius gedurende een periode van één etmaal. Het resultaat is natto, een sterk geurende, slijmerige substantie waar je plakkerige draden uit kunt trekken. Wat betreft structuur en geur sterk afwijkend van ons dagelijks voedsel, maar wel heel gezond ◀ **Afb 36**.

Terug naar het proces van fermentatie. De crux bestaat er in dit geval uit om ervoor te zorgen dat de juiste microben in de grondstof aanwezig zijn. Van nature of door toevoeging van een starter culture. Vervolgens is het zaak exact de juiste condities aan te leggen om te bewerkstelligen dat gewenste organismen in de grondstof uitgroeien en de gewenste smaak en structuur genereren. Bij het fermentatieproces worden onder andere koolhydraten afgebroken tot kleinere moleculen. De bekendste fermentatie is de omzetting van glucose in alcohol bij de productie van wijn of bier. Dat proces wordt uitgevoerd door gisten, kleine eencellige wezens. Hoewel, klein... Ze zijn vele malen groter dan een bacterie en lijken in veel opzichten op de cellen die we ook in ons eigen lichaam hebben. Ze beschikken over een celkern en binnen in de gistcel vinden allerlei moleculaire processen plaats die ook in ons eigen lichaam voorkomen. Zo hebben onderzoekers aan de hand van studies naar de celdeling van dit modelorganisme veel geleerd over hetzelfde proces bij de mens. Studies met gist zijn van cruciaal belang geweest voor het begrip dat wij nu hebben van de deling van onze eigen cellen. Toch een interessant gegeven bij de volgende slok gefilterde gistcultuur, beter bekend als bier. Niet alleen bij bier, maar ook bij de productie van wijn of brood zijn gisten betrokken, en natuurlijk bij de productie van alcohol of biobrandstof uit gewassen zoals mais en suikerriet.

Voor niet-chemici is het interessant te beseffen is dat je de 'afbraak' van suiker, die optreedt gedurende de fermentatie, vrij letterlijk kunt nemen. Het suikermolecuul, dat bestaat uit zes koolstofatomen, wordt door gistenzymen in een aantal stappen in stukken gebroken van twee moleculen van twee koolstofatomen, ofwel alcohol, en twee moleculen van één koolstofatoom, koolstofdioxide. Het laatstgenoemde gas lost heel goed op in water en zorgt voor de belletjes, oftewel het prikkelende, mousserende effect. Tijdens de bereiding van

$$\underset{\text{glucose}}{C_6H_{12}O_6} \rightarrow \underset{\text{alcohol}}{2\,C_2H_5OH} + \underset{\text{koolstofdioxine}}{2\,CO_2}$$

Formule 2. Omzetting van suiker in alcohol

brood blaast het koolstofdioxidegas ook het deeg op, waardoor het in volume toeneemt en rijst voor het de oven in gaat. Gist is niet het enige organisme dat suikers kan omzetten. Een andere groep organismen die efficiënt suikers kunnen omzetten en veel ingezet worden bij fermentaties zijn melkzuurbacteriën. In dat geval wordt het

$$\underset{\text{glucose}}{C_6H_{12}O_6} \rightarrow \underset{\text{melkzuur}}{2\,C_3H_6O_3}$$

Formule 3. Omzetting van suiker in melkzuur

suikermolecuul in twee stukken gebroken van drie koolstofatomen en wordt er melkzuur gevormd. We kunnen met de fermentatie van suiker dus twee kanten op. Met gisten richting alcohol en met melkzuurbacteriën naar verzuring

Door de komst van microbiologie, die de kunst met zich mee bracht bacteriën en gisten te isoleren, zijn we sinds het eind van de negentiende eeuw in staat fermentaties volledig gecontroleerd te laten plaats vinden met starter cultures. Voorheen werden alle fermentaties van zuivelproducten, granen, groenten en fruit uitgevoerd met ongedefinieerde verzamelingen micro-organismen. Die micro-organismen kwamen uit de omgeving of zijn in sommige gevallen in de loop der jaren geëvolueerd tot stabiele populaties die keer op keer als 'natuurlijke starters' kunnen worden gebruikt. Kennis over fermenteren, waarmee we voedsel kunnen verrijken, conserveren, voorverteren en ontgiften, is er al sinds de mens zijn leefstijl als jager-verzamelaar heeft neergelegd en geen enkele keus had. Alles wat van het land komt wordt vanzelf gefermenteerd als er geen conservenblik, koelkast, gasverpakking of conserveermiddelen zijn. Sinds die tijd zijn wij al bezig met fermentatie als ware microbiologen, we wisten het alleen niet. We waren in staat de condities aan te leggen om de groei van specifieke micro-organismen te faciliteren, we realiseerden ons helemaal niet dat de bereiding van bijvoorbeeld gefermenteerde melk en groenten mogelijk werd gemaakt door het prachtige werk van onzichtbare organismen.

Nog steeds zien wij vandaag de dag ontelbare voorbeelden van natuurlijke fermentaties in rurale gebieden – met name in Afrika en Azië – waar men niet beschikt over hoogwaardige technologie om te conserveren. In onze moderne keuken zijn veel van de gefermenteerde producten gemaakt door ongedefinieerde populaties van micro-organismen vervangen door producten die met gedefinieerde starters (dus met daarin een of meer bekende microben) worden gefermenteerd, zoals bijvoorbeeld zuurkool, yoghurt en salami. Deze benadering levert vrijwel altijd een product van een bekende kwaliteit op. De vraag is of dit onder alle omstandigheden een goede zaak is. Maken onverwachte variaties het leven niet juist aangenaam? Hoe dan ook, de producten van ongedefinieerde of 'natuurlijke fermentaties' zijn zeker het proberen waard, omdat dit over het algemeen bijzonder rijke en smaakvolle producten zijn. Probeert u bijvoorbeeld eens uit de Aziatische keuken een gerecht met Thaise vissaus of bijvoorbeeld kimchi, de pittige, gefermenteerde kool uit Korea.

Het is buitengewoon boeiend om verder langs een aantal voorbeelden te lopen in de wereld van de gefermenteerde voeding. In het geval van fermentatie van meel krijg je met gist als starter culture lekker luchtig brood. Maar door een natuurlijke fermentatie zonder een toegevoegde gist culture, gaan ook melkzuurbacteriën en azijnzuurbacteriën de dienst uitmaken, wat leidt tot het veel stevigere zuurdesembrood. Van de gefermenteerde melk is yoghurt de bekendste variant, die wordt gemaakt door twee met elkaar samenwerkende melkzuurbacteriën: *Lactobacillus delbrueckii* en *Streptococcus thermophilus*. Daarnaast kennen we gefermenteerde varianten waarin een keur aan melkzuurbacteriën van de partij zijn, zoals karnemelk en zure room. In sommige gevallen doet er ook nog een schimmel mee met de melkfermentatie, zoals in het geval van kefir en het bij ons wat minder bekende viili, een zeer stroperig gefermenteerde melk uit Finland. Een ander bijzonder resultaat van de samenwerking van micro-organismen, waarbij de schimmel *Aspergillus* is betrokken, is komboecha, een drank die gemaakt wordt door de fermentatie van zoete thee.

Door jarenlange vermenigvuldiging en selectie gedurende de fermentaties zijn de microben aangepast om voor de mens heerlijke en gezonde producten te maken. Het is voor een microbioloog interessant te kijken wat dit proces van 'domesticatie' precies met deze 'wilde' micro-organismen heeft gedaan. Verder is het heel boeiend om meer te leren over de relatie tussen de eigenschappen van deze microben en die van de producten die zij maken. Interessante kennis, want bij veel van het voedsel dat wij dagelijks in onze mond stoppen spelen microben een onmisbare rol: het brood en chocola dat we eten. De koffie, wijn en bier die we drinken. Veel producten die heel rijk zijn aan aroma's.

U kunt zich afvragen, nu de dag net is begonnen met een bak warme koffie in de hand, dan wel later gedurende de lunch met een kom yoghurt of tijdens het diner met een glas wijn, of we wel voldoende gebruikmaken van het hele repertoire aan gefermenteerde producten die de natuur te bieden heeft. Naar mijn idee valt er op dat gebied nog heel veel te ontdekken en te ontwikkelen. Kortom, de wereld van voedselfermentatie is niet alleen veel te groot om te omvatten, het is ook nog eens een prachtige speeltuin voor iedereen die van een experiment houdt. **Afb 41 ▸**

Laten we nog een mooi voorbeeld onder de loep nemen. We gaan chocola maken. Of beter gezegd cacao, een heel aangenaam extract van gefermenteerde bonen. De fermentatie van cacao is essentieel voor de ontwikkeling van de smaak. Cacao komt van de bonen van de *Theobroma cacao*, een boom die van origine uit de Amazoneregio in Zuid-Amerika komt. Een mooi voorbeeld van cauliflorie, waarbij de bloemen en latere vruchten te vinden zijn op de stam en de dikkere takken van de boom. Gedurende de fermentatie verandert de kleur, geur en smaak van de bonen. Zonder het werk van micro-organismen zijn cacaobonen extreem bitter. Het karakter en de smaak van chocola wordt in de eerste plaats bepaald door de genetische eigenschappen van de cacaoplant. De fermentatie zorgt ervoor dat deze potentie tot zijn recht komt. Het is dus onmogelijk om goede chocola te maken van een inferieur cacaoras. Als de bonen zijn verwijderd uit de peul, worden ze gefermenteerd gedurende een periode van twee tot acht dagen. De micro-organismen fermenteren de pulp die de boon omgeeft. De boon zelf wordt niet gefermenteerd, maar neemt de alcohol, het melkzuur en het azijnzuur op dat gedurende dit proces wordt gevormd. Er zijn vele verschillende soorten bonen, elk met een eigen smaak. Na de oogst ondergaan de bonen een natuurlijk gistingsproces. Dat wil zeggen dat de fermentatie het werk is van de van nature aanwezige micro-organismen. Er wordt dus geen starter culture toe-

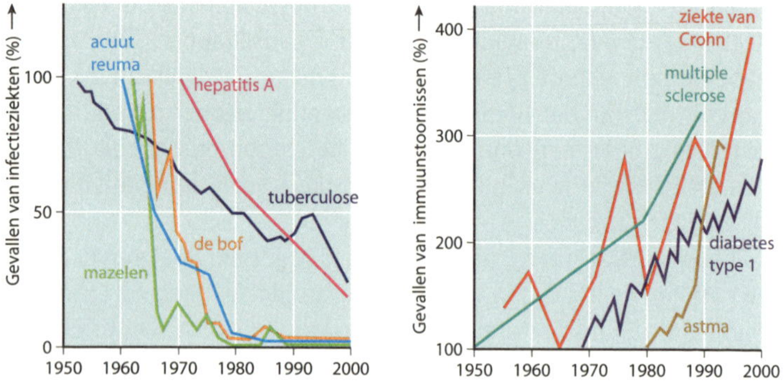

Afb. 37 Afname van infectieziekten (A) en toename van immuunstoornissen (B) gedurende de periode 1950-2000.

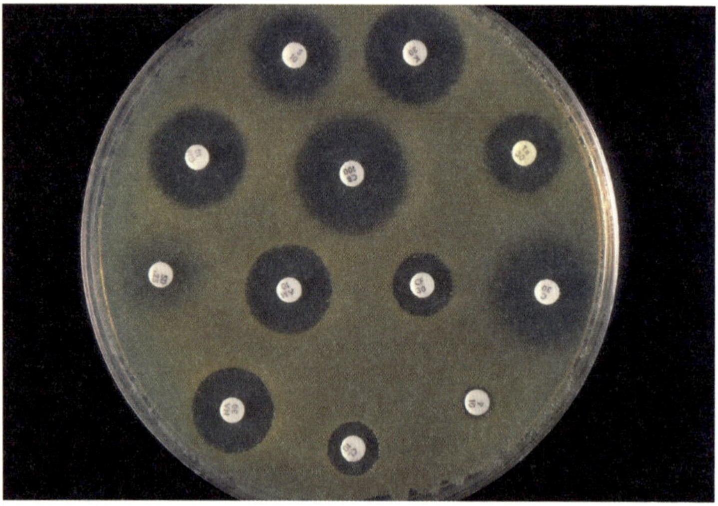

Afb. 38 Effect van antibiotica op groei van bacteriën.
Gram-negatieve bacteriën (geel) groeien in een petrischaaltje met witte schijfjes die met verschillende antibiotica zijn geïmpregneerd. Op de donkere plekken (halo's) rondom de schijfjes kunnen de bacteriën niet groeien. Indien de halo's niet of minder optreden zijn de bacteriën dus niet (zo) gevoelig voor het betreffende antibioticum.

gevoegd om het proces in gang te zetten. Er wordt momenteel wel onderzocht of het proces door gecontroleerde fermentatie met een starter culture verder verbeterd kan worden. Achtereenvolgens drie groepen micro-organismen spelen bij het proces een belangrijke rol: gisten, melkzuurbacteriën en azijnzuurbacteriën, waarbij de bonen hun belangrijke smaak- en kleurcomponenten ontwikkelen. Na de fermentatie worden de bonen gedroogd en kunnen ze verder verwerkt worden. De bonen worden vervolgens geroosterd. Hierdoor ontwikkelt de smaak zich nog verder. Na het roosteren worden de bonen gemalen, waardoor er een vloeibare donkerbruine stof ontstaat, de cacaomassa. Voilà, de grondstof voor chocola.

Voedselfermentaties vormen slechts een van de vele voorbeelden waarbij wij controle over het goede werk van bacteriën uitoefenen door ze toe te voegen aan een ecosysteem en de juiste condities aan te leggen (soms is alleen dat laatste voldoende). Zo kennen we verschillende vormen van bioremediatie, een proces waarbij micro-organismen worden ingezet om giftige of ongewenste stoffen die zich ophopen in de voedselketen of het milieu af te breken, zoals bijvoorbeeld gechloreerde koolwaterstoffen. De vergisting van biomassa tot alcohol als alternatief voor de fossiele brandstoffen die steeds verder uitgeput raken en waarvan de verbranding leidt tot verdere toename van koolstofdioxide in de atmosfeer. Of nog veel dichter bij huis: de toevoeging van de keutels van ons konijn aan de composthoop in de tuin om die eens goed aan de praat te krijgen.

Het proces dat onder invloed van al die bacteriën in gang wordt gezet, heet katabolisme, een verzamelnaam voor alle vormen van stofwisseling waarbij grote moleculen, zoals polysachariden, vetten, nucleïnezuren en eiwitten worden afgebroken tot de bouwstenen van de levende natuur (dat zijn respectievelijk monosachariden, vetzuren, nucleotiden en aminozuren). Bij deze katabole reacties komt als gevolg van verbranding energie vrij. De bouwstenen die na het uiteenvallen van de grote moleculen ontstaan, worden door bacteriën gebruikt om nieuwe structuren te vormen of worden nog verder afgebroken tot ethanol, melkzuur, azijnzuur, koolstofdioxide en ammoniak of ureum. De vrijgekomen energie wordt grotendeels omgezet in warmte, terwijl een klein deel wordt gebruikt om de synthese van adenosinetrifosfaat (ATP) te bevorderen, het molecuul dat levende cellen in staat stelt om de vrijgekomen energie te gebruiken om reacties te versnellen. Daarbij worden nieuwe structuren in de cel aangemaakt. Op deze manier leidt afbraak dus tot energie en bouwstenen voor nieuw leven en sluiten bacteriën de cyclus van de organische verbindingen op aarde.

De manier waarop we de afgelopen eeuw systematisch onschadelijke bacteriën uit onze omgeving verwijderen is steeds effectiever geworden. Of het nou om ons voedsel gaat, de lucht die we inademen in kantoren en ziekenhuizen, de voorwerpen waarmee we in contact komen, of nog veel dichter bij huis, ons eigen lichaam: er is sprake van een afname van de blootstelling aan bacteriën. De oorzaken daarvan komen uit verschillende richtingen: overmatig gebruik van breed-spectrum-antibiotica, veelvuldig gebruik van desinfectiemiddelen, antibacteriële reinigingsmiddelen en voedselbewerkingen, waarbij de aandacht eenzijdig wordt gericht op de houdbaarheid en veiligheid. Uit angst voor het onbekende, onzichtbare leven, die soms misplaatst is. Dat is ook niet heel verwonderlijk, aangezien die angst constant gevoed wordt. Het onzichtbare leven komt namelijk alleen maar achter de coulissen vandaan in geval van ernstige rampen. Zoals een uitbraak van de salmonellabacterie in vis en de beruchte EHEC-bacterie waarvan verondersteld werd dat ze in komkommers zou zitten. En inderdaad: als gevolg van de overbevolking, de enorme toename in voedselstromen en de mobiliteit van de mens is het risico toegenomen op ziekteverwekkers die zich snel kunnen verspreiden. We moeten dus alert zijn. En uiteraard moeten we veroorzakers van moeilijk te bestrijden infecties, waaronder de meticilline-resistente *Staphylococcus aureus* en de multiresistente *Acinetobacter baumanii* bacteriën, zo goed mogelijk aanpakken en te allen tijde preventieve maatregelen nemen door zo hygiënisch mogelijk te werk gaan. Toch is het goed om óók oog te hebben voor de prijs die vastzit aan overmatig gebruik van antibiotica en desinfectiemiddelen. Voor de schijnveiligheid die we creëren door ten onrechte te veronderstellen dat we het onzichtbare leven volledig kunnen verwijderen, en daarmee alle risico's kunnen wegnemen.

Want wat zijn de ware plagen van deze tijd die enorme massa's mensen treffen? We spreken dan niet over risico's of over doemscenario's die zich zouden kunnen gaan afspelen, maar over chronische ziektes die al op grote schaal voorkomen. Ziektes die ontstaan door een verstoorde stofwisseling, zoals obesitas en suikerziekte (diabetes), ziektes die ontstaan als gevolg van een verstoord immuunsysteem, zoals astma, eczeem, chronische darmontstekingen en allergieën. ◀ **Afb 37** Zou de oorzaak van deze moderne plagen niet mede kunnen liggen in onze aanpak, die er eenzijdig op gericht is om bacteriën te pas en te onpas te bestrijden, waardoor we een deel van onze micro-organismen, die verbonden zijn met ons lichaam, dreigen te verliezen?

Ziekteverwekkende bacteriën vormen slechts een heel kleine minderheid van al het microbiële leven dat we om ons heen aantreffen. De eenzijdige aanpak die gericht is op het bestrijden van bacteriën met antibiotica en desinfectiemiddelen kan ertoe leiden dat bepaalde bacteriële soorten definitief verdwijnen uit ons lichaam. Hulptroepen die we hard nodig hebben als het erop aankomt, zoals bijvoorbeeld bij de bestrijding van infectieziektes. Welbeschouwd zijn die bacteriële hulptroepen in ons lichaam om twee redenen heel erg belangrijk voor onze gezondheid. In de eerste plaats bestrijden ze ziekteverwekkers door de competitie aan te gaan om een vestigingsplaats in ons lichaam. Dat doen ze door een plek te bezetten, de aanwezige energiebronnen op te maken en specifieke stoffen uit te scheiden die de groei van andere microben remmen. In de tweede plaats trainen ze ons immuunsysteem om adequaat te reageren. In het laatste geval instrueren de bacteriën ons via signaalstoffen welke stoffen we moeten tolereren en welke we moeten bestrijden door ons immuunsysteem in stelling te brengen. Een ontregeling daarvan kan ernstige gevolgen hebben en leiden tot auto-immuunziektes.

Ziekteverwekkers zullen we natuurlijk altijd moeten blijven bestrijden. De uitvinding van de antibiotica kan een van de belangrijkste genoemd worden uit de twintigste eeuw en heeft geleid tot een ongekend efficiënte aanpak van bacteriële ziekteverwekkers. De wijze waarop we nu in staat zijn om infectieziekten te bestrijden heeft een enorme impact gehad op de kwaliteit van ons leven. We hebben letterlijk de strategie daarvoor afgekeken van bacteriën en schimmels. De ontdekking van antibiotica, die is voortgekomen uit een toevallige schimmelinfectie van een kweekschaaltje met de bacterie *Staphylococcus aureus*, heeft de gemiddelde levensverwachting van de mens met tientallen jaren verlengd. Er was geen betere tijd denkbaar voor de ontdekking van antibiotica, want de ziekenhuizen stroomden destijds, tijdens de Eerste Wereldoorlog, vol met gewonden, die behandeld werden met desinfectiemiddelen. Een paardenmiddel dat niet goed werkte omdat de bacteriën in de diepe wonden vaak niet goed bereikt konden worden. Bij een toevallige infectie van een schimmel op een kweekplaat met bacteriën liet die schimmel precies zien wat het effect is van zijn strijd tegen bacteriën in zijn omgeving: op de plek waar de schimmel groeide, was een zogenaamde halo zichtbaar. Overal groeiden de bacteriën op de petrischaal, behalve in een cirkelvormig gebied om de schimmel heen. Dat gebied was volledig helder als gevolg van de afwezigheid van bacteriële groei. ◀ **Afb 38**

In zijn strijd om het bestaan, om de nutriënten in zijn omgeving niet te hoeven delen met bacteriën, produceerde de schimmel namelijk een middel dat de groei van bacteriën remde. Het middel dat aangrijpt op de aanmaak van de celwand van bacteriën bleek uiterst effectief tegen de bestrijding van bacteriën in mensen bij een infectieziekte. En belangrijker nog: het middel werkte specifiek tegen bacteriën, want menselijke cellen beschikken niet over een celwand en zijn er dus niet vatbaar voor. Een wondermiddel dus, dat zeer effectief is en nauwelijks schadelijke effecten of bijwerkingen kent. Althans, op het eerste gezicht.

Maar zoals we inmiddels weten zijn bacteriën snel evoluerende organismen, die erg goed in staat zijn zich aan te passen aan nieuwe omstandigheden. De aanwezigheid van een antibioticum legt een enorme selectiedruk op bacteriën die daar resistent tegen zijn. Een heel klein aantal bacteriën dat als gevolg van een verandering in het DNA resistentie verwerft, zal zich in een mum van tijd kunnen uitbreiden tot een grote populatie en zich verder verspreiden. Het is dus meestal slechts een kwestie van tijd voordat resistentie optreedt. Met andere woorden: we hebben nu nog de controle over micro-organismen die infecties veroorzaken, maar we dreigen die kwijt te raken door een toename van het aantal infecties met resistente bacteriën. Tot op heden kunnen we in de meeste gevallen nog een beroep doen op antibiotica die we achter de hand hebben als we een infectie niet kunnen bestrijden met het eerste antibioticum dat wordt toegepast, maar ons arsenaal raakt uitgeput en wordt niet langer aangevuld. De ontwikkeling van nieuwe antibiotica is kostbaar, zozeer zelfs dat de kosten niet meer opwegen tegen de baten, waardoor nieuwe antibiotica nauwelijks meer ontwikkeld worden. Overmatig en veelvuldig gebruik van antibiotica zal resistentie in de hand werken. Het beleid is er daarom op gericht om alleen antibiotica te gebruiken als het echt nodig is. Wanneer is dat? In ieder geval niet in het geval van een virale infectie, want daar werken antibiotica niet tegen. Soms is zo'n infectie niet eenvoudig te onderscheiden van een bacteriële, dus het is van groot belang de juiste diagnose te stellen om onnodig gebruik van antibiotica te voorkomen.

Daarnaast is het van groot belang te kijken naar alternatieven voor antibiotica. De natuur heeft gedurende de evolutie vele strategieën ontwikkeld om bacteriën uit te schakelen, en wij maken slechts gebruik van een beperkt aantal daarvan. De eenzijdige aanpak van antibiotica passen we toe op heel grote schaal. Laten we eens kijken naar de grootste vijanden van de bacteriën in de natuur. Dat zijn geen antibiotica, maar bacteriofagen. Heel kleine virussen die heel specifiek bacteriën kunnen infecteren door hun DNA in de bacterie te injecteren. Dat DNA wordt vervolgens in de bacterie gekopieerd, wat leidt tot de productie van tientallen nieuwe bacteriofagen. Als de bacterie gevuld is met bacteriofagen klapt deze als het ware uit elkaar, waarbij alle bacteriofagen vrijkomen, en op hun beurt weer een nieuwe bacterie kunnen infecteren. Een heel aantrekkelijke eigenschap van de bacteriofaag is dat deze zo specifiek te werk gaat: de faag infecteert over het algemeen slechts één stam van een bepaalde bacteriesoort, vormt geen risico voor infectie van de gastheer en veroorzaakt ook geen nevenschade aan de microflora zoals antibiotica dat doen. Bovendien kunnen we met fagen een therapie verzorgen die helemaal op maat gemaakt is. De infectie-veroorzakende bacterie kan geïsoleerd worden, precies zoals dat nu al gebeurt in microbiologische laboratoria in ziekenhuizen. Vervolgens kunnen bacteriofagen worden geselecteerd die in staat zijn de specifieke ziekteverwekker van de patiënt aan te pakken. Met de effectieve bacteriofagen kan vervolgens een therapie worden gestart. Waarom doen we dan niet op grote schaal onderzoek naar bacteriofagen en hun klinische toepassingen, aangezien de behoefte aan alternatieven voor antibiotica steeds groter wordt? Daar is geen pasklaar antwoord op te geven. Over het algemeen is de mens behoudend, en geeft hij er de voorkeur aan door te modderen met wat er voorhanden is. Bovendien: de agenda wordt bepaald door de farmaceutische industrie. En die zoekt nog naar een verdienmodel. Zolang dat er niet is, zal er vanuit die hoek niet worden geïnvesteerd in onderzoek. Voorlopig zullen de mensen met een 'uitbehandelde' wondinfectie voor een bacteriofaagtherapie een reis naar Tbilisi in Georgië moeten maken. De enige plek in de wereld met een rijk verleden als het gaat om onderzoek op dit gebied en waar bacteriofaagtherapie tot op de dag van vandaag wordt toegepast.

Een alternatieve aanpak is broodnodig. We zijn aan het einde van ons arsenaal aan antibiotica gekomen, en veelvuldig gebruik ervan heeft bacteriële resistentie in de hand gewerkt. Het probleem van terugkerende infecties zal naar alle waarschijnlijkheid steeds groter worden. Als gevolg van de afname van de diversiteit van de verzameling micro-organismen in ons lichaam missen we hulptroepen die ons in barre tijden bijstaan. In een gezond lichaam hebben zij nauwelijks een rol van betekenis en zijn ze in zeer lage aantallen aanwezig, maar als we er in geval van rampspoed geen beroep meer op kunnen doen, hebben we een groot probleem. Laat ik dat illustreren aan de hand van de terugkerende darminfectie met *Clostridium difficile*. Een interessant gegeven: deze infectieziekte wordt niet genezen, maar juist veroorzaakt door het gebruik van antibiotica. Er is zo grondig afgerekend met concurrerende bacteriën in de darm dat de *Clostridium difficile* bacterie als alleenheerser niet meer te bestrijden is, behalve door een transplantatie van poep, biologische materie met een extreem hoge dichtheid van bacteriën, waardoor het gerekend kan worden tot de meest complexe ecosystemen op aarde. Alleen door een beroep te doen op het rijke ecosysteem van een ander kan de microbiële kaalslag in de darmen worden hersteld. Een prachtig medicijn dat tegen alle gangbare wetten in als laatste redmiddel nu in de medische praktijk wordt gebracht. Wat er precies in die poep zit, hoe het medicijn zijn werk doet, hoe veilig het is en waarom het bij de ene patiënt beter werkt dan de andere? Allemaal vragen waar we het antwoord niet precies op weten. Het is dus een enigszins duistere praktijk waar elke clinicus van huivert, maar die door gebrek aan alternatieven toch wordt toegepast. Want we zijn wat de terugkerende darminfectie van *Clostridium difficile* betreft aan het einde gekomen van de behandelmogelijkheden met beschikbare antibiotica. In de toekomst kan de medicinale poep vervangen worden door een gedefinieerde, mogelijk op maat geselecteerde verzameling van bacteriën die net zo effectief is. Het gaat met de wetenschappelijke inzichten op dit gebied heel snel. Toch gaat nog wel even duren voordat deze ontwikkelingen zich zullen laten vertalen in een geneesmiddel, gezien alle koudwatervrees als het gaat om het toedienen van bacteriën.

Zijn we in een aantal zaken doorgeschoten? Heeft onze moderne leefstijl met het overmatig gebruik van antibiotica, desinfectiemiddelen, antibacteriële zepen en het toenemende aantal keizersneden nadelige gevolgen? Voor we ingaan op eventuele gevolgen lijkt het me goed eerst even twee zaken te verifiëren. Worden we nu inderdaad veel minder dan vroeger blootgesteld aan micro-organismen? En is er een duidelijk verband met hygiëne? In de zogenaamde 'hygienetheorie' wordt gesteld dat een toename van hygiëne heeft geleid tot een toename van allergie. Een tweede vraag is of al ons 'antibacteriële gedrag' heeft geleid tot een afname van de diversiteit van de populatie bacteriën die is verbonden met ons lichaam. Zijn wij daadwerkelijk onze bacteriën aan het verliezen?

Laat ik u eerst eens meenemen naar wat bij velen bekendstaat als de hygiënetheorie, die ik zo-even al noemde. In een notendop houdt deze theorie in dat we te 'schoon' leven, waardoor we allergieën ontwikkelen. Nu de uitgebreide versie. Blootstelling aan micro-organismen is van cruciaal belang geweest bij de evolutionaire ontwikkeling van ons immuunsysteem. We onderscheiden daarbij drie belangrijke bronnen van blootstelling. De microflora, die door onze moeder en overige familieleden op ons wordt overgedragen, de micro-organismen die uit onze omgeving komen, en tot slot de 'oude infecties', zoals darmparasieten, die aanwezig waren toen wij als jagers-verzamelaars door het leven gingen. Dat geldt niet voor infecties die later ontstaan zijn als gevolg van onze moderne leefstijl in steden. Dus virale infecties die veel voorkomen bij kinderen hebben geen regulerend effect op ons immuunsysteem. Met de 'oude infecties' hebben we afgerekend. Darmparasieten vinden we nauwelijks meer terug in onze darmen. Als gevolg van de grootschalige verstedelijking worden we minder blootgesteld aan micro-organismen uit de natuur. Bovendien is de overdracht van micro-organismen bij de geboorte en door naasten verminderd ten opzichte van vroeger als gevolg van een toename van het aantal keizersneden en onze moderne leefstijl. Met andere woorden: de routes waarlangs wij gedurende de hele evolutie zijn blootgesteld aan drie belangrijke bronnen van

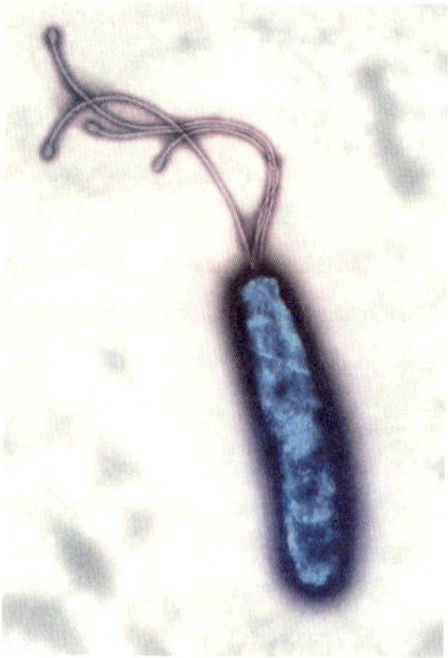

A

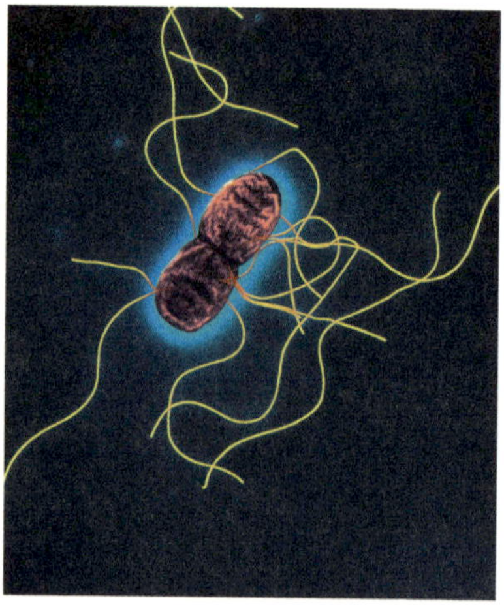

B

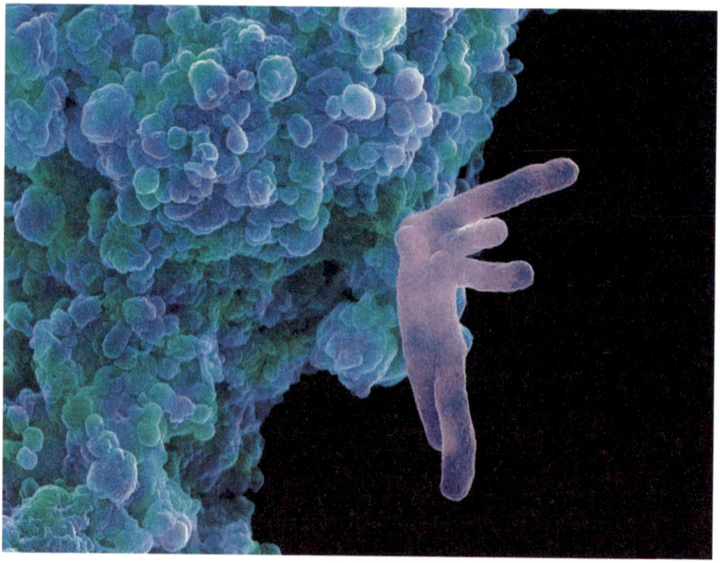

C

Afb. 39 Oude vrienden.
De oude vrienden *Helicobacter* (A), *Salmonella* (B) en *Mycobacterium* (C).

micro-organismen zijn afgesneden. Er stapelt zich steeds meer bewijs op voor een duidelijk verband tussen onze moderne leefstijl en de toename van immuunziekten, waaronder voedselallergieën, astma, eczeem, maar ook chronische darmontstekingen en overige auto-immuunziektes. Blootstelling aan een grote diversiteit van micro-organismen is van belang om een 'geheugen' op te bouwen voor een groot aantal moleculaire structuren, zodat we adequaat kunnen reageren als nieuwe gevaren zich voordoen. Dat werkt zo goed omdat alle levende wezens uit dezelfde bouwstenen bestaan, waardoor sommige structuren als veilig en andere als gevaarlijk kunnen worden bestempeld.

Een cruciale rol in dit verhaal speelt het feit dat bepaalde bestanddelen van micro-organismen ervoor zorgen dat ongewenste ontstekingsreacties op voor ons ongevaarlijke stoffen worden uitgeschakeld. Dat is logisch: het immuunsysteem moet niet alleen leren wanneer het moet worden geactiveerd, maar ook wanneer het moet worden uitgeschakeld, in het geval van lichaamseigen cellen, ongevaarlijke allergenen in ons voedsel (zoals die in pinda's en gluten), en natuurlijk de microben in onze darmen, waarmee we in symbiose leven. En daar gaat het mis. Want dat zijn precies de drie zaken waar ons eigen immuunsysteem zich op richt in geval van eczeem (lichaamseigen cellen), voedselallergie (ongevaarlijke allergenen), chronische darmontstekingen (microben), en overige auto-immuunziektes, die allemaal toenemen in de westerse, ontwikkelde landen. Daarnaast hangen chronische ontstekingsreacties samen met een aantal moderne welvaartsziekten en aandoeningen, waaronder depressie, hart- en vaatziekten en afname van stresstolerantie. Een aantal studies laat overtuigend zien dat vergelijkbare ontstekingsreacties optreden in ontwikkelingslanden, waar wel sprake is van blootstelling aan een hoge diversiteit aan micro-organismen, maar dan zijn ze een reactie op een infectie. Als er geen infectie is, treedt er daar ook geen reactie op. In westerse landen, waar sprake is van een betrekkelijk lage blootstelling aan micro-organismen, zien we chronische ontstekingsreacties optreden zonder dat daarvoor enige noodzaak is. De micro-organismen leren ons dus niet langer wanneer we ons afweersysteem moeten uitzetten, en dat keert zich tegen ons.

Wat zorgt er nu precies voor dat blootstelling aan elk van de drie belangrijke microbiële bronnen veel minder optreedt in het moderne westen, en dan met name de stedelijke omgeving? We zijn als mens geëvolueerd met een aantal infecties die we tolereerden. Deze 'oude infecties', ook wel 'oude vrienden' genoemd, hadden als kenmerk dat ze konden voortbestaan in de jager-verzamelaars, omdat we toen langdurig drager waren van deze infecties zonder dat ze ons fataal werden. Onze 'oude vrienden', waaronder de parasitaire infecties van rondwormen en *Toxoplasma*, het virus hepatitis A, en de bacteriën *Salmonella, Helicobacter en Mycobacterium*, hebben allemaal het vermogen ontwikkeld om ons immuunsysteem te reguleren. ◀ **Afb 39**

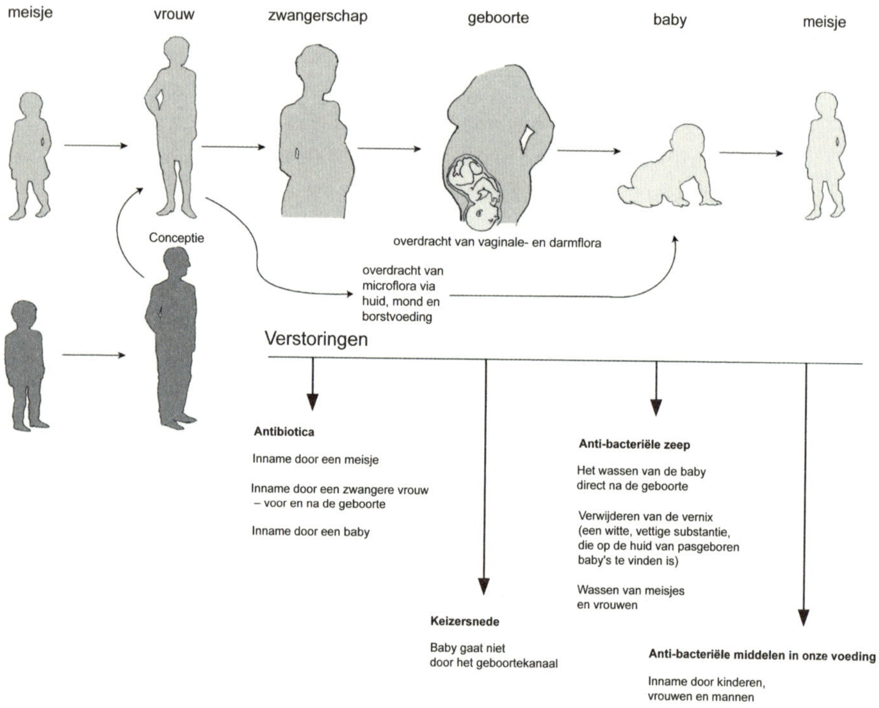

Afb. 40 De verstoring van de microbe-mensrelatie.

Ze zijn grotendeels uit ons lichaam verdwenen als gevolg van onze leefstijl, vaccinaties en gebruik van antimicrobiële middelen. Bovendien worden we dus ook nog eens minder blootgesteld aan de micro-organismen die uit onze omgeving en van onze familieleden komen.

Geboorte met behulp van een keizersnede veroorzaakt een systematische verandering in de microflora van onze darmen ten opzichte van een normale geboorte, en is in verband gebracht met een verhoogd risico op auto-immuunziektes, waaronder diabetes type 1 en astma. Overmatig gebruik van antibiotica, vooral gedurende de zwangerschap en de eerste periode na de geboorte, kan leiden tot veranderingen in de microflora die in verband zijn gebracht met een verhoogd risico op chronische darmontstekingen, astma en koemelkallergie. Ook onze omgeving is van groot belang voor voldoende blootstelling aan micro-organismen. Opgroeien op een boerderij blijkt het risico op astma te verkleinen. In die omgeving lijken namelijk veel hogere concentraties bacteriën en schimmels voor te komen in de slaapkamers van kinderen in vergelijking met die in een stedelijke omgeving. Ook veelvuldig contact met (landbouwhuis)dieren en de bacteriën in hun uitwerpselen blijken bij te dragen aan de blootstelling en training van ons immuunsysteem. Mogelijk spelen sporenvormende bacteriën, die heel lang kunnen overleven in een landelijke omgeving, zoals *Bacillus subtilis*, daarbij een belangrijke rol.

De diversiteit in de darmflora van inwoners uit rurale gebieden in Zuid-Amerika en Afrika is veel groter dan die van bijvoorbeeld Noord-Amerikanen. Dat heeft ongetwijfeld te maken met verschillen in dieet, maar naar alle waarschijnlijkheid ook met een grotere blootstelling aan micro-organismen. Studies laten zien dat een afname van de diversiteit gepaard gaat met een verminderd vermogen om ontstekingen de baas te blijven. Het ligt voor de hand dat een constante microbiële input uit de omgeving een rol speelt bij het in stand houden van de microbiële diversiteit in onze darmen, maar het is nog onduidelijk hoe dat precies in zijn werk gaat. Veel van de bacteriële stammen waaraan we blootgesteld worden in onze omgeving zien we niet terug als permanente bewoners van onze darmen. We komen dus wel met deze microben in contact, maar houden ze niet bij ons. Wat de belangrijkste factor is die bepaalt of een bacterie bij ons blijft, behoort tot de spannendste vragen van het vakgebied.

Wat heeft dat allemaal nou precies te maken met hygiëne? Waar het om draait in dit verhaal is een gebrek aan blootstelling, en dat is iets anders. Een goede hygiëne zou alleen maar gestimuleerd moeten worden. De microbemeester stelt wat andere maatregelen voor als compensatie voor het gebrek aan microben dat wij in ons moderne leven tegen het lijf lopen. ◀ **Afb 40** Allereerst een restrictief antibioticabeleid, zeker in de eerste fase van het leven. Geen gebruikmaken van antibacteriële zeep, zoveel mogelijk (contact met) huisdieren, indien mogelijk buiten leven, op een boerderij, een rijk dieet met veel gefermenteerde voeding, slapen met het raam open, en van tijd tot tijd een modderbad.

Terug naar de dag uit ons leven. We eindigen die met een gezonde maaltijd bestaande uit aardappels en groenten. We kunnen de samenstelling van de populatie bacteriën in onze darmen beïnvloeden door ons dieet. Mensen zijn alleseters, en we kunnen, afhankelijk van ons dieet, bestaande uit groenten of vlees, onze microflora daadwerkelijk in de richting laten bewegen van die van een herbivoor of van een carnivoor. Consumptie van veel vlees, dus veel dierlijke eiwitten en vet, gaat gepaard met de productie van galzuren die van belang zijn om de vetten af te kunnen breken. Galzuren hebben een sterk antibacterieel effect. Vlees eten leidt dus tot een darmflora met een relatief groot aantal bacteriën die goed tegen galzuren kunnen, waaronder *Bacteroides* en *Bilophila*, terwijl specialisten die vezels uit planten afbreken juist onderdrukt worden. Tot deze vezelafbrekers behoren de firmicutes *Eubacterium* en *Ruminococcus*, bacterien die we veel terugvinden in planteneters. Een aantal van de risicofactoren waar fervente vleeseters aan blootgesteld worden, blijkt verklaard te kunnen worden aan de hand van specifieke kenmerken van de microflora in deze individuen. In geval van een eiwit- en vetrijk dieet vinden we betrekkelijk hoge aantallen terug van de proteobacteriën *Escherichia* en *Acinetobacter*. Deze eiwit-afbrekende bacteriën zijn potentiële ziekteverwekkers. Bovendien stimuleren zij de aanmaak van galzuren en zetten die om in producten die een verhoogd risico op darmkanker met zich meebrengen. Tot overmaat van ramp worden verhoogde niveaus van de galzuur-resistente *Bilophila* ook nog eens in verband gebracht met chronische darmontstekingen. Bij de tegenhangers van deze bacteriën, die we in hoge mate bij een plantenrijk dieet zien, hoort een positief verhaal.

Bij afbraak van vezels, door onder andere *Faecalibacterium* en *Eubacterium,* worden kortketenige vetzuren geproduceerd. Van die verbindingen, waaronder butyraat, wordt verondersteld dat zij juist darmkanker en chronische ontstekingen kunnen voorkomen.

Door het grote aantal factoren dat de samenstelling van onze darmflora bepaalt is het lastig tot eenduidige interpretaties te komen. Genetische 'opmaak' en leefstijl van de gastheer spelen mee. De enorme variatie van de darmflora tussen individuen maakte het geheel niet eenvoudiger. Buiten beschouwing laat ik hier voor het gemak even het zeer complexe netwerk van bacteriën dat bij onze spijsvertering is betrokken. En dan heb ik het nog niet eens over het gegeven dat verschillende bacteriële soorten dezelfde enzymatische omzettingen in onze darmen kunnen uitvoeren. Het is om die redenen dus ook op zijn zachtst gezegd niet eenvoudig te spreken van 'gezonde' of een 'ongezonde' darmflora, ook al zien we de hierboven beschreven veranderingen in de samenstelling die geassocieerd zijn met een hoge vleesconsumptie en bijbehorende nadelige effecten op de gezondheid. Het eenvoudige advies 'eet gevarieerd en met mate' blijft in ieder geval onverminderd van kracht.

Wat kunnen we nog meer zeggen over de bacteriën in onze omgeving en de mate waarop we ze kunnen controleren? Veel mensen brengen zo'n negentig procent van hun tijd door binnen de vier muren van hun huis en hun kantoor. Ook een gebouw kun je zien als een ecosysteem waarin zich miljarden micro-organismen bevinden. Kunnen we iets zeggen over het ontwerp van het gebouw, de diversiteit van de verzameling micro-organismen binnen dat gebouw en onze gezondheid? Studies laten in ieder geval zien dat de diversiteit van de populatie micro-organismen in de lucht buiten hoger is dan binnen. Ventilatie zorgt ervoor dat de diversiteit binnen toeneemt, en mechanische ventilatie is minder effectief om de diversiteit te verhogen dan natuurlijke ventilatie via roosters of geopende ramen. Verder laten studies zien dat het aandeel potentiële ziekteverwekkende micro-organismen binnen hoger is dan buiten, en het hoogst is in ruimtes met slechte ventilatie en een lage luchtvochtigheid.

Als we kijken naar ons herstel van een ziekte is het van belang ons te begeven in een gezonde atmosfeer als het gaat om de aanwezige microben. Een bekende verpleegkundige schreef halverwege de negentiende eeuw al dat open ramen één van de belangrijkste voorwaarden zijn voor een voorspoedig herstelproces. En inderdaad: goede ventilatie is een manier om de kans op het verspreiden van infectieziekten te verlagen. Ondanks alle inzichten die we hebben verkregen over het ontwerp van een gezond gebouw, leven we nog steeds in een tijd waarin de zaak over het algemeen potdicht zit. We hebben waarschijnlijk allemaal weleens gehoord van de 'ziekenhuisbacterie'. Men kan een infectie met de ziekenhuisbacterie, een verzamelnaam voor bacteriën die resistent zijn geworden tegen bijna alle soorten antibiotica, rekenen tot de belangrijkste doodsoorzaken in ontwikkelde landen.

In elke ruimte wordt de samenstelling en de omvang van de populatie micro-organismen bepaald door een aantal belangrijke factoren. Allereerst is de mate waarin zij de kans krijgen van buiten naar binnen te komen en op een oppervlak in de ruimte te landen van belang. Daarnaast spelen omgevingscondities ter plekke een belangrijke rol: die bepalen of de populatie zich uit kan breiden. Die condities kunnen bepaalde soorten in de ruimte selecteren. Studies laten zien dat temperatuur, luchtvochtigheid en luchtstroom de bezettingsgraad van ziekteverwekkers in de ruimte kunnen beïnvloeden. Ventilatie is goed voor de gezondheid, omdat er dan simpelweg minder mens-geassocieerde microben in de lucht zitten, wat dus de kans op een infectie verkleint. Een belangrijke les is dus dat het dichthouden van de ramen geen goede strategie is om ziekteverwekkers buiten de deur te houden. Mogelijk kunnen we het ontwerp van woon- en werkruimtes zo aanpassen dat we de soorten die het menselijk lichaam zouden kunnen infecteren zo laag mogelijk houden. De belangrijkste bron voor de verspreiding van microben zijn mensen zelf. De mate van bezetting van een gebouw door mensen en de route die zij binnen afleggen spelen hierbij een belangrijke rol. Eén van de grootste denkfouten die op grote schaal wordt gemaakt is dat het risico op besmetting het beste kan worden ingedamd door de toevoer van microben volledig stop te zetten. Denk aan bacterievrije luchtstromen, ingepakte chirurgen met mond- en haarkapjes, desinfecterende zeep, twee paar steriele handschoenen over elkaar heen en gedesinfecteerde oppervlaktes. Het lijkt misschien op het eerste gezicht allemaal absolute noodzaak. In het belang van de patiënt. Er zit echter een adder onder het gras. Een volledig steriele ruimte waarin mensen zich kunnen begeven bestaat niet. Dus door al deze controlerende mechanismen is het aandeel bacteriën van menselijke afkomst in de ruimte juist vele malen groter. Bovendien is de bezettingsgraad van bacteriën in de ruimte extreem laag. Dus als er nou een ziekteverwekkende bacterie door het systeem heen glipt, landt hij in een volledig gedesinfecteerde ruimte zonder enige competitie van natuurlijke vijanden. De ziekteverwekker heeft dan dus een grotere kans om een infectie te veroorzaken.

In mijn ideale ziekenhuis barst het van de bacteriën. Om de hoek bij de receptie staan drie grote fermentoren opgesteld waar melkzuurbacteriën gekweekt worden voor gezonde, bacterierijke voeding voor de patiënten, zoals yoghurt, kefir en komboecha. Overal in de gangen van het ziekenhuis ruikt het niet langer naar desinfectiemiddelen, maar naar boslucht, gegeneerd door bosbacteriën, oftewel streptomyceten, die in kleine vaatjes aan de muur gekweekt worden. De vloer wordt gereinigd met schoonmaakmiddelen die sporen van de grondbacterie *Bacillus subtilis* bevatten. Overal zijn vernevelaars met bacteriële suspensies geplaatst. In de zalen waar patiënten zich herstellen staan de hele dag door alle ramen open om bacteriën uit de omgeving binnen te laten. Al die bacteriën gaan de competitie aan met de bacteriële ziekteverwekkers uit het ziekenhuis, die zo een aanzienlijk kleinere kans krijgen om patiënten te infecteren. Het is opvallend hoe weinig onderzoek er in deze richting plaatsvindt, terwijl ziekenhuisbacteriën een hardnekkig probleem blijven vormen, ook in ziekenhuizen waar men zeer grondig de hygiëne bewaakt met desinfectiemiddelen. Slechts op zeer kleine schaal worden schoonmaakmiddelen met bacteriën ingezet, terwijl studies hebben aangetoond dat op deze wijze de aantallen hardnekkige ziekenhuisbacteriën onderdrukt kunnen worden, waaronder de beruchte *Pseudomonas aeruginosa, Acinetobacter baumannii* en *Klebsiella pneumoniae*. Uiteraard zal beter onderzocht moeten worden wat voor formuleringen van schoonmaakmiddelen met bacteriën het effectiefst zijn, en in welke ruimtes de toevoeging van bacteriën het juiste effect blijkt te sorteren. Want het is duidelijk dat we geen risico kunnen nemen als het om kwetsbare patiënten gaat. De onderzoeksmethoden daarvoor zijn allemaal aanwezig. We hoeven ze alleen maar toe te passen.

DE CULINAIRE CREATIE VAN *BACILLUS SUBTILIS*

Hummus van kikkererwten natto

Ingrediënten
500 g gedroogde kikkererwten
Natto starter (sporen van Bacillus subtilis)
1 teentje knoflook
2 el gesnipperde peterselie
4 el olijfolie
Tabasco
Zout & Peper

Bereiding
1. Week de kikkererwten 12 uur in ruim water
2. Giet het water af en breng ze in een ruime pan met water aan de kook
3. Laat ze in ongeveer 30 minuten beetgaar koken
4. Giet de gekookte erwten af en laat ze afkoelen tot 40° C
5. Meng de Natto starter (sporen van *Bacillus subtilis*) door de erwten zoals op de verpakking vermeld staat
6. Doe de erwten in een bak en dek af met plastic folie
7. Laat de erwten 24 tot 36 uur fermenteren in een warmhoudkast of een oven op 40° C
8. Pel de knoflook en pureer deze
9. Voeg de knoflook, peterselie en olijfolie toe aan de erwten en pureer het geheel met een staafmixer
10. Voeg eventueel wat extra olie toe als het te dik blijft
11. Breng op smaak met tabasco, zout en peper

Tip: Deze hummus smaakt erg lekker op een geroosterd broodje met veel verse kruiden en nog wat extra olijfolie

Afb. 41 De culinaire creatie van *Bacillus subtilis*.
Gefermenteerde kikkererwten (midden), de overige ingrediënten en de hummus (boven).

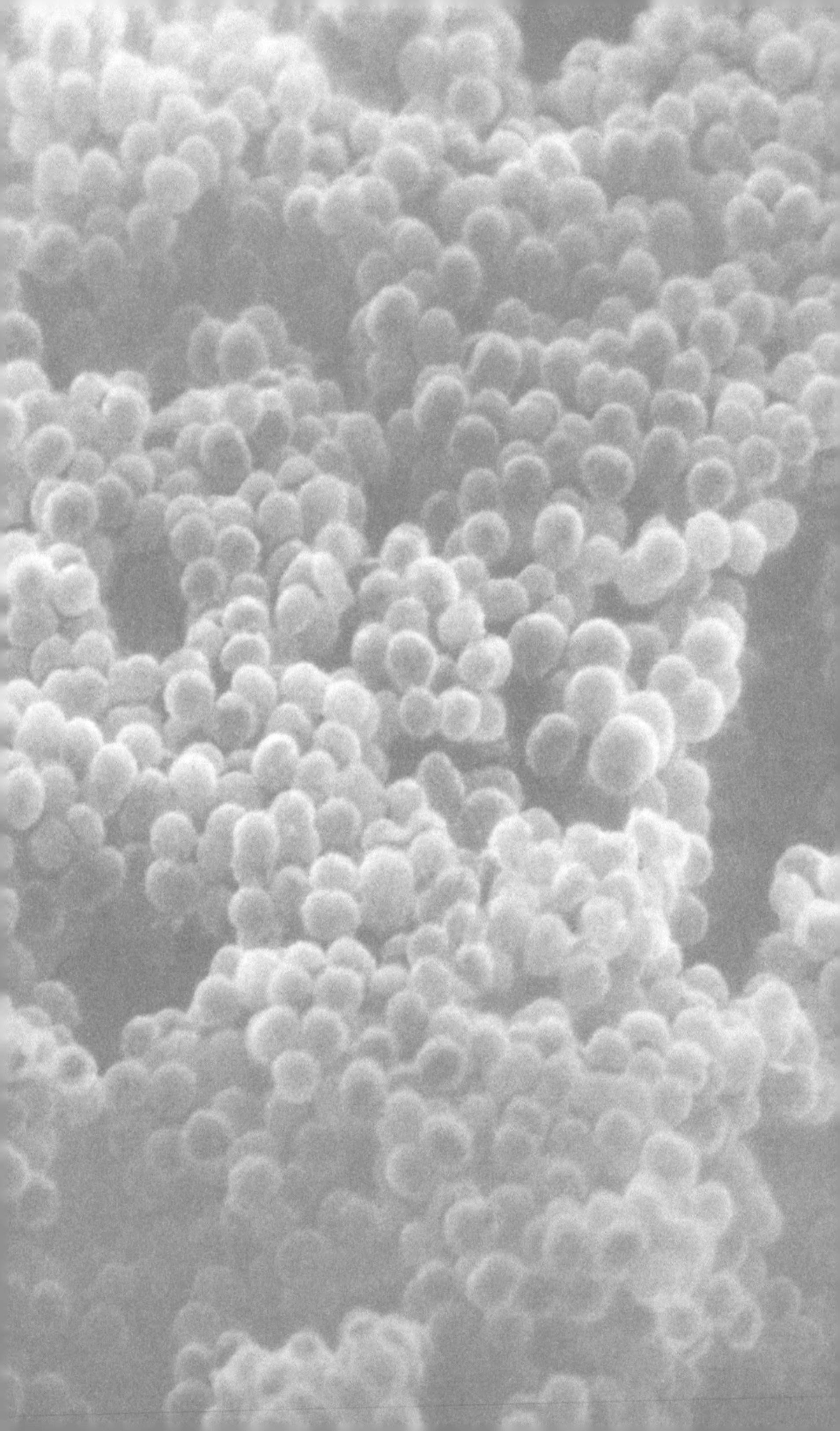

DE MICROBEMISSIONARIS

Als microbemissionarissen werden we uitgezonden. Met als missie het verspreiden van miljarden gedroogde bacteriën waarmee mensen in ontwikkelingslanden zelf hun voedsel zouden kunnen verrijken. Ons voornaamste doel: het bewerkstelligen van een positief effect op de gezondheid én het welzijn van de mensen die dat het hardst nodig hebben.

Een missie van microbemissionarissen die de wereld willen verbeteren door goede bacteriën naar ontwikkelingslanden te brengen? Dat zal voor u niet direct helder zijn. Want wat moet er gebeuren en waar beginnen ze aan? Stel, u zou zelf voor deze uitdaging staan. In zo'n geval werkt het het beste om als startpunt te nemen wat u precies in de toekomst wilt bereiken en vanaf dat punt stap voor stap te beredeneren wat ervoor nodig is om bij het heden uit te komen. Laat u zich daarbij vooral niet beperken door veronderstelde grenzen tussen het mogelijke en het onmogelijke. Die blijkt u namelijk meestal op te kunnen schuiven. Wanneer het eenmaal is gelukt uw doel te definiëren en u in gedachten door een aaneenschakeling van acties vanuit de toekomst bij het heden bent uitgekomen, kunt u vol goede moed de uitgestippelde route in tegenovergestelde richting volgen.

De doelstelling is duidelijk: iedereen laten beschikken over gezonde bacteriën, te beginnen bij de mensen die er grote behoefte aan hebben. Daar waar een aanvulling op het dieet in de vorm van gezonde bacteriën, oftewel probiotica, het grootste verschil kan maken. Laten we eerst eens bepalen wáár de mensen wonen die goede bacteriën in hun dieet het hardst nodig hebben. Je zou kunnen zeggen: overal. In het westen hebben we ze nodig vanwege een gebrek aan blootstelling aan micro-organismen, dus voor de noodzakelijke training van ons immuunsysteem ter voorkoming van chronische auto-immuunziektes. Terwijl het in de tropen juist draait om een overmatige blootstelling aan micro-organismen, inclusief ziekteverwekkers. Daar kunnen dus andere bacteriën worden ingezet voor een bijdrage aan de gewenste bescherming tegen infectieziekten en de bestrijding van symptomen hiervan. Infectieziekten komen in de tropen veel voor door de infectiedruk, slechte hygiëne en een beperkte weerstand om deze infecties te bestrijden. Als gevolg van de constante hoge temperatuur en de luchtvochtigheid kunnen microben er welig tieren – ook de ziekteverwekkers.

In veel ontwikkelingslanden is het gebrek aan hygiëne een van de factoren waardoor de gezondheid van de bevolking in gevaar gebracht wordt. Gebrek aan stromend water, zeep en latrines zijn een aantal van de bekende oorzaken. Daarbij komt dan ook nog eens de beperkte en eenzijdige voeding, waardoor mensen niet goed in staat zijn om de infectiedruk te weerstaan. Dat verklaart onder meer waarom de gemiddelde levensverwachting in bijvoorbeeld Oeganda in

Oost-Afrika maar tweeënzestig jaar is. Ter vergelijking: in Nederland is de gemiddelde levensverwachting tweeëntachtig jaar.

Een treffend punt dat weinig gemaakt wordt is dat probiotische bacteriën ter voorkoming en genezing van infecties nauwelijks aanwezig zijn in de delen van de wereld waar ze het grootste verschil kunnen maken. In het westen zijn we bereid grote bedragen neer te tellen voor probiotische producten ten behoeve van een 'uitgebalanceerde darmflora'. Ik ben ervan overtuigd dat het effect van de inname hiervan bij veel mensen heel erg subtiel zal zijn, om de eenvoudige reden dat wij over het algemeen al over een goede darmgezondheid beschikken. Wij hebben op dat punt het plafond dus al bereikt. In ontwikkelingslanden is dat als gevolg van een combinatie van ondervoeding, eenzijdige voeding en slechte hygiëne een heel ander verhaal. Dat blijkt ook uit de cijfers. Een slechte darmgezondheid gepaard gaande met diarree en uitdroging is daar bijvoorbeeld tot op de dag van vandaag een van de belangrijkste oorzaken van sterfte van kinderen onder de vijf jaar. **Afb 42** ▶

Maar kunnen probiotische bacteriën helpen bij de bestrijding en preventie van diarree en andere infectieziekten? Veel mensen kijken naar probiotica als een marketingtruc van de zuivelindustrie met onvoldoende bewijs voor effectiviteit. De voedselautoriteiten in Europa gaan nog een stap verder. Zij hebben de probiotica in de ban gedaan. Het is tot op heden verboden dit woord op het etiket van een voedingsmiddel te zetten. Probiotica zijn namelijk per definitie bacteriën met een gezondheidsbevorderende werking. En als die werking onvoldoende is aangetoond, mag het woord dus ook niet gebruikt worden. Maar zoals straks duidelijk zal worden: van een aantal preparaten met probiotische bacteriën is de effectiviteit bij de preventie of genezing van specifieke ziektes ondubbelzinnig aangetoond. Het probleem is dat de voedselautoriteiten studies van probiotica met patiënten buiten beschouwing laten. Er zal ongetwijfeld 'gebakken lucht' tussen alle poedertjes en zuiveldrankjes zitten die tegenwoordig op de markt verkrijgbaar zijn. Maar door nu alles over één kam te scheren, is geen enkele consument meer in staat te beoordelen welke probiotica precies effectief zijn en waartegen, tenzij hij of zij er een studie van maakt en de wetenschappelijke literatuur raadpleegt.

En dat laatste is zeker niet eenvoudig. Welke studies zijn volledig onafhankelijk en tonen overtuigend de gezondheidsbevorderende

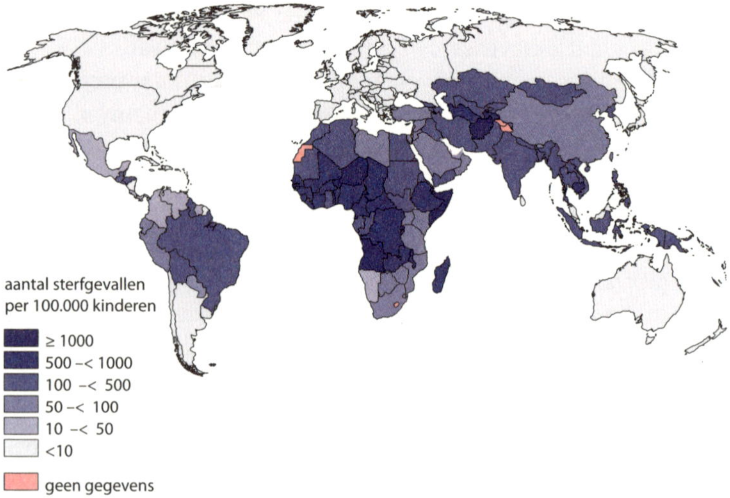

Afb. 42 Waar kunnen probiotische bacteriën het verschil maken?
Kindersterfte in de wereld als gevolg van diarree, waarvan het grootste deel wordt veroorzaakt door rotavirus-geassocieerde diarree.

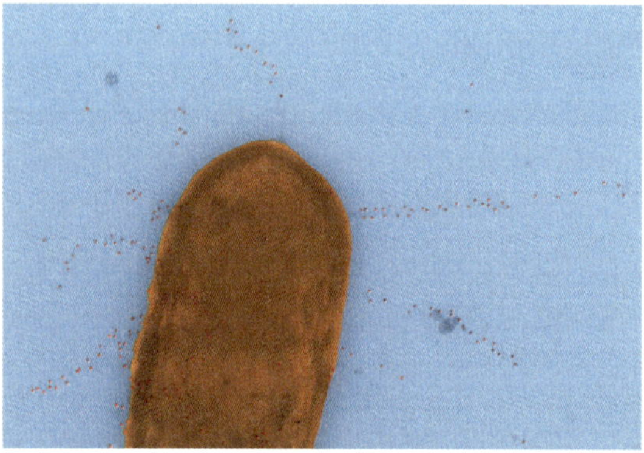

Afb. 43 De bacterie *Lactobacillus rhamnosus GG*.
De uitstekende, haarvormige structuren (pili) bevatten eiwitten (stippen) die in staat zijn om zich aan het slijm van de darmwand te binden.

effecten aan van probiotische bacteriën? Een groot deel van het onderzoek wordt gesubsidieerd door de industrie, die uiteraard belang heeft bij resultaten die de verkoop van het product stimuleren. De verplichte melding van een zogenaamd *conflict of interest* van onderzoekers in wetenschappelijke publicaties maakt dat mogelijk erger, want het klinkt toch enigszins als een vrijbrief. Het lijkt me logisch dat er enige *bias* zal zijn in de gepubliceerde studies als gevolg van het weglaten van resultaten die de betalende partij onwelgevallig zijn. Het verplicht stellen van het publiceren van *alle data* die worden gemeten in klinische studies in wetenschappelijke bladen die voor iedereen toegankelijk zijn zou een einde kunnen maken aan deze praktijk. Hoe dan ook, het controlerende karakter van de wetenschappelijke methode zelf (resultaten moeten reproduceerbaar zijn in verschillende, onafhankelijke studies) voorkomt dat alles wat foutief wordt geconcludeerd een lang leven is beschoren.

Met al deze overwegingen in het achterhoofd werd als eerste stap in de missie de wetenschappelijke literatuur door een zeef gehaald op zoek naar een bacterie die de kritische toets kan doorstaan. Zo kwam er een probiotische bacterie bovendrijven die uitermate geschikt bleek. De bacterie had een ongelooflijk wetenschappelijk *track record* van honderden wetenschappelijke publicaties op zijn naam staan. Nu is kwantiteit natuurlijk geen garantie voor kwaliteit, maar deze bacterie kent zijn gelijke niet als het aankomt op veiligheid en effectiviteit. Het gaat hier over de bacteriële stam *Lactobacillus rhamnosus* GG. ◀ **Afb 43** Maar ook deze bacterie moet natuurlijk net zoals alle andere probiotische stammen worden beoordeeld in de specifieke context van de juiste formulering, dosering, indicatie, doelgroep én het gewenst effect. Iedereen begrijpt dat de ene probiotische bacterie niet gelijk is aan de andere, dat de ene ziekte de andere niet is, en dat voorkomen heel wat anders is dan genezen. Toch komt men overal de neiging tegen om de zaak te simplificeren en in heel algemene termen te spreken over probiotica die al dan niet werken.

Waar moeilijk een speld tussen te krijgen is dat een groot aantal onafhankelijke klinische studies naar de probiotische darmbacterie *Lactobacillus rhamnosus* GG overtuigend heeft aangetoond dat de duur van de rotavirus-geassocieerde diarree met een dag verkort kan worden van drie naar twee dagen. Wat is nou één dag? Die vraag wordt alleen gesteld door mensen die nog nooit een ernstige vorm van rotavirus-geassocieerde diarree hebben gehad. Voor sommige kinderen is deze ene dag het verschil tussen leven en dood. Ook op het gebied van preventie kan deze bacterie het verschil maken. Studies in ziekenhuizen laten zien dat de kans op het krijgen van een darminfectie afneemt op het moment dat kinderen een dagelijkse dosis krijgen toegediend van 10 miljard *Lactobacillus rhamnosus* GG-bacteriën per dag. In veel van de klinische studies wordt de mens gezien als een soort zwarte doos. Er wordt wat ingestopt met een bepaald resultaat dat gemiddeld genomen reproduceerbaar is, maar het is onduidelijk wat er precies in die doos gebeurt. Ook in dit geval geldt dat het exacte mechanisme niet duidelijk is. Competitie van de probiotische bacterie met ziekteverwekkers, specifieke stimulatie van het immuunsysteem en een ontstekingsremmend effect in de darmen zijn mogelijk verantwoordelijk voor de versnelde genezing en verlaagde vatbaarheid voor de genoemde darminfectie.

Laten we het verhaal even samenvatten en praktisch benaderen. Doel van de missie is om de probiotische bacterie *Lactobacillus rhamnosus* GG ter beschikking te stellen aan mensen in de tropen. De bacterie is commercieel verkrijgbaar als voedingssupplement. Een doosje met dertig capsules met tien miljard gedroogde bacteriën per capsule is helaas zo duur dat men zich dat in ontwikkelingslanden nooit zal kunnen veroorloven. Zelfs al zou het mogelijk zijn deze capsules met subsidie enige tijd voor een sterk gereduceerde prijs aan te bieden. Er breekt een dag aan dat de steun vervalt. En hoe gaan we dan verder? De toegang tot deze probiotische bacteriën moet zonder meer blijven voortbestaan als de steun en subsidies van buiten helemaal opdrogen. Het is zeker niet de bedoeling een kaartenhuis op te bouwen dat alleen blijft staan omdat het met donaties is opgezet. Wat we nodig hebben is geen kaartenhuis, maar een vliegwiel. Door het enorme traagheidsmoment is het buitengewoon moeilijk een vliegwiel op gang te krijgen, maar als het eenmaal draait is het niet meer af te remmen, en blijft alles langdurig in beweging zonder dat er nog energie in hoeft te worden gestopt.

Op zoek dus naar alternatieven. Gelukkig zijn er alternatieve methoden voor de verspreiding van bacteriën met een gezondheidsbevorderend effect. Laten we beginnen bij onze dagelijks voeding. Is het niet mogelijk om mensen zelf de mogelijkheid in handen te geven om probiotische bacteriën op te kweken in lokaal verkrijgbare ingrediënten? Het fermenteren van melk tot yoghurt zou een ideale methode kunnen zijn voor het verkrijgen en innemen van gezonde bacteriën. Daarvoor moet dan wel melk lokaal beschikbaar zijn en door training de kunst worden overgebracht om zelf gezonde bacteriën in de melk te vermenigvuldigen of eenvoudiger gezegd: yoghurt te maken. Dat zal dan resulteren in de verbetering van de gemiddelde darmgezondheid onder de bevolking door consumptie van een zuivelproduct met probiotische bacteriën waar men voorheen niet de beschikking over had.

Er zit nog een tweede kant aan de introductie van deze probiotische yoghurt. Dat is het verhaal van het vliegwiel. Er is namelijk meteen een hele duidelijke drijfveer om de yoghurt zelf te gaan produceren. De omzetting van melk in yoghurt resulteert in een toegevoegde waarde. Net zoals één liter wijn veel meer waard is dan een liter druivensap, is één liter verpakte yoghurt op de lokale markt bijna driemaal zo veel waard als één liter melk. Het vermenigvuldigen van bacteriën in de melk is dus een activiteit die inkomen zal genereren, waardoor mensen het zullen blijven doen. En dat is nog niet het hele verhaal. Die omzetting heeft nog veel meer voordelen, zoals een toename van de houdbaarheid van een paar dagen naar zo'n vier weken, mits het product gekoeld wordt bewaard. Bovendien heeft yoghurt een hogere nutritionele waarde, omdat de bacteriën de eiwitten en de suikers in de melk afbreken in kleinere moleculen die efficiënter door het lichaam kunnen worden opgenomen. Het eindproduct wordt ook nog eens verrijkt doordat de bacteriën gedurende de omzetting van melk in yoghurt stoffen produceren die ons lichaam zelf niet kan maken, zoals de vitaminen B2 en B12 en bepaalde vetzuren.

Zoals ik al zei: een aantrekkelijke eigenschap van gezonde bacterien is dat ze in theorie overal ter wereld met tal van verschillende soorten ingrediënten opgekweekt kunnen worden. Dat betekent dus dat als je in staat zou zijn een betrekkelijk kleine hoeveelheid bacteriën naar de plaats van bestemming te transporteren, die zich ter plekke in lokaal beschikbare voeding zoals melk kunnen vermenigvuldigen.

Als de *Lactobacillus rhamnosus* GG bacterie voor deze missie gebruikt zou gaan worden, vanwege bovengenoemde prestaties in een aantal klinische studies, dan zal zij wel moeten beschikken over een vlekkeloos verleden. Een soort verklaring van goed gedrag. Laten we eerst eens kijken hoe deze bacterie precies is verkregen. Een beschrijving daarvan is te vinden in een octrooi, dat dateert uit 1985. Het is fascinerend om te zien hoe de isolatie verloopt van een bacterie waaraan probiotische eigenschappen worden toegedicht. De bacterie is een natuurlijke bewoner van onze darmen. Aangezien melkzuurbacteriën al jaren bekendstaan als onschadelijk en er gezondheidsbevorderende eigenschappen aan worden toegedicht, lag het voor de hand een bijzondere melkzuurbacterie te selecteren. In de eerste stap van de procedure werd er menselijke feces geselecteerd die hoge aantallen van deze melkzuurbacteriën bevatte. De kans dat een bijzondere bacterie geselecteerd kan worden is uiteraard hoger als het startmateriaal er zeer hoge aantallen van bevat. Toch blijft het aantal melkzuurbacteriën in feces een fractie van het totale aantal bacteriën. Vervolgens kon de afvalrace beginnen. Het doel was om een probiotische bacterie te selecteren die via voedsel kan worden ingenomen en actief is in de darm, dus is het zaak te kijken welke bacteriën in staat zijn de reis door het maagdarmkanaal te overleven. De bacteriën werden in de eerste selectiestap blootgesteld aan de extreme condities die heersen in onze maag. De *Lactobacillus* bacteriën werden in een bad met zoutzuur ondergedompeld met een hoge zuurgraad. Dat niet alleen om te beoordelen of ze onder die condities konden overleven, maar of ze zich er zelfs konden vermeerderen. In dit geval wordt er dus een bacterie geïsoleerd die zuurtolerant is en ook nog eens 'acidofiel', oftewel zuurminnend. Vervolgens werden de bacteriën blootgesteld aan zuren die door de gal worden geproduceerd en een heel sterke antibacteriële werking hebben. Ook daartegen moest deze bacterie bestand zijn. De overlever werd vervolgens getest op efficiënte binding aan darmepitheelcellen, met een eis van minimale binding van zo'n honderd bacteriën per menselijke epitheelcel. Op die manier kunnen de vaste darmbewoners, die over deze bindingseigenschappen beschikken, gescheiden worden van de willekeurige passanten die via ons voedsel binnenkomen. De vele melkzuurbacteriën die via het voedsel binnenkomen maken immers geen onderdeel uit van onze darmflora, en die willen we dus niet selecteren. Om de competitie met ziekteverwekkers aan te gaan (het gewenste probiotische effect) moest de bacterie binden aan ons darmepitheel én tot de vaste groep darmbewoners van de mens behoren. Tot slot waren er nog twee andere capaciteiten waarover onze kampioen moest beschikken. De eerste was een hoge melkzuurproductie, aangezien melkzuur sterke antibacteriële eigenschappen heeft en verondersteld wordt dat de bacterie daarmee de competitie kan aangaan met de ziekteverwekkende bacteriën in ons lichaam. De tweede gewenste eigenschap was een efficiënte groei onder laboratoriumcondities. Een delingstijd van niet meer dan drie kwartier bij zevenendertig graden Celsius werd gebruikt als selectiecriterium. Na al deze selectiecriteria te hebben toegepast, kwam er één bacterie afgetekend als winnaar over de finish: *Lactobacillus rhamnosus* GG. Vervolgens werd in het octrooi beschreven dat deze natuurlijke darmbacterie in staat is de menselijke darmen te koloniseren en dat een dagelijkse dosis van één tot tien miljard ervan, toegevoegd aan twintig milliliter steriele melk, in staat is antibiotica-geassocieerde diarree terug te dringen, alsook inflammatoire darmziekten en constipatie.

Vervolgens vond deze probiotische bacterie via voedingssupplementen, melkpoeders en drinkyoghurts zijn weg in de hele westerse wereld. Tot op de dag van vandaag worden er miljarden doses van deze bacterie ingenomen, zonder dat er ooit nadelige effecten op de gezondheid zijn gerapporteerd, met uitzondering van een aantal gevallen in ernstig zieke patiënten met een sterk verminderde barrièrefunctie van de darmen. In termen van veiligheid zit het dus goed, en blijkt deze bacterie het positieve imago van de melkzuurbacteriën van het geslacht *Lactobacillus* vollledig overeind te houden.

Mooi. Gelukt dus. Maar wat nu? Hoe kunnen we over deze bacterie beschikken? Het is dus zonder meer mogelijk om haar in gedroogde vorm aan te schaffen, maar willen we in de tropen mensen er zelf over laten beschikken, zonder vast te zitten aan hoge kosten of licenties, dan zullen we iets moeten verzinnen. Een mooie oplossing diende zich aan. Aangezien het octrooi op de *Lactobacillus rhamnosus* GG bacterie uit de jaren tachtig dateert, en een octrooi een geldigheidsduur heeft van twintig jaar, is het inmiddels verlopen. In principe zouden we de bacterie dus mogen gebruiken. Aangezien ze aan zuivelproducten is toegevoegd, zoals yoghurtdrank, die je in elke supermarkt kunt vinden, is het mogelijk de bacterie eenvoudig te isoleren na aanschaf van een van deze producten. Even werd trouwens nog de optie overwogen om een flinke hoeveelheid van deze producten te consumeren, en de bacterie uit de eigen ontlasting te isoleren, maar dat ze de reis door het maagdarmkanaal overleeft was al aangetoond en het is bovendien de vraag wat precies de meerwaarde zou zijn van deze procedure. Ook de mogelijkheid dat de bacterie gedurende haar reis door het maagdarmkanaal een mutatie zou oplopen kon niet uitgesloten worden. In dat geval zouden we niet zonder meer kunnen aannemen dat de gezondheidsbevorderende werking van de bacterie nog onverminderd van kracht was.

Waarom moeilijk doen als het makkelijk kan? Dus schaften we een verzameling zuivelproducten aan met daarin *Lactobacillus rhamnosus* GG en startten we een reeks experimenten om de bacterie te isoleren. Dat kan door een verdunningsreeks van de yoghurtdranken op een selectief kweekmedium te zetten en vervolgens kolonies van de bacterie over te zetten in een vloeibaar kweekmedium. Deze kweken kunnen na toevoeging van het antivriesmiddel glycerol jarenlang bij min tachtig graden Celsius in de vriezer bewaard worden. Voilà: de eerste *open source* probiotische bacterie is een feit. Beschikbaar voor de missie. Zo eenvoudig kan het zijn. De geïsoleerde bacteriën moesten nog wel in detail gekarakteriseerd worden, zodat we konden nagaan of de bacteriën in de vriezer wel identiek waren aan het probioticum *Lactobacillus rhamnosus* GG. Dat kan op vele manieren, en er werd gekozen voor een van de meest grondige: door het in kaart brengen van alle erfelijke informatie (het DNA) van de geïsoleerde bacteriën. Vervolgens kon de volledige volgorde van het DNA worden vergeleken met die van *Lactobacillus rhamnosus* GG.

Wat bleek? Een aantal van de verkregen isolaten miste een flink stuk van hun DNA in het genoom. Zeker niet bruikbaar voor deze missie dus, maar als verschijnsel wél fascinerend. We zijn hier direct getuige van de evolutie die zich bij bacteriën op zo'n kleine tijdsschaal afspeelt. De bacteriën hadden zich in korte tijd vermeerderd, en wel in een fabrieksomgeving waarin ze zich normaal gesproken niet bevinden, en we zien meteen een prachtig resultaat van mutatie en selectie. Die bacterie huist normaliter in de omgeving van de dunne darm en heeft zich daar tot op zekere hoogte aan de omstandigheden aangepast. Nu wordt dezelfde bacterie buiten het lichaam opgekweekt in een heel andere omgeving en zie: alle aanleiding voor de bacterie om functies die niet van pas komen als overbodige ballast overboord te gooien. Resultaten van andere onderzoekers lieten zien dat de ontbrekende erfelijke informatie van belang is voor de aanhechting van de bacterie aan de darmwand, en competitie met ziekteverwekkers, dus deze erfelijke eigenschap wilden we zeker niet missen. Gelukkig bleek een van de geïsoleerde bacteriën al zijn erfelijke eigenschappen aan boord te hebben gehouden, en die was zo goed als identiek aan *Lactobacillus rhamnosus* GG. Gebruik van de bacterie is toegestaan, maar de naam LGG was al een geregistreerd handelsmerk, dus die was niet geschikt voor deze missie met een hoofdrol voor de eerste *open source* bacterie. Daarom kreeg de nieuwe aanwinst de naam *Lactobacillus rhamnosus yoba* 2012. Yoba komt van yoghurt bacterie. Ze werd in een Belgische cultuurcollectie gedeponeerd, zodat iedereen erover kon beschikken. Daar ligt de yoba-bacterie klaar in de vriezer voor iedereen die de bacterie in een deel van wereld wil introduceren.

Op naar de volgende uitdaging. De yoba-bacterie beschikt dan wel over prachtige probiotische eigenschappen, maar bleek helemaal niet te groeien in melk. Ze bleek namelijk niet in staat om lactose om te zetten. Dit is het suiker dat in zeer hoge concentraties voorkomt in melk, zo'n vijfenveertig gram per liter, vandaar dat de verbinding ook wel bekendstaat als melksuiker. Verder miste yoba ook de enzymen om caseïne af te breken, het meest voorkomende eiwit in melk. Niet onlogisch: blijkbaar krijgt yoba in de menselijke darm wat anders te eten en beschikt zij niet over de eigenschappen om de hoofdbestanddelen van melk om te zetten. Nu is het mogelijk om experimenten te bedenken waarbij de bacterie binnen een periode van enkele maanden evolueert, zodat zij in staat is om te groeien in melk, maar mogelijk zijn de probiotische eigenschappen dan ook verdwenen.

Een andere optie is om aan de bacterie te sleutelen, en haar zodoende de eigenschap *geven* om melk om te zetten, maar ook daarvoor geldt dat het proces mogelijk gepaard zou gaan met een verandering van eigenschappen die je graag wilt behouden. Bovendien zou dit leiden tot een 'GMO', een genetisch gemodificeerd organisme, en dan zou de publieke opinie zich mogelijk tegen de missie keren. Het is trouwens nog maar de vraag of er op zichzelf iets mis is met het veranderen van genetische eigenschappen. Genetische veranderingen, oftewel mutaties, voltrekken zich continu in de natuur, overal om ons heen. Bovendien zou je kunnen beweren dat de mens

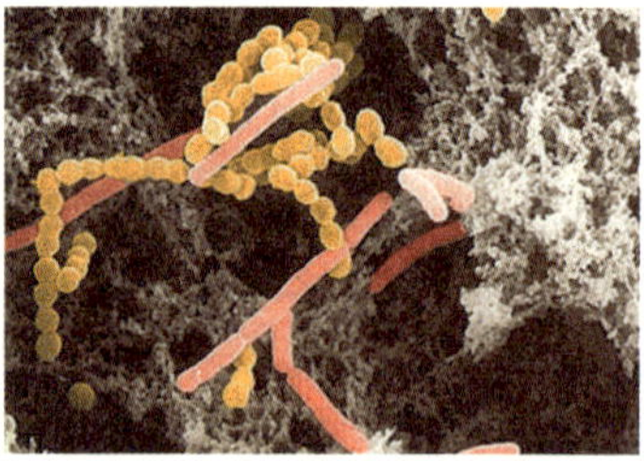

Afb. 44 Het yoghurtduo: *Lactobacillus delbrueckii* (roze) **en *Streptococcus thermophilus*** (geel).

Afb. 45 De vier stappen in het yoghurtproductieproces.
(1) Een gram van de starter culture wordt toegevoegd aan een thermoskan met 1 liter gepasteuriseerde melk met een temperatuur van ongeveer 40 graden Celsius en overnacht weggezet (2); de liter geproduceerde drinkyoghurt wordt toegevoegd aan 50 tot 100 liter gepasteuriseerde melk. (3) De melkkan wordt in een deken gewikkeld en op een temperatuur rond de 40 graden gehouden. (4) De volgende dag wordt de drinkyoghurt verpakt in zakjes van 250 ml zodat hij met een rietje kan worden opgedronken.

de natuur naar zijn hand zet vanaf het moment dat hij is verschenen. Nu er steeds meer technologieën beschikbaar komen die in staat zijn microben heel snel en efficiënt te veranderen moet men natuurlijk wel de risico's zorgvuldig afwegen en voor elke toepassing kritisch kijken naar het doel waarvoor de technologie precies wordt ingezet.

Maar goed. Een andere oplossing dus. Want we willen het graag zo simpel mogelijk houden. In plaats van een bacterie van nieuwe eigenschappen te voorzien is het ook mogelijk een tweede bacterie aan de yoba-bacterie toe te voegen met de gewenste eigenschappen. Een blik op het klassieke stel bacteriën dat melk omzet in yoghurt bood nieuwe inzichten. ◀ **Afb 44** In het geval van yoghurtproductie is er sprake van een nauwe samenwerking tussen de twee bacteriën, *Lactobacillus delbrueckii* and *Streptococcus thermophilus*. *Streptococcus* is afhankelijk van *Lactobacillus* omdat deze de eiwitten in de melk efficiënt afbreekt tot peptiden, die *Streptococcus* dankbaar consumeert. In ruil daarvoor biedt *Streptococcus* foliumzuur en vetzuren die *Lactobacillus* nodig heeft. Beide zijn in staat om lactose om te zetten. Voor een perfect duo moest de yoba-bacterie dus samengevoegd worden met een andere *Streptococcus* die wél zelf in staat was om caseïne af te breken. Dus dat deden we. We vonden deze streptokok in een ambachtelijk Ierse kaas en voegden de bacterie toe aan een culture met de yoba-bacterie. De twee waren heel goed in staat om samen yoghurt te maken: in dit geval zorgde de streptokok voor de afbraakproducten van de caseïne en de lactose, waar de yoba-bacterie op haar beurt op kon groeien. De twee bacteriën werden gedroogd en gestopt in een zakje van één gram, waarmee honderd liter yoghurt gemaakt kon worden. ◀ **Afb 45** In deze yoghurt zitten dan tweeëneenhalfduizend keer meer probiotische bacteriën dan in het zakje van één gram, dankzij de groei van de bacteriën in de melk.

Nu moest de genetische stabiliteit van deze yoghurt starter culture nog onder de loep worden genomen. We weten dat bacteriën heel snel kunnen evolueren, aangezien er constant selectie plaatsvindt voor de bacterie met de hoogste groeisnelheid. Bovendien hadden we gezien dat deze bacterie makkelijk genetische eigenschappen verloor in een omgeving buiten de darm. Testen in het laboratorium lieten zien dat de eigenschappen van de bacterie gelukkig niet veranderden tijdens de yoghurtproductie. Het protocol voor honderd liter yoghurt uit een zakje met één gram bacteriën was rond!

Tot zover het technische verhaal. Ik ging aan de slag samen met een vriend die vanaf het eerste uur (een brainstormsessie op een terras in Zürich) bij dit initiatief was betrokken en zelfs een prachtig sociaal business model had uitgewerkt om het project samen in Oost-Afrika op te zetten. De eerste contacten werden gelegd in Amsterdam, waar we hoorden over een kleinschalig yoghurtproject in

Afb. 46 Schoolyoghurt. De wekelijkse probiotische schoolyoghurt wordt uitgedeeld bij een school in een dorpje bij het Victoriameer in Oeganda.

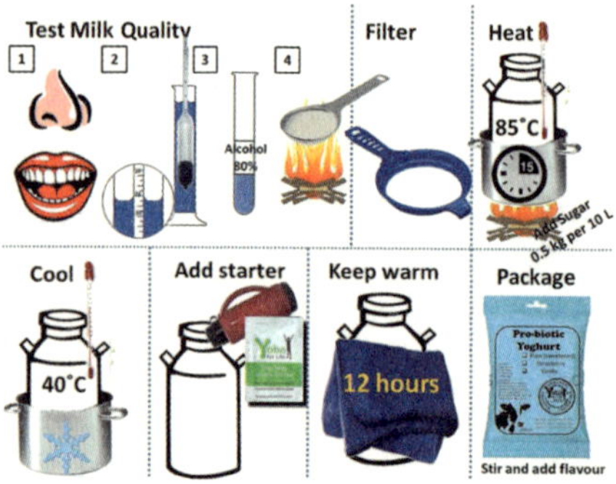

Afb. 47 Instructies gebruikt voor het yoghurtproductie trainingsprogramma in Oeganda.
De kwaliteit van de melk wordt getest door te proeven (1) en te ruiken (2). De dichtheid en kwaliteit van de melk wordt beoordeeld met een lactometer (3) en de alcoholtest (4). De melk wordt gefiltreerd en gepasteuriseerd (15 min bij 85 °C). De melk wordt afgekoeld tot 40 °C, en na toevoeging van de starter culture warm gehouden door een deken voor een periode van twaalf uur. De drinkyoghurt is klaar en wordt verpakt.

Oeganda dat door Nederlanders was gestart in een dorpje vlak bij het Victoriameer. Daar produceerde de burgemeester van het dorp yoghurt in een klein yoghurtfabriekje in zijn huis. Het ideale vertrekpunt voor ons project. Uiteraard kon ons initiatief alleen goed werken als er ter plekke ondersteuning zou zijn: een trainingsprogramma om te leren hoe de probiotische yoghurt geproduceerd kon worden. We besloten te gaan werken met stagiairs van verschillende universiteiten in West-Europa. Op die manier sneed het mes aan twee kanten. Enerzijds konden we een heel interessante stage bieden, waarbij studenten zelfstandig in een uitdagende omgeving met een spannend project aan de slag konden gaan. Anderzijds konden we op deze manier stap voor stap het project op de rails zetten. De wekelijkse begeleiding vanuit Nederland zou verlopen via Skype.

De eerste stagiair ging meteen heel voortvarend aan de slag. De probiotische yoghurtproductie in het dorpje was een groot succes. De melk kwam van boeren uit de directe omgeving die in het bezit waren van één koe. De koeien werden 's ochtends gemolken, en de melk werd vervolgens verzameld in jerrycans die werden afgeleverd bij het fabriekje. De kwaliteit van de melk werd gecontroleerd met een eenvoudige alcoholtest. Verder werd een dichtheidsmeting toegepast om te bepalen of de melk niet was verdund met water. De totale hoeveelheid goedgekeurde melk werd bijeengebracht in een melkkan, waarin 's nachts maximaal vijftig liter van de yoghurt geproduceerd kan worden. Samen met de burgemeester zette de stagiair een programma voor schoolyoghurt op, waarbij alle kinderen op de school om de hoek elke week de probiotische yoghurt kregen uitgereikt. ◂ **Afb 46** Vervolgens werd er contact gemaakt met een onderzoeksinstituut in de hoofdstad Kampala, waar we vanaf dat moment de kwaliteitscontrole van de probiotische yoghurt konden uitvoeren. Ook gingen we van start met een onderzoeksprogramma in samenwerking met diverse universiteiten in Afrika om te kijken welke fermentaties we naast melk nog meer met de probiotische starter culture konden uitvoeren. Daarmee is het namelijk ook mogelijk granen en vruchten te fermenteren en te verrijken. Zo ontwikkelden we met precies dezelfde starter culture lokaal gefermenteerde dranken van sorghum en mais, achtereenvolgens genaamd 'obushera' en 'kweete'. Tot slot verrijkten we door fermentatie het voedzame 'mutandabota', een lokaal product uit Zimbabwe van melk en de pulp van de vruchten van de baobabboom.

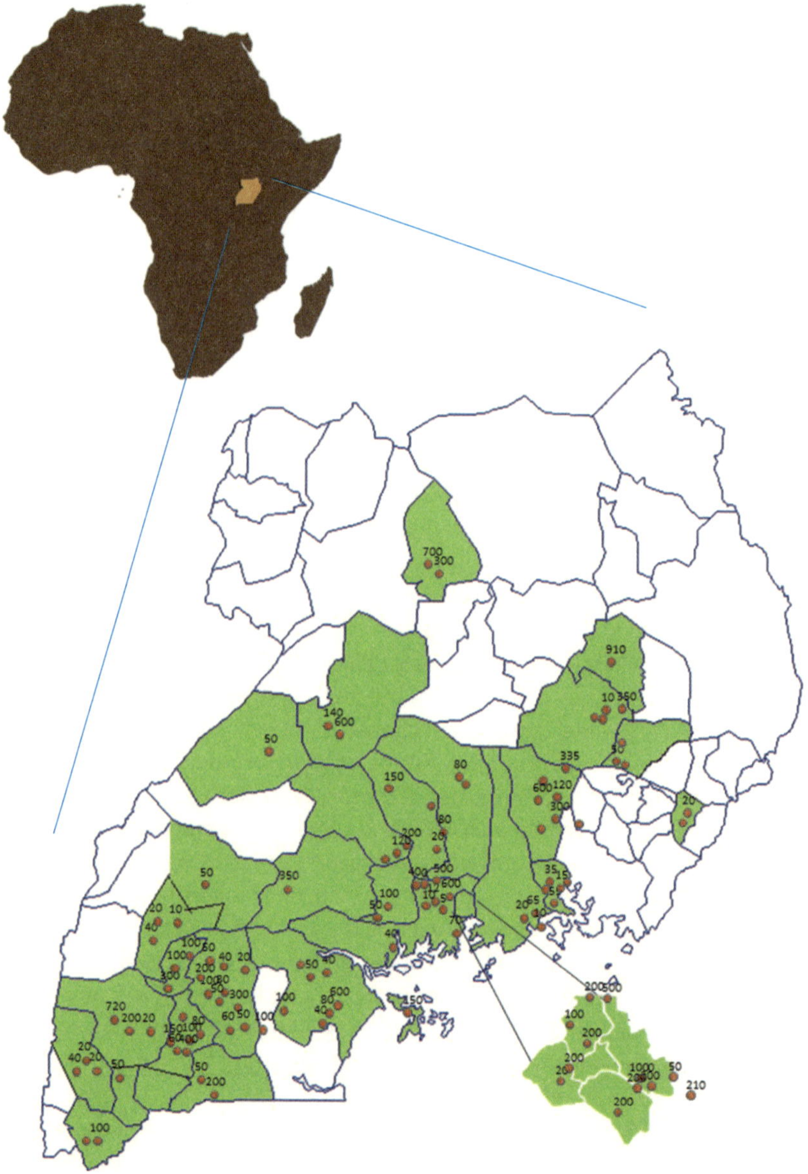

Afb. 48 Geografische distributie van probiotische-yoghurtproductie-units en geproduceerde volumina in liters per week in Oeganda.

Een heel belangrijke stap werd gezet door te gaan samenwerken met grote internationale ontwikkelingsorganisaties. Die hadden al een netwerk opgezet door kleine veeboeren in het hele land bij elkaar te brengen in boerencoöperaties. De toegevoegde waarde aan en de verlengde houdbaarheid van de lokaal geproduceerde melk door yoghurtproductie kwamen goed van pas en sloten naadloos aan bij het lopende ontwikkelingsprogramma. Het trainingsprogramma werd uitgebreid. We kregen subsidie van een Canadese donororganisatie, zodat er nu ook lokale trainers konden worden aangesteld. We organiseerden overal in het land workshops waar we kleine, potentiële yoghurtproducenten de kneepjes van het vak leerden. ◂ **Afb 47** Die workshops gingen niet langer alleen maar over de productie van yoghurt, maar ook over hygiëne, boekhouden, marketing, verpakken en distributie.

Van belang daarbij was dat iedereen zelf verantwoordelijk was voor zijn bedrijfsvoering en dat de bedrijfjes de probiotische yoghurt allemaal onder hun eigen merknaam verkochten. De bedrijfjes schoten als paddenstoelen uit de grond. ◂ **Afb 48** Een mooi spreekwoord is hier van toepassing: 'Geef een man een vis en hij heeft eten voor één dag. Leer een man vissen en hij heeft eten voor heel zijn leven.'

Om Oost-Afrikanen op de hoogte te stellen van de mogelijkheden van ons initiatief werd door een filmproducent uit Amsterdam de speelfilm *The Promised Land* gemaakt. De film werd met een minimaal budget en een recordtijd van een week geschoten in Mombassa met medewerking van een Kenyaanse regisseur, crew en acteurs. De acteurs in de film lieten zien hoe je aan het leven een positieve draai kan geven als je besluit melk om te gaan zetten in probiotische yoghurt. De starter cultures met melkzuurbacteriën werden nu in grote hoeveelheden naar Oost-Afrika verscheept. Maar ook met de reguliere post naar andere delen van de wereld, waaronder Senegal, Zambia, Zimbabwe, Indonesië en Nepal, waar een aantal kleinschalige initiatieven werden opgestart. En zo kon het gebeuren dat we met dit plan een aantal jaren later duizenden boeren aan een kleine onderneming hadden geholpen. We verschaften consumenten nu op grote schaal – volgens de laatste schattingen meer dan honderdduizend mensen – toegang tot een probiotische bacterie die werd opgekweekt in lokaal geproduceerde lokale melk, met als resultaat een gezond zuivelproduct!

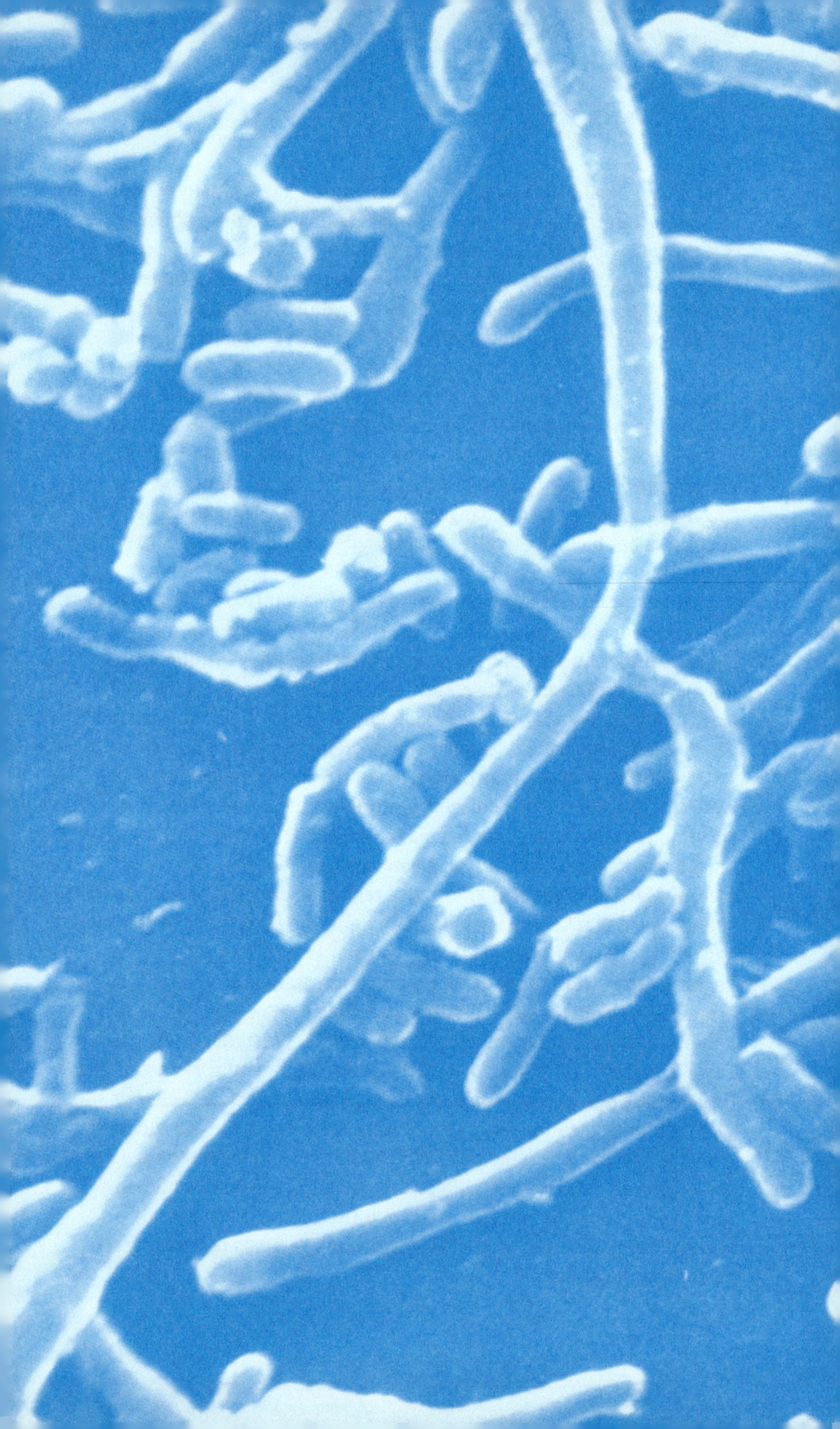

DE MICROBIOLOOG

De aanblik van zwemmende bacteriën biedt een intense ervaring. Alsof de kracht van het leven zelf zich via de bacteriën manifesteert. We kijken naar een geëvolueerde variant van het prille leven waarmee het allemaal is begonnen op aarde. Op de een of andere manier levert de aanblik van een levensvorm die lijkt op een verre voorouder nog steeds een bijzonder gevoel van herkenning op. Jarenlang heb ik het voorrecht gehad om rondzwemmende bacteriën te mogen bestuderen onder de microscoop. Bacteriën zwemmen constant uit beeld en kris kras door elkaar heen, zodat het onbegonnen werk is om ze zonder geavanceerde apparatuur individueel te volgen. Ik selecteerde daarom bacteriën die met hun staart aan het microscoopglaasje zaten vastgeplakt. Van deze bacteriën roteerde dus niet hun staart, maar hun hele lichaam rondom de positie waar ze vastgeplakt zaten. Zo kon ik ze in alle rust bestuderen, terwijl ik ze bescheen met verschillende kleuren licht. Door met een camera de rondtollende bacteriën op te nemen en de opnames vertraagd af te spelen, bracht ik nauwkeurig in kaart hoe vaak de bacteriën stopten met rondtollen. Zo legde ik hun zwemgedrag vast. Bacteriën kennen maar twee standen bij het zwemmen, alsof zij slechts twee commando's kunnen volgen: voorwaarts en 'stop-en-tuimel'. Als de bacteriën stop-en-tuimel volgen, veranderen ze van zwemrichting om vervolgens de koers voort te zetten. Bacteriën tuimelen vaker per tijdseenheid als de condities ongunstiger worden, zoals bijvoorbeeld bij een afname van de concentratie voedingsstoffen. Als de condities in de omgeving weer beter worden, neemt de tuimelfrequentie af, waardoor voorwaartse periodes, waarbij ze rechtdoor zwemmen, weer langer worden. Aan de hand van de stop-en-tuimelfrequenties bij verschillende kleuren licht stelde ik vast dat 'mijn' bacterie een hekel had aan blauw, maar hield van rood licht. Vanaf dat moment werd ik tien jaar lang in beslag genomen door één vraag: wat is het mechanisme dat hier achter zit? Het was een prachtig avontuur. Er is voor een bioloog niets mooier dan een geheim ontfutselen aan de natuur. De inventiviteit van het onzichtbare leven blijkt altijd groter dan je voor mogelijk houdt. Microben zitten vol met verborgen boodschappen. We hoeven die alleen nog maar te ontcijferen.

Mijn eerste kennismaking met de microbiologie moet op de middelbare school zijn geweest, halverwege de jaren tachtig. In de vierde klas van het Stedelijk Gymnasium in Breda gaf ik bij het vak biologie een presentatie over het ontstaan van het leven. Ik kan me nog herinneren dat ik eindeloos in de weer ben geweest met het maken daarvan. Ik maakte thuis met behulp van een computer afbeeldingen van de atmosfeer die miljarden jaren geleden op onze planeet heerste en probeerde met zelfgefabriceerde dia's het ontstaan van het leven in die atmosfeer op het witte doek te projecteren. Het moet voor mijn publiek, dat slechts bestond uit twee biologiedocenten, nogal ongebruikelijk zijn geweest om een presentatie met zelfgemaakte dia's te zien. Maar ze gaven geen enkele blijk van waardering voor de enorme hoeveelheid werk die ik had verzet. Heel goed. Uiteindelijk draait het om de inhoud van de boodschap en niet om de vorm. Waarschijnlijk had ik met een paar rake krijtstrepen op het bord meer waardering geoogst. Op een van de dia's liet ik trots zien hoe de eerste voorlopers van het leven zich begonnen te vormen in een schematische weergave van een beroemde proefopstelling. Die bestond uit een soort heksenketel waarin alle ingrediënten voor het leven bij elkaar waren gevoegd. De oersoep in deze ketel bevatte methaan, ammoniak, waterdamp en waterstof: allemaal gassen die zich mogelijk miljarden jaren geleden in de zuurstofloze atmosfeer op aarde bevonden. Vervolgens werd er een elektrische stroom door de soep gejaagd.
Afb 49 ▸

Een analyse van de bestanddelen van het mengsel liet zien dat er zich aminozuren en eiwitachtige bolletjes vormden onder deze condities, die je zou kunnen zien als de eerste bouwstenen van het leven. Ik weet nog goed dat ik destijds in mijn enthousiasme aangaf dat het (nu die voorlopers van de bouwstenen van het leven er eenmaal waren) nog maar een kleine stap was naar het leven zelf. De belangrijkste ingrediënten daarvoor bleken immers al te zijn gevormd na een elektrische ontlading in de oersoep. Al die tijd knikten mijn biologiedocenten instemmend. Na afloop van mijn verhaal keken zij elkaar even kort aan en stelden vervolgens de vraag of de reacties waar ik het over had gehad, en de complexe moleculen die zich hadden gevormd, zich vandaag de dag nog steeds voordeden, respectievelijk vormden. En daaruit volgend of die primitieve, eerste levensvormen nog steeds op aarde konden ontstaan. Met andere woorden: is het denkbaar dat het leven zich telkens opnieuw uitvindt? De vraag overviel me. Ik kon op dat moment geen antwoord bedenken. Na enig aandringen en een aantal onduidelijke hints van de docenten waarmee ik niet verder kwam, antwoordde ik bevestigend. Beide docenten, die te lang op dat moment hadden moeten wachten, sprongen als één man op en gaven aan dat mijn antwoord onjuist was. Elkaar druk met woorden en gebaren aanvullend gaven ze aan dat een belangrijke randvoorwaarde voor het ontstaan van het leven is dat er geen leven aanwezig is. Het nieuw te vormen leven of de voorlopers daarvan zouden kansloos zijn. De gevormde complexe moleculen en de eiwitachtige structuren zullen immers vanaf het eerste moment na vorming door de al aanwezige micro-organismen worden afgebroken. Bovendien zijn door alle omzettingen die miljarden jaren hebben plaatsgevonden de omstandigheden op aarde volledig veranderd, zodat niet langer aan de randvoorwaarden voor het ontstaan van het leven kan worden voldaan.

Zó heeft het zich mogelijk afgespeeld. De eerste stappen richting het leven moeten ooit gezet zijn door een samenraapsel van bouwstenen dat in staat was een van de meest basale biologische functies uit te voeren: zelfvermenigvuldiging. Het unieke vermogen om de verbindingen uit de omgeving te verzamelen en samen te voegen tot een kopie die op zijn beurt precies hetzelfde kan doen. Daarna werd het verhaal stap voor stap ingewikkelder. De bouwstenen in de omgeving raakten uitgeput. Door spontane veranderingen ontstonden er primitieve levensvormen die een nieuwe eigenschap hadden verkregen. Zij beschikten over het vermogen hun voorlopers af te breken. Voorlopers die tot die tijd geen concurrentie van andere levensvormen kenden en alom aanwezig waren. Zij moesten hun alleenheerschappij opgeven en zich aanpassen aan een nieuwe vijand die zij zelf hadden voortgebracht. De hele wereld draaide alleen maar om eten of gegeten worden. Er ontstond een wapenwedloop waarin de een een nieuwe strategie had ontwikkeld om de ander op te eten, en de ander juist om opname en afbraak door de ander te voorkomen. Door toevallige mutaties en selectie van de succesvolste overlevingsstrategieën ontstonden er steeds meer variaties op beide thema's en nam de diversiteit van het leven steeds verder toe.

De vraag of het proces van het ontstaan van het leven zich nog steeds voltrekt, speelt nog steeds door mijn hoofd. Ik vraag me af of de voorlopers van het leven nog ergens te vinden zullen zijn. Ik ben lang niet zo zeker van mijn zaak als mijn twee biologiedocenten destijds. Kunnen we wel volledig uitsluiten dat er op aarde condities te vinden zijn die nog steeds lijken op die van vóór het leven? Zoals bijvoorbeeld de omgeving rondom *black smokers*, hittebronnen in de diepzee waaruit zwartgekleurd water stroomt met een temperatuur van meer dan vierhonderd graden Celsius. Zouden de restanten van alles wat zich toen heeft voltrokken zich niet nog steeds in ons midden bevinden? Mogelijk hebben we ze al die tijd over het hoofd gezien...

Vervolgens is de biologie op de middelbare school enige tijd naar de achtergrond verdreven. Veel te druk met andere dingen. Ik absorbeerde alles als een spons en doorliep de laatste schooljaren in een constante staat van euforie. Een roes. Althans: dat is hoe ik me die periode herinner. Wat hebben we met zijn allen hard gelachen om die leraar die riep dat de middelbareschooltijd de mooiste tijd van je leven is. Nu trek ik de voorzichtige conclusie dat in die woorden een kern van waarheid zit. Ook al manifesteert de schoonheid van het leven zich telkens weer op een andere manier. Zo zorgeloos en onbevangen zijn we niet vaak meer geweest. Nauwelijks tijd gehad om na te denken over de keuze voor een studie na de middelbare school door al dat gefeest. God zegene de greep. Geneeskunde. Geen idee meer waarom. Maar er werd ingegrepen van hogerhand. Er was sprake van een *numerus fixus* voor de studie geneeskunde en ik ontving bericht dat ik was uitgeloot. Ik weet nog goed dat mijn vader me daar destijds mee feliciteerde. Mijn tweede keus werd wel toegejuicht. Moleculaire wetenschappen aan de Landbouwuniversiteit in Wageningen. Een degelijke opleiding in de fundamentele natuurwetenschappen. Op het gymnasium, waar velen bedrijfskunde in Rotterdam of rechten in Leiden gingen studeren werd die keuze niet goed begrepen. ‘Daar lopen ze toch op klompen?’ Ik haalde mijn schouders op en vertrok naar de studentenstad aan de Rijn met het imago van aardappels, klei en koeienstront. Mijn medeleerlingen van het gymnasium waren vast niet in staat om deze zaken op waarde te schatten.

De colleges over microbiologie in Wageningen hebben me gegrepen. Een vergeten deel van het leven, en tegelijkertijd allesomvattend. Ik werd niet zozeer gedreven door de potentie van de bacteriën

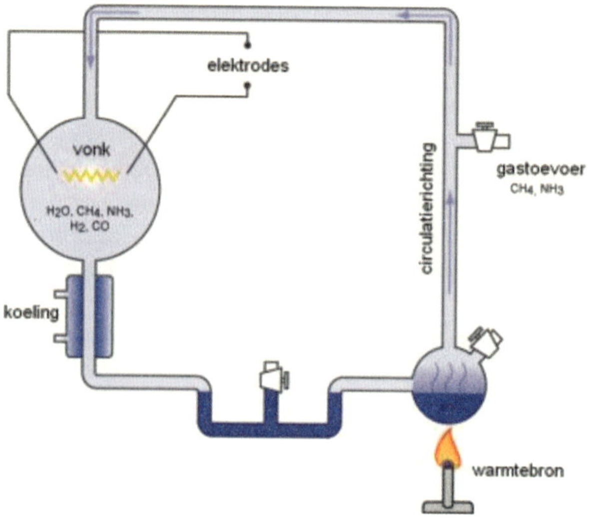

Afb. 49 De proefopstelling waarmee bouwstenen van het leven worden gevormd uit de oersoep.

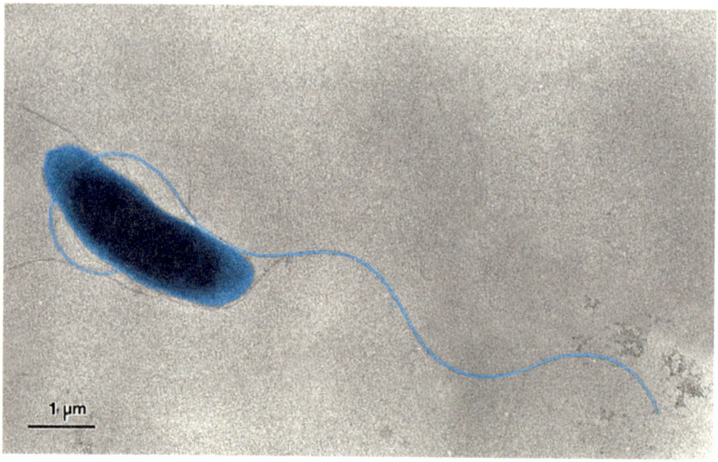

Afb. 50 De top drie bacteriën: 1.
De hitte-minnende bacterie *Thermotoga maritima*.

met hun vele toepassingen, maar vooral door nieuwsgierigheid. Naast het wonder van het microbiële leven is er het wonder dat we dit leven kunnen begrijpen. Dat kon ik niet onaangeroerd laten liggen. Vooral het leven onder extreme omstandigheden sprak me erg aan. Extremofiele micro-organismen, die in staat zijn te leven bij temperaturen boven het kookpunt van water. Omstandigheden waaronder normaal gesproken helemaal geen leven mogelijk is. Was het leven zélf niet ooit eens bij een extreem hoge temperatuur begonnen? Waren dit niet de condities waarnaar ik ooit op zoek was? De plaats waar het leven zou kunnen zijn ontstaan. Condities die zich nu nog maar op een aantal plaatsen op aarde voordoen. De directe omgeving rondom hittebronnen die in de diepzee uitmonden. Het grootste deel van de levende wezens die we kennen is absoluut niet in staat bij zulke hoge temperaturen te functioneren. Eiwitten ontvouwen zich en verliezen het vermogen om hun functie uit te voeren. DNA beschadigt. De membraan wordt poreus en de levende cel is niet langer in staat zijn stofwisseling te handhaven. Kortom: aan alle kanten desintegreert het levende systeem. Welke mechanismen zijn er aan het werk die leven bij extreem hoge temperaturen toch mogelijk maken?

Vol goede moed begon ik in het begin van de jaren negentig de structuur op te helderen van een enzym uit de hitte-minnende bacterie *Thermotoga maritima*. ◂ **Afb 50** Die bacterie, die geïsoleerd was bij hittebronnen in de zee in de vulkanisch actieve omgeving van Sicilië, groeide optimaal bij een temperatuur van tachtig graden Celsius. Vergelijkingen van de structuur met die van hetzelfde enzym uit micro-organismen die bij een lagere temperatuur leven, zouden ons mogelijk een stuk dichter bij de oplossing voor het raadsel van zijn thermostabiliteit kunnen brengen. Die kon immers gerekend worden tot de intrinsieke eigenschappen van het enzym. Ook in isolement, buiten de condities in de levende cel waar het eiwit voorkomt, bleven deze uitzonderlijke eigenschappen gehandhaafd. Het wonder van de biologie. Structuur en functie zijn innig met elkaar verbonden. Kennen we de structuur van een enzym, dan is het mogelijk daaruit belangrijke eigenschappen af te leiden die betrekking hebben op de werking van het enzym, en dus ook om uitspraken te doen over een mogelijk mechanisme voor de stabiliteit en werking van het enzym bij hoge temperaturen.

Mijn moleculair-biologisch werk ging van start in het laboratorium voor microbiologie boven op de Wageningse Berg. Het experimentele werk was in die tijd bijzonder arbeidsintensief. Elk experiment begon in het chemicaliënmagazijn met het afwegen van verschillende zouten voor alle oplossingen die ik nodig had. Ik goot mijn eigen polyacrylamide gels tussen twee glazen platen om radioactief gelabelde DNA-fragmenten op grootte te kunnen scheiden. Dat allemaal om in een eindeloos traject de DNA-volgorde af te kunnen lezen op fotogevoelige films die in de doka van het lab werden ontwikkeld. Ik zie mezelf nog staan in die doka, in het weekend aan het werk onder het magische rode licht met de penetrante geur van het zure fixatief in mijn neus.

In het laboratorium maakte ik gebruik van een bacteriofaag, een virus dat uitsluitend bacteriën kan infecteren en in dit geval werd ingezet om enkelstrengs DNA te produceren. Dat werd dan weer gebruikt voor de reacties, waarmee uiteindelijk de volgorde van het DNA in kaart gebracht kon worden. Het erfelijk materiaal van alle levende wezens, het DNA, bestaat uit een opeenvolging van slechts vier verschillenden bouwstenen of nucleotiden: adenine, cytosine, guanine en thymine. Buitengewoon boeiend om met de gereedschapskist van de moleculair bioloog aan de slag te gaan. Een mooie ervaring als er uiteindelijk een klein geheim aan de natuur wordt ontfutseld. Ik weet nog precies wanneer ik in de opgehelderde DNA-volgorde voor het eerst de tekenen ontwaarde van de code voor het enzym waarin ik geïnteresseerd was, evenals het euforische gevoel waarmee dat gepaard ging. Binnen de DNA- volgorde zitten bepaalde codons en die moest ik zien op te sporen. Elk codon is een triplet van drie nucleotiden dat codeert voor een van de twintig aminozuren, de bouwstenen van de eiwitten, waaronder de enzymen. Een eenvoudige rekensom laat zien dat er met vier nucleotiden vierenzestig mogelijke codons zijn, veel meer dan het aantal aminozuren. Maar daar heeft Moeder Natuur, ingenieus als zij is, iets op gevonden. Vrijwel alle aminozuren worden gecodeerd door een aantal verschillende codoncombinaties. Ik ben de eerste dertien aminozuren, afgeleid van de DNA-volgorde die ik had opgehelderd, nooit meer vergeten. Met hun code bestaande uit één letter vormen zij de reeks mpekslyemaveq. Dat zal niemand iets zeggen, maar voor mij was met deze raadselachtige spreuk het begin van een nieuw tijdperk aangebroken. Ik had mezelf met moleculair-biologisch onderzoek toegang verschaft tot de code van het leven!

Voor een vervolg van mijn microbiologische werk vertrok ik naar München, waar in het laboratorium aan de Lehrstuhl für Mikrobiologie de methode was ontwikkeld om de hitte-minnende bacterie *Thermotoga maritima* te kweken. In een groot glazen vat, gevuld met vloeibaar kweekmedium, groeide daar de bacterie onder zuurstofloze condities bij een temperatuur van tachtig graden Celsius. Daar zuiverde en karakteriseerde ik het enzym uit de gekweekte bacteriën. De methoden waren spannend. Het laboratorium was een soort speeltuin, waar ik een interessante sprong had gemaakt van het werk met DNA naar dat met eiwitten. Na isolatie in het laboratorium bleek het enzym zijn werk heel goed te kunnen doen bij hoge temperaturen. Dus ook buiten de bacterie beschikte het enzym over zijn hittestabiele eigenschappen. Nu was het zaak om de structuur van het enzym te leggen naast dat van dezelfde enzymen die werkten bij veel lagere temperaturen. Deze analyses bevestigden dat het thermostabiele eiwit minder flexibel is en een zeer stevige kern bezit, zodat de hitte geen vat op het enzym krijgt en het zijn vorm kan behouden om zijn werk te kunnen doen. Als gevolg van de stevige structuur functioneren thermostabiele enzymen minder goed bij lagere temperaturen, omdat ze enige flexibiliteit nodig hebben om hun functie uit te kunnen voeren. Met deze bevindingen kon het onderzoek met succes worden afgesloten.

Er ging uiteraard ook weleens iets mis. In het laboratorium blies ik een keer een gloednieuwe centrifuge op toen ik de hitteminnende bacteriën wilde oogsten. De rotor schoot los bij een snelheid van twintigduizend omwentelingen per minuut, omdat ik hem niet goed had bevestigd. Gelukkig deden er zich geen persoonlijke ongelukken voor, maar de aanblik van de ravage die ik had aangericht ben ik nooit meer vergeten. Ik heb toen heel even getwijfeld of ik wel voor het experimentele onderzoek in de wieg was gelegd...

Het aanbod dat ik kreeg bij terugkomst, om in Wageningen mijn studie te vervolgen met een promotieonderzoek over melkzuurbacteriën, heb ik afgeslagen. Dat kwam te vroeg. Daar zou ik me pas later in gaan verdiepen. Ik was van plan me eerst met een andere vraag bezig te houden. Met veel belangstelling had ik in Wageningen tijdens mijn studie de vakken Wetenschapsfilosofie en Geschiedenis der Natuur-

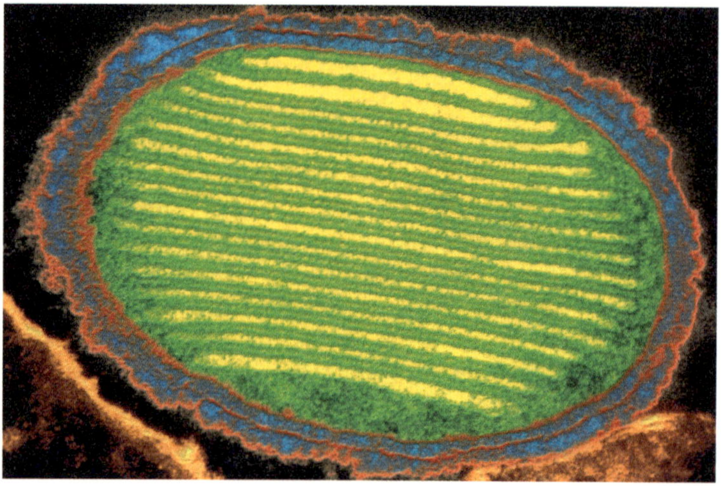

Afb. 51 De top drie bacteriën: 2 .
De zout-minnende purperzwavelbacterie *Halorhodospira halophila.* Boven: Een elektronenmicroscopische opname van een dwarsdoorsnede van de bacterie. De bacterie is in staat tot fotosynthese door pigmenten die voorkomen in gelaagde structuren in de cel (groen). Onder: Een sodameer in Oost-Afrika dat bij hoge pH en zoutconcentraties paars kleurt door purperzwavel bacteriën, waaronder *H. halophilia.*

wetenschappen gevolgd. Fascinerend hoe er tijdens elk college filosofie werd ingebeukt op de pijlers onder de wetenschap, de objectieve feiten en de logica. En interessant om een deel van dat enorme krachtenveld te zien waarin de wetenschap zich gedurende de geschiedenis heeft ontwikkeld. Er was één onderwerp dat toen in het bijzonder mijn aandacht trok: het vitalisme. De leer dat het leven niet alleen maar mechanistisch verklaard kan worden, maar dat er ook nog een onstoffelijk element, een levenskracht, een zogenaamd *vis vitalis* voor nodig is. In de loop van de geschiedenis heeft de discussie tussen de vitalisten en hun tegenhangers, de materialisten, zich op allerlei niveaus afgespeeld. Het leek me heel spannend een deel daarvan in kaart te brengen, ook al omdat we die discussie nog steeds kunnen voeren. Kunnen we de biologie helemaal vanuit de chemie verklaren, of is daar meer voor nodig?

Maar net toen ik mijn eerste plannen had gesmeed om met dit onderwerp aan de slag te gaan aan de Universiteit van Utrecht, woonde ik een lezing bij van een professor van de Universiteit van Amsterdam. Hij vertelde over zijn onderzoek naar de bacterie *Halorhodospira halophila*, een zoutminnende bacterie die was geïsoleerd uit het Wadi Natrun, een zoutmeer in een Egyptische woestijn. De aanwezigheid van die bacterie kleurde het ingedampte meer, waarin de zoutconcentratie extreem hoog was, helemaal rood. Dat kwam door de rode pigmenten van die bacterie. Ze is namelijk net als groene planten in staat om zonlicht om te zetten in energie. Dat doet ze alleen niet met behulp van een groen pigment zoals planten, maar met een rood pigment. De bacterie in dat meer stond voor een hels dilemma. Aan de ene kant had ze zoveel mogelijk zonlicht nodig om aan voldoende energie te komen. Aan de andere kant wilde ze juist zonlicht vermijden, omdat dat schadelijk is. De UV-component in het zonlicht is in staat om DNA te muteren en is voor de mens schadelijk, en voor een bacterie dodelijk. Om ervoor te zorgen dat ze zich begeeft naar een omgeving waar de hoeveelheid zonlicht niet te intens wordt, beschikt de bacterie over het vermogen om naar een optimaal lichtklimaat te zwemmen. Niet te licht, niet te donker. De onderzoeksvraag was alleen: hoe deed ze dat? De bacterie bleek over een klein, geel gekleurd sensoreiwit te beschikken dat in staat is om blauw licht op te nemen. Was dat het eiwit dat verantwoordelijk was voor het waarnemen van het intense zonlicht? Was dat het waarschuwend oog van de bacterie? En zo ja, hoe werkte dat dan precies? Met welk mechanisme was dat kleine, gele eiwit in staat zonlicht op te nemen en de bacterie te laten weten dat ze zich uit de voeten moest maken? Ik was meteen verkocht. Dát leek me een geweldig promotieonderzoek. Ik parkeerde mijn zoektocht naar het *vis vitalis* en vestigde me in de hoofdstad.

Een heel speciaal moment. Al in het eerste jaar van mijn onderzoek slaagde ik erin aan te tonen wat er precies gebeurde in het gele eiwit als het blauw licht opnam. Precies wat er ook in de gepigmenteerde eiwitten in ons eigen oog gebeurt, en waardoor wij kunnen zien! Door de opname van licht verandert de eigenschap van een verbinding tussen twee atomen in het eiwit. Als gevolg daarvan komen beide atomen minder stevig aan elkaar vast te zitten, waardoor ze ten opzichte van elkaar gaan draaien. Omdat in het donker het eiwit flink onder spanning staat, resulteert die subtiele verandering in het licht in een hele cascade van veranderingen in de structuur van het eiwit. De nieuwe eiwitstructuur die zo ontstaat kan mogelijk het signaal in de bacterie leveren om weg te zwemmen van het intense zonlicht. Nu wisten we hoe een bacterie kon zien!

Ik vertrok voor een periode van drie maanden naar Houston, Texas. Nieuwe ontwikkelingen in het onderzoek naar het gele eiwit vroegen om dat werkbezoek. Er was namelijk iets bijzonders aan de hand. Het gele eiwit was gezuiverd en in detail gekarakteriseerd, maar er was nog steeds onvoldoende bewijs voor de biologische functie van het eiwit in de bacterie. Onderzoekers binnen dit bijzondere vakgebied van de fotomicrobiologie kwamen niet verder dan de veronderstelling dat het eiwit door de bacterie werd gebruikt om naar een optimaal lichtklimaat toe te zwemmen. We dachten dat het eiwit een functie had als van een sensor die via een aantal stappen een signaal stuurde naar de zweepstaart van de bacterie om aan te geven dat de lichtintensiteit te hoog was en dat ze naar een gebied moest zwemmen met een lagere lichtintensiteit. Maar de enige evidentie voor deze functie bestond uit resultaten die lieten zien dat de lichtafhankelijkheid van deze respons overeenkwam met het absorptiespectrum van het eiwit. ◀ **Afb 51** Het gele eiwit absorbeert blauw licht, precies de lichtkleur waarbij de respons maximaal beek te zijn. Maar dat is helaas helemaal geen bewijs. Alleen maar een aanwijzing. Wat we nodig hebben is een 'knock-out'. Een mutant van de bacterie waarin het gele eiwit niet langer actief is. Als deze mutant laat zien dat de fotogevoelige respons is verdwenen, dan begint zich pas echt een bewijs voor de functie af te tekenen. Nog steeds moeten we dan voorzichtig zijn. Er kunnen zich namelijk tijdens het proces waarbij de mutatie in de bacterie wordt aangebracht andere genetische veranderingen voordoen, die verantwoordelijk zijn voor het verlies van de reactie op blauw licht. Een bacterie muteert van nature immers snel. Om het bewijs helemaal dicht te timmeren moet het genetisch defect ongedaan kunnen worden gemaakt door het DNA dat codeert voor het gele eiwit terug te plaatsen. Als we dán zien dat de blauwlicht-reactie terugkomt in de bacterie, kunnen we pas echt de vlag uithangen.

Waar wachtten we nog op? Het probleem dat zich voordeed was dat er geen methoden voorhanden waren om in de extreme bacterie waarmee ik werkte DNA te introduceren, waardoor het gele eiwit niet eenvoudig kon worden uitgeschakeld. Waar je in de microbiologie vaak tegenaan loopt is dat bacteriën waar heel veel onderzoek mee gedaan wordt, precies die bacteriën blijken te zijn die eenvoudig gekweekt kunnen worden én genetisch toegankelijk zijn, waardoor er betrekkelijk eenvoudig DNA in de bacterie geïntroduceerd kan worden. Zodoende lenen deze bacteriën, bijvoorbeeld *Escherichia coli* en *Bacillus subtilis*, zich perfect voor het wetenschappelijk onderzoek. Maar die exotische bacterie van mij (*Halorhodospira halophila*) danste absoluut niet naar mijn pijpen. Kweken was een probleem, omdat de bacterie langzaam groeide. Het introduceren van DNA was een drama. Dus voordat ik de gereedschapskist van de moleculair microbioloog zou kunnen toepassen op deze bacterie voorzag ik een heel erg lang traject. Indien mogelijk wilde ik dat graag omzeilen. Vandaar dat ik eerst ben gaan kijken of het gele eiwit ook nog in andere bacteriën werd aangetroffen, die wat gewilliger waren. Samen met andere onderzoekers onderzocht ik een hele verzameling bacteriën op de aanwezigheid van DNA dat voor het gele eiwit codeerde. En warempel, we vonden dat het gele eiwit ook aanwezig was in een goed te kweken en genetisch toegankelijke bacterie. Die luisterde naar de naam *Rhodobacter sphaeroides*. Nu we dat wisten was het veel eenvoudiger geworden om het gele eiwit uit te schakelen. Gelukkig lukte het ook binnen afzienbare tijd een mutant te verkrijgen die niet langer beschikte over het gele eiwit.

Nu ik de mutant in handen had, was het alleen nog zaak om het zwemgedrag van deze bacterie in kaart te brengen, en met name hoe de bacterie op blauw licht reageerde. Als dat zou lukken... simsalabim: het genetisch bewijs voor de eiwitsensor zou zijn geleverd. In Houston had een ingenieuze professor uit het vakgebied een prachtig apparaat gebouwd waarmee het mogelijk was lichtafhankelijke bewegingsanalyses van bacteriën uit te voeren. Zwemmende bacteriën werden onder de microscoop gefilmd met een camera, en met behulp van een computerprogramma konden de individueel afgelegde routes van de bacteriën gevolgd en geanalyseerd worden. Vervolgens konden we de bacteriën blootstellen aan een korte lichtpuls en bestuderen hoe hun zwemgedrag werd beïnvloed. Dit was nog eens wat anders dan bacteriën bestuderen die met hun staart aan het microscoopglaasje zaten vastgeplakt. Dit was *computer-assisted-motion-analysis* van de bovenste plank! Voor de lichtsensor waar de professor in Houston zelf aan werkte was het verhaal helemaal compleet. Hij was in staat het effect van aangebrachte veranderingen in de sensor te vertalen naar veranderingen in de lichtafhankelijke zwemrespons van het micro-organisme waarmee hij werkte. Het was zelfs nog mooier. Hij was in staat in kleine glazen buisjes mutanten te selecteren die gestoord waren in hun lichtafhankelijke zwemgedrag en vervolgens in kaart te brengen welke veranderingen in de eiwitsensor verantwoordelijk waren voor de afwijkende lichtrespons. Kortweg briljant. Dat was precies waar ik van droomde. De hele route te bewandelen. Hoe een verandering van een enkel aminozuur in een lichtsensor kan leiden tot een verandering in een zwemreactie van mijn bacterie. Op dat niveau begrip proberen te krijgen van structuur-functierelaties.

Dus ik vertrok naar Houston met de mutant van *Rhodobacter sphaeroides* in mijn koffer en nam voor een periode van drie maanden mijn intrek in een grauwe woonbarak pal tegenover de University of Texas. Ik kweekte de mutant in het lab en kon niet wachten om zijn zwemgedrag te analyseren. Prachtige tijden braken aan. Ik ging aan de slag met het onderzoek. In de eerste week vond ik zowaar een nieuwe blauw-lichtreactie in de bacterie *Rhodobacter sphaeroides*. Een blauwe lichtpuls op zwemmende bacteriën, en als op commando stopten ze allemaal kortstondig met zwemmen! Nooit eerder was dit waargenomen. Nu alleen nog mijn mutant onder dezelfde condities aan hetzelfde licht blootstellen.

Maar helaas: mijn mutant bleek tegen alle verwachtingen in nog precies dezelfde blauw-lichtrespons te vertonen. Wat ik had gezien was interessant, maar had niets te maken met het gele eiwit. Dat was erg jammer. Het genetisch bewijs voor de sensor was nog steeds niet geleverd. Terug in Amsterdam verrichtte ik een aantal andere studies aan het eiwit, waarmee ik mijn proefschrift kon afronden. Het gele sensoreiwit werd daarin van vele kanten belicht, maar ik had nog steeds geen sluitend bewijs voor zijn functie in de bacterie. Een andere open vraag betrof de structurele veranderingen die zich voordeden in het gele eiwit in de eerste fractie van een seconde nadat er licht op was gevallen. Daarvoor vertrok ik na mijn promotieonderzoek naar Frankrijk.

Ik verliet mijn appartement aan de Rozengracht en vertrok voor mijn postdoctoraal onderzoek naar Grenoble, waar ik enige tijd in een hotel op een braakliggend industrieterrein woonde. In Grenoble staat een bijzondere deeltjesversneller, ook wel bekend als een synchrotron. Dat is een enorm apparaat, met een omtrek van een kilometer, dat niet wordt gebruikt om te bestuderen wat er gebeurt als de deeltjes in de versneller tegen elkaar aan botsen, maar als bron van röntgenstraling. Deze straling, die vele malen intenser is dan die van een conventionele bron, werd in meer dan dertig stations aan de ring opgevangen en gebruikt voor onderzoek. Voor natuurkundigen een vervelend bijverschijnsel, want onder uitzending van die straling verliezen die deeltjes hun energie, maar voor chemici met verstrooiende materie als studieobject een feest. Zo ook voor structuurbiologen. Zij houden een eiwitkristal voor de intense straal en zijn in staat aan de hand van de verstrooiingspatronen van de straling de driedimensionale structuur op te helderen. Vergelijk het met een handvol knikkers die je tegen een metalen rooster aan gooit. Als de knikkers het rooster raken, zullen ze afbuigen en op een andere plaats op de achterwand terechtkomen. Door het rooster te roteren en telkens opnieuw de knikkers tegen het rooster aan te gooien, kan uit een nauwkeurige analyse van de posities waar de knikkers op de achterwand terechtkomen, na enig rekenwerk de structuur van het rooster afgeleid worden. Precies zo werkt het met een eiwitkristal en röntgenstraling. Het lichtgevoelige gele eiwit had een heel bijzondere eigenschap. Na opname van blauw licht onderging het een cyclus die gepaard ging met structurele veranderingen, die naar alle waarschijnlijkheid van belang waren voor het doorgeven van een signaal binnen in de cel. Na een seconde was de volledige cyclus doorlopen en kon het circus weer van voren af aan beginnen. Ook in kristalvorm bleek het eiwit deze cyclus te kunnen doorlopen. Dat bood een enorme buitenkans. Nu kon er een film worden gemaakt. Door de vertraging tussen de blauwe lichtpuls en de röntgenstraling uit de synchrotron te variëren was het mogelijk op verschillende tijdstippen snapshots van de structuur van het eiwitkristal te verkrijgen en zo de eerste film ooit te maken van een eiwit in actie.

Slechts een paar keer per jaar opereerde de hele synchrotron in de speciale modus waardoor het mogelijk was dit experiment uit te voeren. We stonden daar met onderzoekers uit verschillenden delen van de wereld in het straalstation ID09, dat was ingericht voor de tijdsopgeloste röntgenstralingskristallografie. Het enthousiasme van de onderzoekers stoomde uit de cabine. Wat een moment toen de eerste verstrooiingspatronen kwamen binnenrollen! Dit maakte het mogelijk structurele veranderingen in het eiwit te zien na slechts een miljardste van een seconde nadat het eiwit blauw licht had opgenomen. We hebben er het wetenschapstijdschrift *Science* mee gehaald. Nu bevestigden we langs een heel andere route dat er meteen na de opname van licht twee atomen ten opzichte van elkaar roteerden. Vervolgens zocht een zuurstofatoom via een soort zuigerbeweging een andere holte in het eiwit op. Er was ons weer wat meer duidelijk geworden over wat er zich afspeelde op de allereerste momenten nadat licht en leven elkaar hadden gevonden. **Afb 52** ▶

Natuurlijk begon het te knagen. Ik móést weten wat de functie van het gele eiwit was. Ik schreef een onderzoeksvoorstel om in een Japans laboratorium te gaan werken aan het genetisch toegankelijk maken van de bacterie *Halorhodospira halophila*. Daarin hadden we eerder een overtuigende blauw-lichtrespons gevonden. Een mutant van deze bacterie, waarin het gele eiwit was uitgeschakeld, zou ons eens en voor altijd het antwoord geven op de vraag wat dit eiwit precies doet. Het onderzoeksvoorstel werd toegekend, en ik vertrok naar het centrum van Osaka. Ik ontwikkelde bij Nara Institute for Science and Technology een subtiele manier om de functie van het gele eiwit uit te schakelen. Ik startte in het laboratorium een traject om voor het eerst met de exotische *Halorhodospira halophila*-bacterie genetische experimenten uit te kunnen voeren.

Elk onderzoek van een microbioloog begint met een kolonie op een agarplaat. Een kolonie is een verzameling bacteriën, ongeveer één miljard, die zijn voortgesproten uit één enkele bacterie, en die dus genetisch niet van elkaar te onderscheiden zijn. Om zo'n kolonie te verkrijgen wordt een monster met bacteriën uitgestreken op een kweekbodem in een schaaltje. Om ervoor te zorgen dat de kweekbodem in het schaaltje een vaste vorm krijgt wordt er agar aan toegevoegd, dat net als bijvoorbeeld gelatine werkt als bindmiddel. Het verkrijgen van een kolonie, iets wat normaal gesproken heel eenvoudig is, leverde me in dit geval een heleboel problemen op. De bacterie in kwestie, *Halorhodospira halophila*, stelde namelijk nogal wat eisen aan zijn omgeving. De bacterie was strikt anaeroob: elke blootstelling aan zuurstof zou haar meteen fataal worden. Niet de meest praktische eigenschap, gezien de atmosfeer waarin we leven. Daarnaast moesten er ongelooflijke hoeveelheden zout aan het kweekmedium worden toegevoegd en kon de bacterie alleen in het licht groeien, waardoor de agarplaten binnen afzienbare tijd uitdroogden en barstten. Tot overmaat van ramp groeide de bacterie erg traag: het duurde meer dan een week voordat zich kolonies konden vormen. Het liep allemaal uit op een drama: er lekte langzaam zuurstof in de kast waarmee ik werkte, zodat de bacterie er al snel de brui aan gaf. De temperatuur in de kast was lastig constant te houden vanwege het licht dat de bacterie nodig had om te kunnen groeien. Dit was trekken aan een dood paard. Ik liet de hele anaerobe kast met de gebarsten agarplaten voor wat hij was en ging iets anders proberen. Ik bestelde een lading hittebestendige, transparante plastic zakjes die dichtgeseald konden worden. Vervolgens goot ik daar de hete, vloeibare agar in en daarin goot ik weer verschillende verdunningen van een vloeibare *Halorhodospira halophila* culture, die ik had verkregen door een glazen vat met kweekmedium aan te enten en een paar weken te laten staan op het dak van het onderzoeksinstituut. Het klimaat in dat deel van Japan leende zich daar uitstekend voor; het was die zomer ongekend warm in Nara. Vervolgens hing ik de zakken met gestolde agar met knijpers aan een waslijn in het licht van een paar gloeilampen. En jawel hoor: binnen twee weken toonden zich de lensvormige rode kolonies waar ik zo lang naar had uitgekeken. Die konden met behulp van tandenstokers worden overgeënt en gebruikt worden voor vervolgonderzoek. Vervolgens begon ik met het

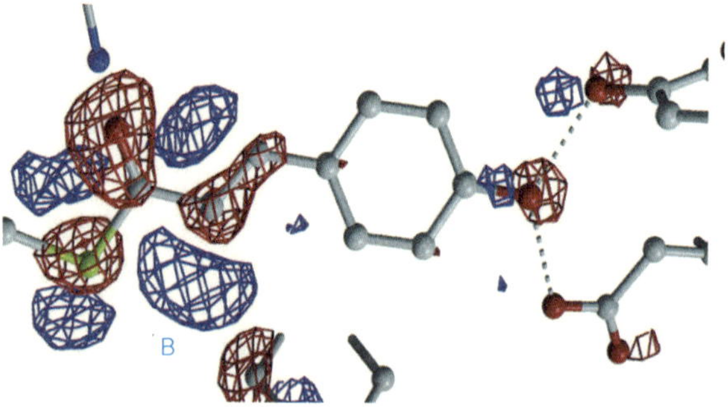

Afb. 52 Het eerste effect van licht op leven.
Structurele veranderingen in een bacteriële fotoreceptor na belichting. Het verschil in de structuur voor en na belichting midden in het foto-actieve gele eiwit wordt weergeven door electronendichtheid waar atomen verdwijnen (rood) en verschijnen (blauw). Zo geeft B de nieuwe positie van het zuurstofatoom aan.

Afb. 53 De top drie bacteriën: 3 . *Bacillus subtilis*.
Elektronmicroscopische opname van *Bacillus* met daarin de ovale structuur van de endospore .

testen van de gevoeligheid van de bacterie voor een heel scala aan antibiotica om later mutanten te kunnen selecteren. Het zag er allemaal goed uit. Ik ben toen nog een tijd bezig geweest om DNA in de bacterie te krijgen door middel van een aantal verschillende technieken, maar dat liep wat minder lekker. Ik slaagde er ondanks mijn verwoede pogingen maar niet in om mijn felbegeerde mutant te verkrijgen. Toen zat mijn tijd erop. Ik verliet het Verre Oosten.

Er was dus een cruciale vraag binnen mijn vakgebied, en ik had hem nog steeds niet beantwoord. Tot op de dag van vandaag heeft microbiologisch onderzoek niet geleid tot het antwoord op de vraag wat de functie is van het foto-actieve gele eiwit dat ondertussen boven water was gekomen. De natuur kent het grote geheim en glimlacht. Er zijn blijkbaar zaken die de natuur zeer langzaam prijsgeeft. Als de tijd rijp is ga ik zeker weer een poging ondernemen om de functie van het gen dat codeert voor het gele eiwit te ontrafelen. Eerst ging ik terug naar Amsterdam. Ik besloot het roer volledig om te gooien en ging werken aan de sporevormende bacterie *Bacillus subtilis*.

Ik moest overstag gaan. Aan de ene kant deed het pijn om mijn onderzoeksonderwerp te verlaten. De fotobiologie, mijn extremofiele bacterie *Halorhodospira halophila* met zijn mysterieuze gen, waarvan nog steeds niemand de functie kent, en de spannende studies naar de interactie tussen licht en leven. Vrienden waren het geworden, die allemaal onderdeel waren gaan uitmaken van mijn dagelijks leven. Maar ze waren me voor de voeten gaan lopen. Ik moest afscheid van ze nemen.

Hoewel ik me graag op een nieuwe uitdaging wilde storten, wist ik dat het vaak toch een paar jaar duurde voor ik weer echt lekker kon wegzakken in nieuwe materie. Gelukkig kwamen er snel een aantal boeiende onderwerpen bij elkaar. Allereerst kwam ik via dit onderzoek, hoe kon het ook anders, weer uit bij het vraagstuk van het ontstaan van het leven op onze planeet. De bacterie *Bacillus subtilis* is een heel stuk minder exotisch dan de overige twee microben waaraan ik gewerkt had, de bacteriën *Thermotoga maritima* en *Halorhodospira halophila*. De bacterie *Bacillus subtilis* kan gezien worden als het modelorganisme, waar een groot aantal microbiologen onderzoek naar doet. ◀ **Afb 53** Het was dus ook niet zo verrassend dat de volledige DNA-volgorde van deze bacterie als een van de eerste werd opgehelderd. Een Japans-Europees consortium van onderzoekers had het volledige genoom van *Bacillus subtilis* verdeeld over verschillende laboratoria. Het onderzoek vergde een inspanning van vele jaren. Waarom was *Bacillus subtilis* eigenlijk zo interessant? *Bacillus subtilis* is, zoals gezegd, een sporevormend organisme. Een onbekend signaal veroorzaakt door uitputting van nutriënten zet de bacterie aan tot de vorming van een spore binnen in de cel. Vervolgens offert de moedercel zich op en komt de bacteriële spore vrij. Jarenlang onderzoek heeft geleid tot een gedetailleerd model voor celdifferentiatie. Normaal gesproken deelt een cel en wordt er als het ware een kopie gemaakt, maar nu vormt zich een spore. Een voor een zijn de stappen opgehelderd die op moleculair niveau laten zien hoe de dochtercel zich tot een spore ontwikkelt en hoe, gedurende dit proces, de moedercel communiceert met de spore die binnen in haar wordt gevormd. De spore verkeert in een droge, slapende toestand en beschikt over heel bijzondere eigenschappen. Een bacteriespore is extreem resistent tegen onder andere hitte en droogte en kan op elk moment gaan kiemen en zich vermeerderen tot een enorme populatie bacteriën, dat wil zeggen zodra en zolang de omstandigheden gunstig zijn. Onderzoek laat zien dat een spore miljoenen jaren kan overleven en zelfs in staat is om ruimtereizen te maken.

Nu is het nog een kleine stap naar de theorie over het ontstaan van het leven op aarde die bekendstaat als 'panspermia'. Overal in de ruimte zijn sporen, kiemen waaruit het leven kan ontstaan. Alsof de oerknal gepaard is gegaan met een enorme ejaculatie. Het leven is volgens deze theorie helemaal niet op onze planeet ontstaan. Het was er al veel langer! Ooit is er een spore op onze planeet terechtgekomen, om daar vervolgens te kiemen. De rest van het leven kwam daaruit voort. Bij de publicatie van het volledige genoom van *Bacillus subtilis*, twintig jaar geleden, stond een bijzonder commentaar van twee professoren uit het vakgebied. Als we uitgaan van de theorie van panspermia en het idee dat het leven op onze planeet een buitenaardse afkomst heeft, dan zou de DNA-volgorde van de sporevormende bacterie weleens een boodschap uit de ruimte kunnen bevatten. Nu we die DNA-volgorde in handen hebben, vereist het alleen nog maar een grondige analyse om deze ruimteboodschap te vinden en te ontcijferen. Ik schreef het afgelopen jaar een van die professoren een brief met daarin de vraag of de pogingen om de ruimteboodschap op te sporen en te decoderen al wat hadden opgeleverd. Ze waren nog steeds op zoek, was het antwoord. Iedereen heeft toegang tot de volledige DNA-volgorde van *Bacillus subtilis*, bestaande uit iets meer dan vier miljoen bouwstenen, dus mogelijk zouden wij allemaal een bijdrage kunnen leveren bij het ontcijferen van de ruimteboodschap. Het onzichtbare leven zit vol met boodschappen waar we naar op zoek moeten gaan. Nu ze mogelijk ook nog uit de ruimte komen, zijn we helemaal niet meer te stoppen, lijkt me.

Prachtig al die speculaties, maar wat ging ik nou precies onderzoeken? Ik besloot aan twee onderwerpen te gaan werken. Ik ging aan de slag met de ontwikkeling van een methode om de hitteresistentie van de sporen van *B. subtilis* snel in kaart te kunnen brengen, waarbij ik mijn grootste hobby, de fotobiologie, studies naar de interactie tussen licht en leven, in mijn werk kon betrekken. Alle bacteriële sporen zitten vol met een stofje dat licht opneemt en uitstraalt. Deze stof, het dipicolinezuur, is dus fluorescent. Het komt vrij als de spore kiemt, maar ook als die geïnactiveerd wordt door een hittebehandeling, de meest gebruikte methode om sporen uit te schakelen. We moeten daarvoor een temperatuur gebruiken van honderdtwintig graden Celsius voor een periode van minstens twintig minuten. Een proces dat ook wel bekendstaat als sterilisatie. Het is een enorm werk om de hitteresistentie van sporen in kaart te brengen, waarbij overleving van de behandeling wordt vastgesteld door kolonies van de bacteriën op kweekplaten te tellen. Daarom besloot ik te gaan kijken naar het vrijkomen van dipicolinezuur, dat dus eenvoudig gemeten kon worden vanwege zijn fluorescente eigenschappen. De hoeveelheid zuur die bij elke temperatuur uit de spore vrijkomt, zou een maat kunnen opleveren voor de hitteresistentie van sporen. Constant komen er weer nieuwe isolaten bij die bederf van voedsel veroorzaken. Eén ervan, *Bacillus sporothermodurans*, bleek sporen te vormen die zo hitteresistent zijn dat zij de standaard hittebehandeling voor sterilisatie kunnen overleven. De methode bleek te werken voor de sporen die ik testte! Indien de sporen resistenter tegen hitte waren, kwam het dipicolinezuur pas bij hogere temperaturen vrij.

Het andere onderwerp betrof de biofilm. De bacteriële biofilm was een onderzoeksonderwerp binnen de microbiologie dat toen sterk in de belangstelling stond. Die belangstelling was voortgekomen uit een interessant inzicht: bacteriën beschikken over het

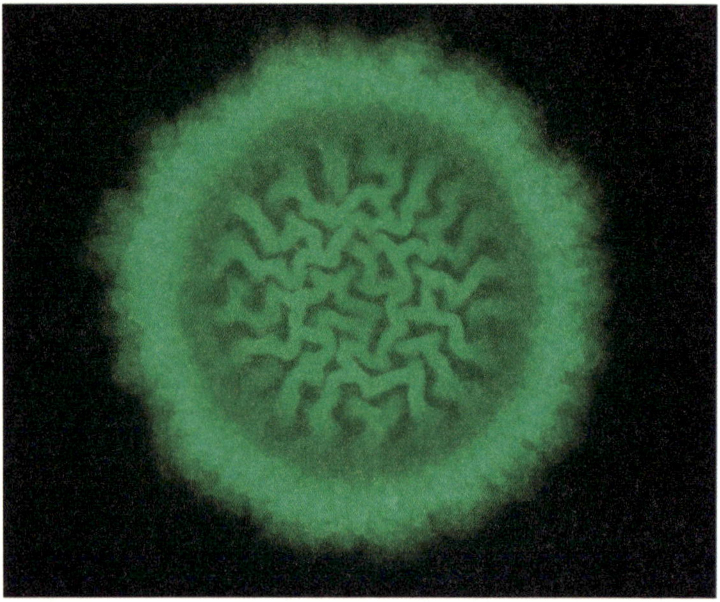

Afb. 54 De pracht van *Bacillus subtilis.*
Heterogeniteit in een genetisch identieke populatie cellen van *Bacillus subtilis.* We zien een lichtmicroscopische bacteriële kolonie van miljarden cellen die zijn voortgekomen uit een enkele bacteriecel op een agarplaat. Alle sporevormende bacteriën zijn groen fluorescerend, omdat zij een groen-fluorescerend eiwit produceren.

vermogen om aan oppervlaktes te hechten en vervolgens een hechte gemeenschap te vormen. Die staat ook wel bekend (ik zei het al eerder) als een biofilm. Het belang van onderzoek naar de biofilm hebben microbiologen lange tijd over het hoofd gezien. Jarenlang kweekten ze bacteriën in zwenkende kolven gevuld met een vloeibaar kweekmedium. In die kweken bevinden bacteriën zich in een toestand waarin ze als individuele cellen los van elkaar leven. Maar in de natuur geven bacteriën over het algemeen de voorkeur aan een geheel andere leefstijl! Aan een leven in een biofilm. De leefstijl van de loslevende bacterie zou je kunnen opvatten als een overgangstoestand waarin de bacterie zich verplaatst van de ene oppervlakte-geassocieerde gemeenschap naar de andere. Vele bacteriële eigenschappen worden volledig onderdrukt in hun 'los-levende toestand' en worden pas zichtbaar in een gemeenschap in de biofilm. In zekere zin hebben microbiologen de bacteriën die zij bestuderen in het laboratorium gedomesticeerd. Net als wij onze huisdieren. Ook die zijn veranderd en zouden zich buiten, laat staan in de jungle, geen raad meer weten.

Door bacteriën vele generaties door te kweken in rijke media, condities die erg ver af liggen van de omstandigheden in de natuur, zullen ze veranderen, gedreven door een snelle evolutie. Bij bacteriën is er een constante afweging gaande tussen de kosten die nodig zijn om eiwitten te produceren om te overleven en de verdiensten van diezelfde eiwitten. Veel bacteriën beschikken over het vermogen om te zwemmen, maar als voor generatie na generatie het eten voor het oprapen ligt, en het zwemapparaat bestaande uit een zweepstaart en alles wat daarmee verbonden is geen enkel voordeel oplevert, dan zal de bacterie die door een toevallige mutatie niet meer over dat apparaat beschikt een groot voordeel hebben ten opzichte van de bacteriën die door zijn blijven zwemmen, terwijl er geen enkele noodzaak meer is om op zoek te gaan naar een betere omgeving. De microbioloog heeft jarenlang de bacterie te veel verwend in zijn laboratorium, en dat is niet zonder gevolgen gebleven. De bacterie heeft het vermogen om zelf naar eten te zoeken verloren en is geen schim meer van het organisme dat zij ooit was, ook al zijn haar essentiële biologische functies, van belang voor bijvoorbeeld stofwisseling en reproductie, behouden. Dus voor een ruwe karakterisering maakt het niets uit: de vele essentiële moleculaire processen die voor het leven van belang zijn, blijven onder rijke condities in het laboratorium precies hetzelfde als in de natuur. Dus heeft dit onderzoek niets aan waarde verloren. Alleen voor studies van subtiele vormen van bacterieel gedrag in de gemeenschap moeten we terug naar de natuur. We moeten wilde isolaten zien te verkrijgen. Dus de bacterie die geen domesticatie in het lab heeft ondergaan opnieuw uit haar natuurlijke omgeving isoleren.

Vol enthousiasme begon ik biofilmvorming van de *Bacillus subtilis* in kaart te brengen en keek ik naar verschillende genen die bij dat proces betrokken waren. Ontwikkelingen volgde ik met behulp van fluorescentie-microscopie, waarbij ik *time lapse* video's maakte van bacteriële stammen, zowel gedomesticeerde als wilde, en van verschillende mutanten. Interessante *Spielerei*, die prachtige plaatjes opleverde, maar slechts in beperkte mate tot nieuwe wetenschappelijke inzichten leidde. Ach, het is uiteindelijk de schoonheid die onze ziel beroert. ◀ **Afb 54**

Ondertussen waren de jaren voortgeschreden en werkte ik al meer dan zes jaar aan mijn postdoctoraal onderzoek. Eigenlijk beviel het me prima, maar op een gegeven moment kreeg ik toch last van ambities. Ik schreef een onderzoeksvoorstel over de biofilm van *Bacillus subtilis* met het doel een eigen onderzoeksgroep aan de Universiteit van Amsterdam te kunnen beginnen. Het voorstel kreeg weliswaar een zeer goede beoordeling van een panel van internationale experts op mijn vakgebied, en ik werd geselecteerd om mijn plannen te komen verdedigen, maar ik heb helaas niemand van de aanwezigen kunnen betrappen op enige kennis van mijn vakgebied. Eén van de commissieleden sprak na afloop de volgende woorden, terwijl ze met een zure blik in haar koffie zat te roeren, alsof ze bevestiging zocht voor haar oordeel in het extract van de koffiebonen: 'De kandidaat is niet in staat om zaken naar een hoger abstractieniveau te tillen.' Ik had geen weerwoord. Het is ieder geval een veilige uitspraak, die met minimale kennis van het vakgebied gedaan kan worden. Natuurlijk was er geen enkele reden om verongelijkt te reageren. Integendeel, sommige doodlopende paden sporen juist aan tot creativiteit, omdat ze leiden tot een uitdagende zoektocht naar alternatieve routes.

Als microbioloog kon ik aan de slag bij TNO, de Nederlandse Organisatie voor Toegepast Natuurwetenschappelijk Onderzoek. Ik was nu drie keer tegen het ontstaan van het leven op aarde aangelopen en was benieuwd wat er nu op mijn pad zou komen. Ik liet me graag verrassen. Mijn onderzoek bij TNO bleek zich vanaf het begin te concentreren op een wel heel bijzonder aspect van het leven, namelijk de dood. Dat kwam geheel onverwacht. Ik had mij voorbereid op toegepast onderzoek, waarbij ik mij verre zou houden van een fundamenteel vraagstuk waar wij allen mee te maken hebben. Maar toegepaste microbiologie blijkt voornamelijk een zaak te zijn van leven en dood. Of het nu gaat over voedselbederf, infectieziekten of desinfectie van oppervlaktes, in al die gevallen zoeken we naar methoden om bacteriën te doden, zij het op een zo mild mogelijke manier. We kunnen eenvoudig bacteriën doden door toepassing van agressieve behandelmethoden. Maar we moeten natuurlijk te allen tijde zien te voorkomen dat het middel erger is dan de kwaal.

Als we het bijvoorbeeld hebben over voedselbederf: het is geen enkel probleem om voedsel 'veilig' te maken. Een uurtje in de snelkookpan en zo goed als alle risico's zijn uitgesloten. Maar dat zou jammer zijn. De heerlijke smaak, de aangename geur en de knapperige structuur van het eten gaan dan volledig verloren. Ergens moet dus een goede balans worden gevonden tussen aangenaam en veilig.

Bij infectieziekten speelt hetzelfde dilemma. Hoe milder de behandeling, hoe beter. Vóór de uitvinding van antibiotica werden open wonden behandeld met desinfectiemiddelen om bacteriën te doden. Die agressieve behandelmethode was om voor de hand liggende redenen bijzonder onaangenaam en had bovendien lang niet altijd het gewenste effect, omdat het moeilijk is om hiermee alle infectie-veroorzakende bacteriën te bereiken. Pas toen er veel mildere middelen tot onze beschikking kwamen, de antibiotica, die we intraveneus en oraal konden toedienen, werd de bestrijding van bacteriele infectieziekten veel effectiever. Maar nog steeds geldt dat we een effectieve, maar zo laag mogelijke dosering en kort mogelijke behandelduur willen toepassen om de ontwikkeling van antibioticum-resistentie en schadelijke bijeffecten van de antibiotica op onze microflora te voorkomen.

Ook als het gaat om de desinfectie van oppervlakken is het van belang die zo mild mogelijk te behandelen. We kunnen met hoge concentraties van een agressief zuur of bleekmiddel zonder problemen afrekenen met schadelijk bacteriën, maar dat gaat gepaard met

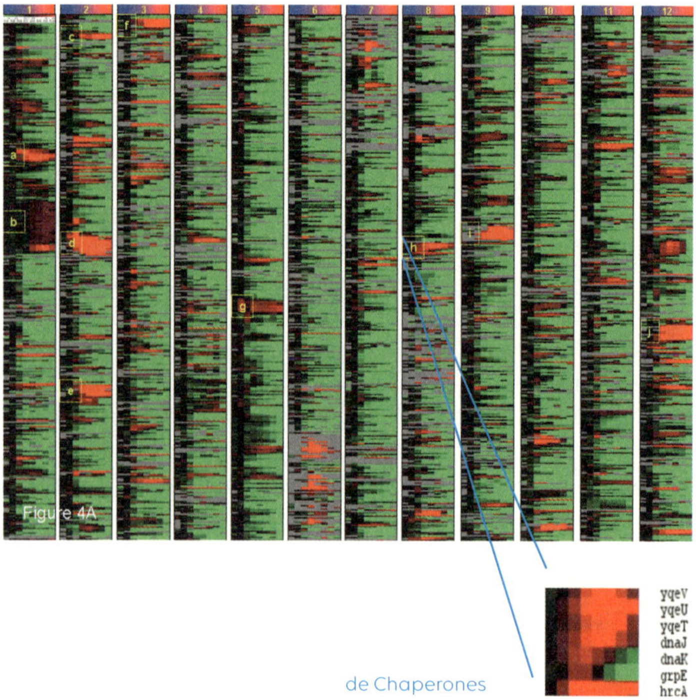

Afb. 55 De bijna-doodervaring van een bacterie.
Presentatie van de transcriptieprofielen van alle 4100 genen (ter vergelijking: een mens heeft ongeveer 20 000 genen) van *Bacillus subtilis* na blootstelling aan temperaturen van 30 tot 62 graden Celsius. Een lager expressieniveau dan de referentie bij 30 graden Celsius wordt aangegeven met groen, een gelijk niveau met zwart en een hoger niveau met rood. Alle genen van *Bacillus subtilis* zijn gesorteerd in de volgorde waarop ze voorkomen in het genoom (van het eerste gen *dnaA* tot het laatste gen *rprnH*) en verdeeld over een totaal van twaalf kolommen. Elke kolom bestaat uit acht sub-kolommen waarvan elk de niveaus bij een bepaalde (sub) lethale temperatuur weergeeft: 30, 40, 50, 57, 58, 59, 60, en 62 graden Celsius, zoals aangegeven van blauw naar rood boven aan elke kolom. Slechts een paar genen laten transcriptiepatronen zien die hoog zijn in bacteriën die bijna-dood zijn, maar laag in dode bacteriën: de genen die coderen voor de chaperones dnaK en grpE.

corrosie van het oppervlak en schadelijke effecten voor het milieu. Dus ook hier de vraag: hoe doden we ongewenste bacteriën met zo min mogelijk schade aan de omgeving. Hoe kan de behandeling zo mild mogelijk verlopen?

Ik ging dus op zoek naar de bijna-doodervaring van de bacterie om haar daarna zo voorzichtig mogelijk het laatste zetje te kunnen geven. Waar ik vooral nieuwsgierig naar was, waren de strategieën die zij toepaste om te kunnen overleven. Wat was haar laatste activiteit, vlak voor de dood? Welke genen activeert zij dan? Kon ik op basis daarvan bepalen waarom de bacterie niet langer in staat was verder te leven? Als een soort microbe-patholoog-anatoom ging ik op zoek naar de doodsoorzaak. Het antwoord hoopte ik te vinden met behulp van een experimentele proefopzet. Ik liet een glazen schudkolf met gekweekte bacteriën in een waterbad van dertig graden Celsius zetten en de temperatuur binnen een periode van twaalf minuten oplopen naar tweeënzestig graden Celsius. Vervolgens liet ik nauwkeurig in kaart brengen wanneer de bacteriën doodgingen. Dat lijkt misschien eenvoudig, maar dat is het niet. Want om te kunnen beantwoorden *hoe* een bacterie doodgaat, moet ik eerst definiëren *wanneer* een bacterie dood is.

Het ligt voor de hand om daarvoor de standaardmethode te gebruiken waarmee we het bestaan, het in leven zijn, van bacteriën aantonen: de kweekplaat met agar. Daar was al het eerste probleem. Microbiologen zijn slechts in staat om een kleine minderheid van de tot op heden gevonden bacteriën te kweken. Maar het zou absurd zijn om te stellen dat alle bacteriën die niet te kweken zijn ook niet in leven zijn. Dat we ze als het ware opwekken uit de dood op het moment dat we een kweekmethode hebben ontwikkeld. Maar zelfs als we ons beperken tot een kweekbare bacterie hebben we een probleem. Want kan het verlies van het vermogen tot vermenigvuldiging op een kweekplaat gelijkgesteld worden aan de dood? Dat lijkt me niet. De bacterie heeft weliswaar een eigenschap verloren, maar het gaat veel te ver om die toestand meteen te bestempelen als 'dood'. Bovendien kunnen we helemaal niet uitsluiten dat de betreffende bacterie kortstondig door een zware periode gaat, zich op een later tijdstip herstelt en haar vermogen tot vermenigvuldiging terugkrijgt. Een andere mogelijkheid is dat zij zich onder andere omstandigheden, dus op een kweekplaat met een andere voedingsbodem, wél probleemloos vermenigvuldigt. We zullen dus op zoek moeten gaan naar een ander criterium voor de dood.

Wat maakt ons levenden eigenlijk zo uniek? Welk belangrijk kenmerk onderscheidt onze levende cellen, biologisch gezien, van de dode cellen? De cellen zijn in staat zich te isoleren van hun omgeving. Ze kunnen een constant inwendig milieu handhaven door een dynamisch systeem aan de praat te houden. De begrenzing van dat systeem is van belang. Als een levend systeem niet langer in staat is het inwendige van het uitwendige te scheiden, dus als het te poreus wordt, dan is het niet langer in leven. Dus een andere manier om te bepalen of bacteriën dood zijn is door een kleurstof toe te voegen die intacte, levende bacteriën niet kan penetreren, maar dode, poreuze bacteriën wel. Eenmaal binnen in de bacterie bindt de stof meteen aan het DNA en gaat als gevolg daarvan rood fluoresceren. Voilà: toevoeging van de kleurstof zal bacteriën allemaal bloedrood kleuren, maar alleen als ze écht dood zijn.

Ik wilde geen keuze maken tussen beide methodes, en dat hoefde ook niet. Ik besloot de bacteriën bloot te stellen aan de hitte, monsters te nemen die ik op een kweekplaat uitstreek, en ze ook met de kleurstof te analyseren. Het resultaat was overduidelijk. Verloren de bacteriën het vermogen om te vermenigvuldigen al bij 58 graden Celsius, de kleurstof liet zien dat ze pas echt doodgingen bij 62 graden Celsius. Maar wat gebeurde binnen in de bacterie? Welke processen waren heel actief vlak voordat de bacterie doodging? Een deel van de hittebehandelde monsters liet ik onderdompelen in een alcoholbad van min 45 graden Celsius om alle biologische processen in de cel acuut te stoppen, zodat ik een momentopname kon verkrijgen. Analyse van de resultaten liet zien dat er vlak voor de dood intrad speciale chaperone-eiwitten in de cel verhoogd actief waren. Hun activiteit was echter heel sterk afgenomen in bacteriën waarbij de dood was ingetreden. Deze chaperones hebben als taak in de cel de driedimensionale structuur van eiwitten te herstellen die als gevolg van de hitte uit elkaar is gevallen. Herstel van die structuur zorgt ervoor dat de eiwitten hun biologische functie weer naar behoren kunnen vervullen. Ook al had ik nog geen precies beeld van de manier waarop een bacterie sterft, ik was niet ontevreden. De chaperones, daar lag een deel van het antwoord in besloten. De moleculaire begeleiders binnen in de bacterie die haar voor de dood willen behoeden. Als zij niet langer aangemaakt worden is het pas echt voorbij met het leven als bacterie. ◄ **Afb 55**

Wat konden we met deze resultaten doen in het toegepaste onderzoek? Hoeveel waren we wijzer geworden nu we wisten hoe de bijna-doodervaring van bacteriën eruitzag? Direct toepasbaar was dit werk niet. Toch heeft dit inzicht wel bijgedragen aan de ontwikkeling van een aantal milde conserveringsstrategieën. Door slimme combinaties van condities te selecteren bijvoorbeeld, zoals hoge druk en kruiden of een lage pH om langs verschillende routes bacteriën te inactiveren. Er was duidelijke sprake van synergie. Beide behandelingen haalden afzonderlijk niet zo veel uit. Maar de combinatie resulteerde in de finale klap om de bacterie onderuit te krijgen. Ik presenteerde mijn resultaten en nieuwe inzichten op het 'How-dead-is-dead?'-congres voor microbiologen dat werd gehouden in Duitsland. Weer een klein geheim aan het microbiële leven ontfutseld.

Het leven en de dood van de bacterie bleven me boeien. Ik ontwikkelde een methode waarmee ik levende micro-organismen letterlijk zag sterven. Langzaam ging het licht uit in het micro-organisme. Mijn eerste octrooi. Een dood/levend-test. Hoe deze test tot stand kwam? Ik herinner me het nog goed. Fietsend op weg naar mijn werk vroeg ik me af wat er allemaal omging in de schapen die voor zich uitstaarden in het weiland tussen de universiteitsgebouwen. Juist op dat moment kwam ik op een idee. Als ik nou eens het signaal zou meten van een stofje dat binnen in een organisme heel sterk fluoresceert maar daarbuiten niet, dan zou het organisme gaan oplichten, gaan stralen. Eén van de kenmerken van levende systemen is dat zij zich isoleren van de buitenwereld. Een constant milieu wordt hierdoor gehandhaafd binnen in de cel. De homeostase. Dat milieu binnen in de cel ligt altijd dicht bij een neutrale zuurgraad. Dus de truc is een verbinding te vinden die eenvoudig de levende cel binnengaat. Een verbinding die buiten de cel in een zure omgeving niet fluoresceert, maar binnen in de cel wel. Ik testte de fluorescentie van een aantal stoffen met een bekende antibacteriële werking. Dat waren zwakke zuren die onder zure condities efficiënt de cel binnendringen. Onder de geteste stoffen zat een verbinding die aan al mijn criteria voldeed: wilgenzuur. Een stof die heel veel lijkt op aspirine en al sinds de prehistorie door de mens als pijnstiller wordt gebruikt. Nadat onder zure condities wilgenzuur aan micro-organismen is toegevoegd,

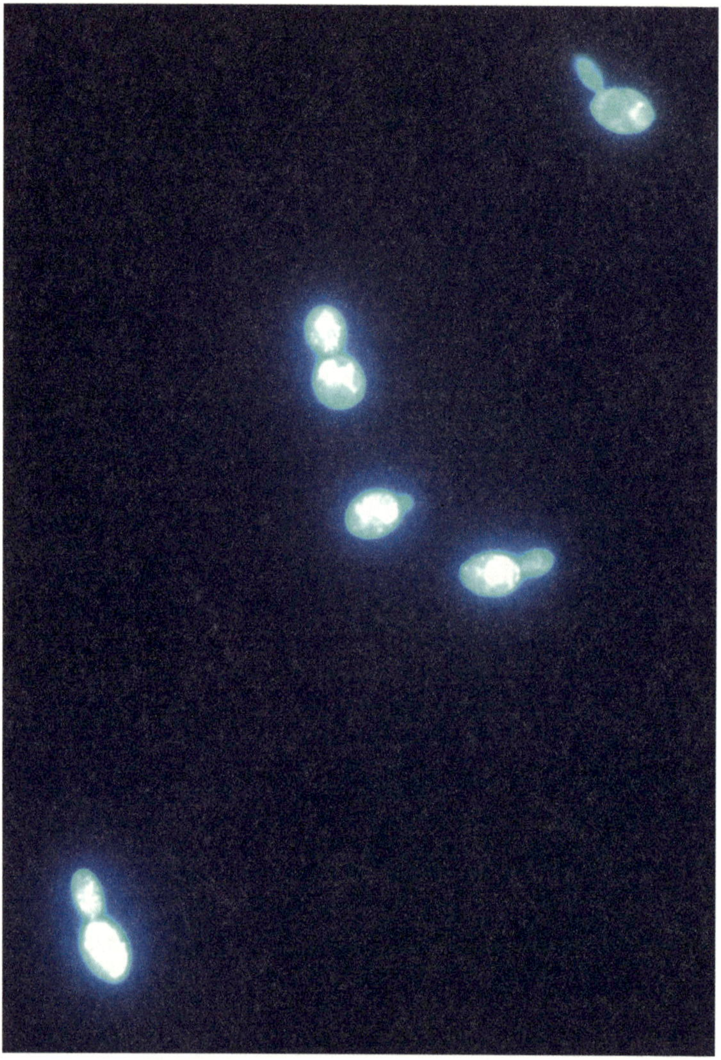

Afb. 56 De dood/levend-test.
De dood/levend-test is uitgevoerd op gistcellen (*Saccharomyces cerevisiae*). De levende cellen fluoresceren in het UV-licht omdat zij een zwak zuur hebben opgenomen dat in de pH-neutrale omgeving binnen in de cel zeer sterk fluoresceert.

speelt zich in het UV-licht onder de microscoop een bijzonder schouwspel af: alle levende cellen beginnen te stralen. Langzaam sterven ze. Dan dooft het licht. Dode cellen kennen geen werkzame barrière meer die het zuur tegenhoudt en zijn dus meteen intern verzuurd en zenden geen licht uit. De snelheid waarmee elk micro-organisme sterft is anders, afhankelijk van zijn structuur. Zeer robuuste micro-organismen, met aan de top de gepantserde bacteriële sporen en schimmelsporen, zullen heel langzaam sterven. Dat kan enkele uren duren. Kwetsbare micro-organismen sterven een snelle dood, binnen enkele seconden. De totale intensiteit van het licht dat de cellen uitzenden blijkt een maat te zijn voor het aantal levende cellen. Bijzonder waardevol. Want dat was meteen een eenvoudige methode om de totale hoeveelheid levende micro-organismen te bepalen. De opbrengst, of de levende biomassa, van elk proces waarbij bacteriën, schimmels of algen gekweekt worden, kan met de test heel eenvoudig worden vastgesteld. Kostbare en bewerkelijke kweekexperimenten zijn niet meer nodig. ◂ Afb 56

Daarnaast werkte ik aan een methode om aan de microbiële populatie-analyses het onderscheid tussen dood en leven toe te voegen. Want vergist u zich niet. Al die kweek-onafhankelijke identificatiemethodes, waarmee het onderzoek naar de menselijke microflora en de microben in het milieu daarbuiten in een enorme stroomversnelling is geraakt, laten zien dat er DNA aanwezig is, maar geven niet zonder meer aan dat er ook levende bacteriën zijn. Als er levende bacteriën zijn, moet er DNA zijn, maar let op: DNA is nog geen sluitend bewijs voor de aanwezigheid van een levende bacterie. Om onderscheid te kunnen maken tussen dode en levende bacteriën, ontwikkelden we een nieuwe methode. Daarbij werd onder bepaalde condities de reactie geblokkeerd waarmee bacteriën worden geïdentificeerd. De blokkade trad uitsluitend op in dode, poreuze cellen. In levende cellen kon deze reactie nog steeds ongehinderd plaatsvinden. Dat stelde ons in staat selectief naar de levende cellen te kijken. Spannend onderzoek, waarbij we voor het eerst in de geschiedenis de populatie bacteriën in de Amsterdamse grachten in kaart brachten en die vergeleken met wat we aantroffen in de branding bij het strand van Bloemendaal aan Zee. Om te controleren of onze methode wel goed werkte doodden we de bacteriën opzettelijk door het grachtenwater en zeewater te verwarmen tot temperaturen van vijftig en zestig gra-

Afb. 57 Samenstelling van de bacteriepopulatie in een Amsterdamse gracht.
De bacteriële samenstelling is bepaald van een watermonster op 0-0,3 meter diepte van het Rokin in Amsterdam. De compositie is aangegeven in een cirkeldiagram (links) met daarin een kleurenrepresentatie van alle geïdentificeerde bacteriële families (rechts).

Acetobacteraceae	Acidobacteriaceae	Aeromonadaceae	Alcaligenaceae
Bacillaceae	Bacteriovoracaceae	Burkholderiaceae	Caldilineacea
Chloroplast	Chromatiaceae	Clostridiaceae	Comamonadaceae
Crenotrichaceae	Cryomorphaceae	Cystobacteraceae	Desulfobacteraceae
Desulfobulbaceae	Desulfuromonaceae	Ectothiorhodospiraceae	Enterobacteriaceae
Flavobacteriaceae	Flexibacteraceae	Gallionellaceae	Gemmatimonadaceae
Geobacteraceae	Helicobacteraceae	Hydrogenophilaceae	Hyphomicrobiaceae
Lachnospiraceae	Lactobacillaceae	Methylobacteriaceae	Methylococcaceae
Methylocystaceae	Methylophilaceae	Microbacteriaceae	Moraxellaceae
Mycobacteriaceae	Neisseriaceae	Nitrosomonadaceae	Nitrospiraceae
Opitutaceae	Oxalobacteraceae	Peptostreptococcaceae	Planctomycetaceae
Polyangiaceae	Porphyromonadaceae	Prevotellaceae	Propionibacteriaceae
Pseudomonadaceae	Rhodobacteraceae	Rhodocyclaceae	Rubrobacteraceae
Ruminococcaceae	Saprospiraceae	Sphingomonadaceae	Spirochaetaceae
Sporichthyaceae	Syntrophaceae	unclassified_Actinobacteria	unclassified_Actinomycetales
unclassified_Alphaproteobacteria	unclassified_Anaerolineae	unclassified_Bacteria	unclassified_Bacteroidales
unclassified_Bacteroidetes	unclassified_Betaproteobacteria	unclassified_Burkholderiales	unclassified_Chromatiales
unclassified_Cyanobacteria	unclassified_Deltaproteobacteria	unclassified_Desulfuromonales	unclassified_Euryarchaeota
unclassified_Flavobacteriales	unclassified_Gammaproteobacteria	unclassified_Micrococcineae	unclassified_Myxococcales
unclassified_Oceanospirillales	unclassified_Proteobacteria	unclassified_Rhizobiales	unclassified_Rubrobacterineae
unclassified_Sphingobacteriales	unclassified_Thermoplasmatales	Verrucomicrobiaceae	Xanthomonadaceae
Xiphinematobacteriaceae			

den Celsius. In onze monsters, die we dus hadden opgediept uit de gracht of uit de zee, zaten tot onze verrassing nauwelijks dode bacteriën. De methode die we hadden gebruikt werkte goed, want de temperatuurbehandelingen hadden geleid tot een verschuiving van de verzameling levende bacteriën naar een hittebestendige populatie. (Overigens waren de bacteriën uit de Amsterdamse gracht veel beter bestand tegen de hitte dan die uit Bloemendaal aan Zee.) ◀ **Afb 57**

Ik herinner me de monstername nog goed, aan de Amsterdamse gracht. Een zonnige dag in juni. Midden in de chaos van de stad tuur ik hangend over de balustrade van een brug in het troebele water in de hoop wat fijnmazige structuren te ontdekken. Tekenen van het bacteriële leven dat zich daar afspeelt. Wat een wereld. Een parallel universum dat altijd aan ons oog wordt onttrokken. Ik vraag me af wat een bacterie op dat moment ervaart, daar beneden in de wirwar van dynamische en complexe structuren die ik in het water van de gracht meen te ontwaren. Laat ik u meenemen in een gedachte-experiment. Stelt u zich eens voor dat u zich in het water laat zakken en ontspannen op uw rug in het water drijft. Langzaam maar zeker wordt u één miljoen keer verkleind. U krimpt tot een totale lengte van een micrometer, oftewel één duizendste van een millimeter, zodat u de afmetingen aanneemt van een bacterie. De oever verwijdert zich steeds verder van u vandaan...

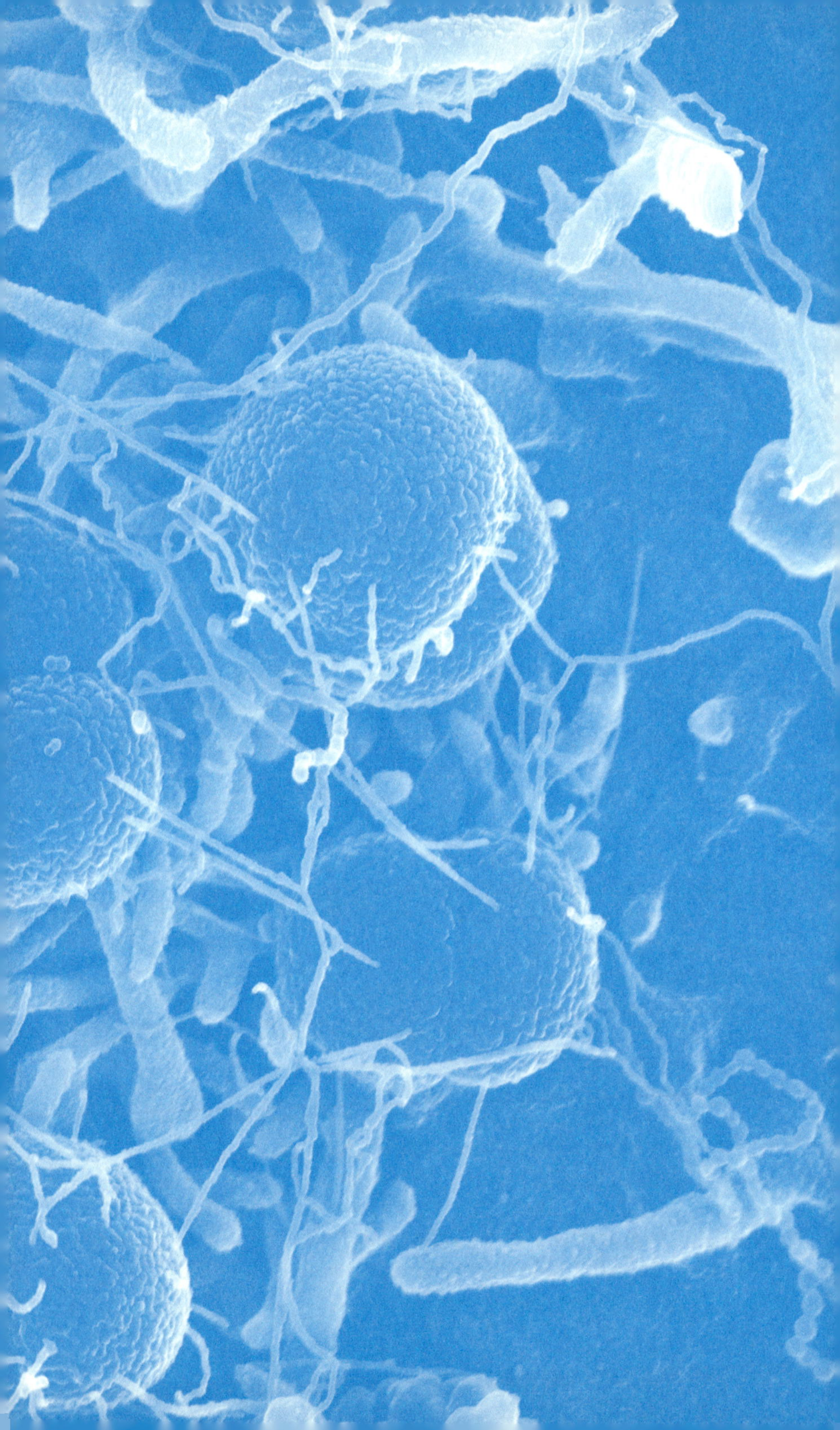

IMPRIMATUR

In het Voorwoord van dit boek heb ik aangegeven dat ik streef naar erkenning van het belang van het onzichtbare leven. Die erkenning zou niet alleen in uitzonderlijke tijden zijn beslag moeten krijgen, als er bijvoorbeeld een uitbraak plaatsvindt van een infectie in ons voedsel of ons lichaam, maar juist voortdurend, blijvend, te beginnen op een alledaagse dag in ons leven. Erkenning voor het belang van de bacteriën in ons lichaam als wij gezond zijn, als onmisbaar onderdeel van een goed functionerend 'systeem'. In de hoop dat we meer oog krijgen voor de enorme potentie van de micro-organismen. Als bron van ons bestaan, voor onze gezondheid, maar ook voor het behoud van onze planeet. Dit boek kunt u zien als een eerbetoon aan de microben. Het werpt een licht op het onzichtbare leven vanuit verschillende invalshoeken. Toch blijf ik met de vraag zitten of u na het lezen van dit boek voldoende oog heeft gekregen voor alle mogelijkheden die de fascinerende, allesomvattende wereld van het onzichtbare leven ons biedt. Ik zal het waarschijnlijk nooit weten.

Niet alleen de mens, ook de Kerk heeft nooit het belang onderkend van het onzichtbare leven. Door de uitvinding van de lens konden eeuwen geleden het onzichtbaar kleine én het onzichtbaar grote leven worden ontsloten. Alleen om het laatste maakte de Kerk zich druk. Volledig ten onrechte. Het belang van het onzichtbaar kleine leven voor ons alledaags bestaan is namelijk vele malen groter. De microben roepen fundamentele vraagstukken op: Wie zijn wij? Waar komen wij vandaan? Toen de Italiaanse astronoom Gallilei in 1630 aan Rome toestemming vroeg voor de publicatie van zijn *Dialogo* werd die hem geweigerd. Omdat hij verkondigde dat de aarde niet langer in het centrum van het universum zou staan. Er was vanuit de Kerk verzet tegen zijn heliocentrische wereldbeeld, dat stelt dat de zon het centrum is waar alle planeten omheen draaien. Pas nadat er enige wijzigingen waren aangebracht, en Gallilei in het voorwoord had vermeld dat het slechts een hypothese betrof, verkreeg het boek het *imprimatur* van de Kerk en werd het uitgegeven. Met het imprimatur geeft de Kerk aan dat het boek niet in strijd is met het geloof. In dat geval mag het stempel *nihil obstat* (letterlijk: 'niets staat in de weg') erin worden gezet. Vervolgens verleent de bisschop er zijn goedkeuring aan en mag het boek worden uitgegeven.

In overeenstemming met de gedachte dat microben veel meer aandacht hadden moeten krijgen dan ze hebben gekregen, zou ik het heel mooi vinden als de Kerk dit werk over het belang van het onzichtbare leven zou willen toetsen. Ik kan me voorstellen dat u als lezer uw bedenkingen heeft. U kunt zich afvragen in welke tijd ik eigenlijk leef. De censuur van de katholieke Kerk op boeken over de natuurwetenschap is al lang niet meer van kracht. Maar waar het me om te doen is, is de symbolische betekenis van het imprimatur: erkenning van het belang van de microben. We leven immers in een microbiële wereld. Ik ben ervan overtuigd dat deze wereld voor iedereen een mooiere plek wordt als we de inzichten die voortkomen uit onderzoek naar het onzichtbare leven zullen inzetten en meer gebruik zullen maken van de enorme potentie die microben op aarde te bieden hebben. We hebben deze weldoeners van onze planeet én ons lichaam te lang over het hoofd gezien.

TOELICHTING BIJ HET IMPRIMATUR

Het boek *De microbemens* is op mijn verzoek gelezen door wetenschapsjournalist René Fransen. Ik ken dr. Fransen uit de tijd dat ik bisschop van Groningen-Leeuwarden was. Fransen studeerde medische biologie aan de Universiteit Utrecht. In 1994 promoveerde hij op een biomedisch onderzoek, verricht aan het Academische Ziekenhuis Utrecht. Sinds 1996 werkt hij als wetenschapsjournalist aan de Rijksuniversiteit Groningen. Hij publiceerde in 2009 het boek 'Gevormd uit sterrenstof, schepping, ontwerp en evolutie' (Medema, Vaassen). Fransen heeft het boek *De microbemens* gerecenseerd en geeft aan dat het boek weinig controversieel en niet in strijd is met de leer van de Kerk. Dit is ook van toepassing op de passages over de evolutietheorie in het boek. De rooms-katholieke Kerk heeft als officieel standpunt dat evolutie zeer wel kan hebben plaatsgevonden. Paus Johannes Paulus II noemde evolutie 'meer dan een theorie'. Echter, de rooms-katholieke Kerk stelt dat de ziel van de mens wel degelijk apart geschapen is. Waar het menselijk lichaam geëvolueerd kan zijn, is het wezen van de mens, diens ziel, direct van God afkomstig. Op basis van het deskundige oordeel van dr. Fransen verleen ik (met een knipoog...) een imprimatur aan dit nieuwe boek van prof. dr. Remco Kort.

Nihil obstat
dr. René Fransen

Imprimatur
Mgr. dr. Gerard De Korte
Bisschop van 's-Hertogenbosch

AANTEKENINGEN

VOORWOORD

10 meer dan er sterren zijn... het aantal bacteriën wordt geschat op meer dan een quintiljoen (10^{30}) . Whitman WB, Coleman DC, Wiebe WJ. (1998) Prokaryotes: the unseen majority. *Proc Natl Acad Sci usa.* 95:6578-83; volgens een schatting van het European Space Agency komt het totaal aantal sterren in het universum overeen met een quadriljoen (10^{24}), een miljoen keer minder dan het geschatte aantal bacteriën op aarde.

HET MICROMENSJE

15 een stroperige massa... Purcell, EM (1977) Life at Low Reynolds Number. *American Journal of Physics* 45:3-11.

15 uit koers... een gevolg van de Brownse beweging, een natuurkundig verschijnsel dat in 1827 werd beschreven door de Schotse botanicus Robert Brown bij zijn microscopisch onderzoek naar stuifmeelkorrels. De kriskras verlopende beweging van kleine deeltjes in een vloeistof is een gevolg van botsingen tegen de deeltjes van moleculen in de vloeistof.

17 'kleine leevende Dierkens'... waarnemingen van Antoni van Leeuwenhoek (1632-1723).

17 *homunculus*... een klein mensje in een spermacel. Een preformationistisch concept door Nicolaas Hartsoeker (1656-1725). Tekeningen van homunculi zijn niet gebaseerd op waarnemingen, maar op speculaties. Hill, KA (1985) Hartsoeker's homonculus: a corrective note. *Journal of the History of the Behavioral Sciences* 21:178-179.

19 drie domeinen... Woese C, Kandler O, Wheelis M (1990) Towards a natural system of organisms: proposal for the domains Archaea, Bacteria, and Eucarya. *Proc Natl Acad Sci usa* 87:4576-9.

20 drietal elementaire vormen... gebaseerd op tekeningen van Antoni van Leeuwenhoek van bacteriën uit tandplak gepubliceerd in *Philosphical Transactions* (1683).

24 grotere vormenrijkdom... Young, KD (2006) The selective value of bacterial shape. *Microbiol Mol Biol Rev* 70:660-703.

32 biofilm, een stad vol microben... Watnick P. and Kolter, R. (2000) Biofilm, city of microbes. *J. Bacteriol.* 182: 2675-2679.

36 gepigmenteerde bacteriën... Béjà O, Spudich EN, Spudich JL, Leclerc M, DeLong EF. (2001) Proteorhodopsin phototrophy in the ocean. *Nature.* 411:786-9.

36 zwemmen... Manson M.D., Armitage J.P., Hoch J.A. and Macnab R.M. (1998) Bacterial locomotion and signal transduction. *J. Bacteriol.* 180:1009-1022.
37 bacterieel gedrag... Verma SC, Miyashiro T (2013) Quorum sensing in the squid-Vibrio symbiosis. *Int J Mol Sci.* 14:16386-401.
39 seksuele gedrag... Ippen-Ihler KA, Minkley EG Jr. (1986) The conjugation system of F, the fertility factor of *Escherichia coli*. *Annu Rev Genet.* 20:593-624.

DE GASTHEER

45 de laatste schattingen... Dodd MS, Papineau D, Grenne T, Slack JF, Rittner M, Pirajno F, O'Neil J, Little CT. (2017) Evidence for early life in Earth's oldest hydrothermal vent precipitates. *Nature.* 543:60-64.
46 de moderne mens... McDougall I, Brown, FH, Fleagle JG (2005). Stratigraphic placement and age of modern humans from Kibish, Ethiopia. *Nature.* 433: 733-736.
48 een bekende schatting... Luckey T. (1972) Introduction to intestinal microecology. *Am J Clin Nutr* 25:1292-4.
48 gelijk aantal... Sender R, Fuchs S, Milo R. (2016) Revised estimates for the number of human and bacteria cells in the body. *PLoS Biol.* 14:e1002533.
55 Toll-like receptor... Lemaitre B, Nicolas E, Michaut L, Reichhart JM, Hoffmann JA (1996). The dorsoventral regulatory gene cassette spätzle/Toll/cactus controls the potent antifungal response in *Drosophila* adults. *Cell.* 86: 973-83.
56 vruchtwater... Collado MC, Rautava S, Aakko J, Isolauri E, Salminen S. (2016) Human gut colonization may be initiated in utero by distinct microbial communities in the placenta and amniotic fluid. *Sci Rep.* 6:23129.
56 meconium... Jiménez E, Marín ML, Martín R, Odriozola JM, Olivares M, Xaus J, Fernández L, Rodríguez JM. (2008) Is meconium from healthy newborns actually sterile? *Res Microbiol.* 159:187-93.
57 Studies... Sevelsted A, Stokholm J, Bønnelykke K, Bisgaard H (2015) Cesarean section and chronic immune disorders. *Pediatrics.* 135:e92-8.
57 welke route... Donnet-Hughes A, Perez PF, Doré J, Leclerc M, Levenez F, Benyacoub J, Serrant P, Segura-Roggero I, Schiffrin EJ. (2010) Potential role of the intestinal microbiota of the mother in neonatal immune education. *Proc Nutr Soc.* 69:407-15.
59 onderzoek... Merkx J, Slob AK, van der Werff ten Bosch JJ. 1988 Vaginal bacterial flora partially determines sexual attractivity of female rats. *Physiol Behav.* 44:147-9.
62 etniciteit... Fettweis JM, Brooks JP, Serrano MG, et al. (2014) Differences in vaginal microbiome in African American women versus women of European ancestry. *Microbiology.* 160:2272-2282.
62 bacteriële vaginose... 1: Dols JA, Molenaar D, van der Helm JJ, Caspers MP, de Kat Angelino-Bart A, Schuren FH, Speksnijder AG, Westerhoff HV, Richardus JH, Boon ME, Reid G, de Vries HJ, Kort R. (2016) Molecular assessment of bacterial vaginosis by *Lactobacillus* abundance and species diversity. *BMC Infect Dis.* 16:180.

64 biljoen...; 69 een kleine tien miljoen... Sender R, Fuchs S, Milo R. (2016) Revised estimates for the number of human and bacteria cells in the body. *PLoS Biol.* 14:e1002533

69 onderzoek... Blaser MJ. (2010) *Helicobacter pylori* and esophageal disease: wake-up call? *Gastroenterology.* 139:1819-1822.

69 Het eerste resultaat... Marshall BJ, Warren JR (June 1984). Unidentified curved bacilli in the stomach of patients with gastritis and peptic ulceration. *Lancet.* 323:1311-5.

72 de ontdekker van *Helicobacter*... Barry James Marshall (30 september 1951). Nobelprijswinnaar (2005), onderzoeker en hoogleraar klinische microbiologie aan de Universiteit van West-Australië.

72 Uit studies blijkt... Kodaman N, Pazos A, Schneider BG, Piazuelo MB, Mera R, Sobota RS, Sicinschi LA, Shaffer CL, Romero-Gallo J, de Sablet T, Harder RH, Bravo LE, Peek RM Jr, Wilson KT, Cover TL, Williams SM, Correa P. (2014) Human and Helicobacter pylori coevolution shapes the risk of gastric disease. *Proc Natl Acad Sci USA.* 111:1455-60

72 vier regels... de vier postulaten van Koch om een oorzakelijk verband tussen microbe en ziekte vast te stellen: 1. De microbe moet in ongewoon grote hoeveelheden in de patiënt of plant worden aangetroffen maar niet in het gezonde dier of plant. 2. De microbe moet kunnen worden geïsoleerd en verder gekweekt. 3. Een proefdier of dezelfde soort plant die met de gekweekte microbe besmet wordt, moet dezelfde ziekte krijgen. 4. De microbe moet uit het proefdier of de proefplant geïsoleerd kunnen worden, en moet gelijk zijn aan de microbe in het lichaam van de patiënt.

72 Het experiment... Marshall BJ, Armstrong JA, McGechie DB, Glancy RJ (1985). Attempt to fulfil Koch's postulates for pyloric *Campylobacter. Med. J. Aust.* 142:436-9.

73 het volledige maagdarmstelsel; xxx de huid; xxx ons ademhalingsstelsel... Wilson, M. (2008) Bacteriology of humans – an ecological perspective. Wiley Blackwell, NJ, USA.

80 vrouwen; 80 mannen... Troccaz M, Borchard G, Vuilleumier C, Raviot-Derrien S, Niclass Y, Beccucci S, Starkenmann C. (2009) Gender-specific differences between the concentrations of nonvolatile (R)/(S)-3-methyl-3-sulfanylhexan-1-Ol and (R)/(S)-3-hydroxy-3-methyl-hexanoic acid odor precursors in axillary secretions. *Chem Senses.* 34:203-10.

87 leeftijd een belangrijke factor... Ottman N, Smidt H, de Vos WM, Belzer C. (2012) The function of our microbiota: who is out there and what do they do? *Front Cell Infect Microbiol.* 2:104.

87 de ontbinding van ons lichaam... Hyde ER, Haarmann DP, Lynne AM, Bucheli SR, Petrosino JF. (2013) The Living Dead: Bacterial Community Structure of a Cadaver at the Onset and End of the Bloat Stage of Decomposition. Moreau CS, ed. *PLoS one.* 8:e77733.

89 een bekend gedicht... 'Ötziman op de Ötztaler Alp' van H.H. ter Balkt.

DE SLAAF

96 als een controlecentrum... Alcock, Maley, Aktipis (2014) Is eating behavior manipulated by the gastrointestinal microbiota? Evolutionary pressures and potential mechanisms. *Bioessays* 36:940-949.

100 Een microbiologische studie... Kort R, Caspers M, van de Graaf A, van Egmond W, Keijser B, Roeselers G. (2014) Shaping the oral microbiota through intimate kissing. *Microbiome*. 2:41.

100 een andere studie... Song SJ, Lauber C, Costello EK, et al. (2013) Cohabiting family members share microbiota with one another and with their dogs. *eLife*. 2:e00458.

100 contactsporten... Meadow JF, Bateman AC, Herkert KM, O'Connor TK, Green JL. (2013) Significant changes in the skin microbiome mediated by the sport of roller derby. *Peer J*. 1:e53.

101 een studie laat zien... Flegr J, Havlícek J, Kodym P, Malý M, Smahel Z. (2002) Increased risk of traffic accidents in subjects with latent toxoplasmosis: a retrospective case-control study. *BMC Infect Dis*. 2:11.

101 schizofrenie... Flegr Jaroslav. (2007) Effects of *Toxoplasma* on human behavior. *Schizophrenia Bulletin*. 33:757-760.

104 de hersen-darm-as... Collins SM, Surette M, Bercik P. (2012) The interplay between the intestinal microbiota and the brain. *Nat Rev Microbiol*. 10:735-42.

108 *Helicobacter pylori*... Roper, J., Francois, F. Shue, P.L., Mourad, M.S. Pei, Z., Olivares de Perez, A.Z., Perez-Perez, G.I., Tseng, C.-H., and Blaser, M.J. (2008) Leptin and Ghrelin in relation to *Helicobacter pylori* status in adult males. *J. Clin. Endocrinol. Metab*. 93:2350-2357.

109 knuffelhormoon... Erdman SE, Poutahidis T. (2016) Microbes and Oxytocin: Benefits for Host Physiology and Behavior. *Int Rev Neurobiol*. 131:91-126.

111 gemoedstoestand... Tillisch K, Labus J, Kilpatrick L, Jiang Z, Stains J, Ebrat B, Guyonnet D, Legrain-Raspaud S, Trotin B, Naliboff B, Mayer EA. (2013) Consumption of fermented milk product with probiotic modulates brain activity. *Gastroenterology*. 144:1394-401.

112 samenstelling van ons dieet... Wu GD, Chen J, Hoffmann C, Bittinger K, Chen YY, Keilbaugh SA, Bewtra M, Knights D, Walters WA, Knight R, Sinha R, Gilroy E, Gupta K, Baldassano R, Nessel L, Li H, Bushman FD, Lewis JD. (2011) Linking long-term dietary patterns with gut microbial enterotypes. *Science*. 334:105-8.

112 suikers in moedermelk... Sela DA, Mills DA. Nursing our microbiota: molecular linkages between bifidobacteria and milk oligosaccharides. (2010) *Trends Microbiol*. 18:298-307.

112 bacteriën uit de zee... Hehemann JH, Correc G, Barbeyron T, Helbert W, Czjzek M, Michel G. (2010) Transfer of carbohydrate-active enzymes from marine bacteria to Japanese gut microbiota. *Nature*. 464:908-12.

112 koolhydraatrijk dieet... De Filippo C, Cavalieri D, Di Paola M, Ramazzotti M, Poullet JB, Massart S, Collini S, Pieraccini G, Lionetti P. (2010) Impact of diet in shaping gut microbiota revealed by a comparative study in children from Europe and rural Africa. *Proc Natl Acad Sci U S A*. 33:14691-6.

113 verhoogde ratio... Turnbaugh PJ, Ley RE, Mahowald MA, Magrini V, Mardis ER, Gordon JI (2006). An obesity-associated gut microbiome with increased capacity for energy harvest. *Nature*. 444:1027-31.

113 niet reproduceerbaar... Sze MA, Schloss PD (2016) Looking for a signal in the noise: revisiting obesity and the microbiome. *mBio* 7:e01018-16.

113 afname in de diversiteit... Lozupone CA, Stombaugh JI, Gordon JI, Jansson JK, Knight R. (2012) Diversity, stability and resilience of the human gut microbiota. *Nature*. 489:220-230.

113 eenvoudig experiment... Backhed F, Ding H, Wang T, Hooper LV, et al. (2004) The gut microbiota as an environmental factor that regulates fat storage. *Proc Natl Acad Sci* USA 101:15718-23.

113 sublieme idee... Ridaura VK, Faith JJ, Rey FE, Cheng J, et al. (2013). Gut microbiota from twins discordant for obesity modulate metabolism in mice. *Science* 341:1241214.

116 chocola... Rezzi S, Ramadan Z, Martin FP, Fay LB, van Bladeren P, Lindon JC, Nicholson JK, Kochhar S. (2007) Human metabolic phenotypes link directly to specific dietary preferences in healthy individuals. *J Proteome Res.* 6:4469-77.

117 gedrag bij muizen... De Palma G, Lynch MD, Lu J, Dang VT *et al.* (2017) Transplantation of fecal microbiota from patients with irritable bowel syndrome alters gut function and behavior in recipient mice. *Sci Transl Med.* 9:eaaf6397.

117 ontwikkeling van ons darmepitheel... Reinhardt C, Bergentall M, Greiner TU, Schaffner F, Ostergren-Lundén G, Petersen LC, Ruf W, Bäckhed F. (2012) Tissue factor and par1 promote microbiota-induced intestinal vascular remodelling. *Nature*. 483:627-31.

DE MICROBEMEESTER

121 schadelijke effecten... Blaser, MJ (2014) Missing microbes. Henry Holt and Company, llc, New York, ny, USA.

123 Een Japanse studie... Mayanagi G, Kimura M, Nakaya S, Hirata H, Sakamoto M, Benno Y, Shimauchi H. (2009) Probiotic effects of orally administered *Lactobacillus salivarius* wb21-containing tablets on periodontopathic bacteria: a double-blinded, placebo-controlled, randomized clinical trial. *J Clin Periodontol.* 36:506-13.

123 een studie met zeshonderd kinderen...Näse L, Hatakka K, Savilahti E, Saxelin M, Pönkä A, Poussa T, Korpela R, Meurman JH. (2001) Effect of long-term consumption of a probiotic bacterium, *Lactobacillus rhamnosus* GG, in milk on dental caries and caries risk in children. *Caries Res.* 35:412-20.

124 een elegante oplossing... Kao MS, Wang Y, Marito S, Huang S, Lin WZ, Gangoiti JA, Barshop BA, Hyun C, Lee WR, Sanford JA, Gallo RL, Ran Y, Chen WT, Huang CJ, Hsieh MF, Huang CM. (2016) The mpeg-pcl copolymer for selective fermentation of *Staphylococcus lugdunensis* against *Candida parapsilosis* in the human microbiome. *J Microb Biochem Technol.* 8:259-265.

127 'zweet-etende bacterie'...Kramer, Shelli (2015) *Nitrosomonas eutropha*: a study of the effects of *Nitrosomonas* on pathogenic bacterium and the

effects of current hygiene habits on the colonization of *Nitrosomonas* within our normal flora. *jccc Honors Journal* 7: article 3.

130 studies met gist… Lee MG, Nurse P. (1987) Complementation used to clone a human homologue of the fission yeast cell cycle control gene cdc2. *Nature*. 327:31-5.

133 chocola maken… De Vuyst L, Weckx S. (2016) The cocoa bean fermentation process: from ecosystem analysis to starter culture development. *J Appl Microbiol*. 121:5-17.

136 afname van de blootstelling… Ursell LK, Van Treuren W, Metcalf JL, Pirrung M, Gewirtz A, Knight R. (2013) Replenishing our defensive microbes. *BioEssays* 35:810-817.

136 de prijs die vastzit aan overmatig gebruik van desinfectiemiddelen… 'desinfectantia kunnen resistentie oproepen, niet alleen tegen zichzelf, maar ook tegen antibiotica' uit het advies van de gezondheidsraad aan de minister van vws (2016) Zorgvuldig omgaan met desinfectantia. Nr. 2016/18.

137 dreigen te verliezen… Blaser MJ, Falkow S. (2009) What are the consequences of the disappearing human microbiota? *Nat Rev Microbiol*. 7:887-94.

139 bacteriofagen… Abedon ST, Kuhl SJ, Blasdel BG, Kutter, EM (2011) Phage treatment of human infections. *Bacteriophage*. 1:66-85.

139 Tbilisi in Georgië… plaats van het Eliava Instituut (opgericht in 1923), een instituut voor onderzoek en therapeutische toepassingen van bacteriofagen.

140 transplantatie van poep… van Nood E, Vrieze A, Nieuwdorp M, Fuentes S, Zoetendal EG, de Vos WM, Visser CE, Kuijper EJ, Bartelsman JF, Tijssen JG, Speelman P, Dijkgraaf MG, Keller JJ. (2013) Duodenal infusion of donor feces for recurrent *Clostridium difficile*. *N Engl J Med*. 368:407-15.

143 auto-immuunziektes… Fleming JO. (2013) Helminth therapy and multiple sclerosis. *Int J Parasitol* 43:259-74; Eder W, Ege MJ, von Mutius E. (2006) The asthma epidemic. *N Engl J Med* 355:2226-35; Stene LC, Nafstad P. (2001) Relation between occurrence of type 1 diabetes and asthma. *Lancet* 357:607; Elliott DE, Summers RW, Weinstock JV. (2005) Helminths and the modulation of mucosal inflammation. *Curr Opin Gastroenterol* 21:51-8.

143 depressie… Gimeno D, Kivimaki M, Brunner EJ et al. (2009) Associations of C-reactive protein and interleukin-6 with cognitive symptoms of depression: 12-year follow-up of the Whitehall II study. *Psychol Med* 2009; 39:413-23.

143 geen reactie… McDade TW, Tallman PS, Madimenos FC et al. (2012) Analysis of variability of high sensitivity C-reactive protein in lowland Ecuador reveals no evidence of chronic low-grade inflammation. *Am J Hum Biol* 24:675-81.

143 'oude vrienden'…Rook GA, Raison CL, Lowry CA. (2014) Microbial 'old friends', immunoregulation and socioeconomic status. *Clin Exp Immunol*. 177:1-12.

145 keizersnede…Neu J, Rushing J. (2011) Cesarean versus Vaginal Delivery: Long term infant outcomes and the Hygiene Hypothesis. *Clinics in perinatology*. 38:321-331.

145 darmontstekingen, astma en koemelkallergie... Shaw SY, Blanchard JF, Bernstein CN. (2010) Association between the use of antibiotics in the first year of life and pediatric inflammatory bowel disease. *Am J Gastroenterol* 105:2687-92; Stensballe LG, Simonsen J, Jensen SM, Bonnelykke K, Bisgaard H. (2013) Use of antibiotics during pregnancy increases the risk of asthma in early childhood. *J Pediatr* 162:832-8 e3; Metsala J, Lundqvist A, Virta LJ, Kaila M, Gissler M, Virtanen SM. Mother's and offspring's use of antibiotics and infant allergy to cow's milk. (2013) *Epidemiology* 24:303-9.

145 Opgroeien op een boerderij... Riedler J, Braun-Fahrlander C, Eder W *et al.* (2001) Exposure to farming in early life and development of asthma and allergy: a cross-sectional survey. *Lancet* 358:1129-33; Stein MM, Hrusch CL, Gozdz J, Igartua C *et al.* (2016) Innate Immunity and Asthma Risk in Amish and Hutterite Farm Children. *N Engl J Med.* 375:411-21.

145 Sporenvormende bacteriën... Nicholson WL. (2002) Roles of *Bacillus* endospores in the environment. *Cell Mol Life Sci* 59:410-6.

146 een restrictief antibioticabeleid... Taubes G. (2008) The bacteria fight back. *Science.* 321:356-61.

146 beïnvloeden door ons dieet... David LA, Maurice CF, Carmody RN, Gootenberg DB, Button JE, Wolfe BE, Ling AV, Devlin AS, Varma Y, Fischbach MA, Biddinger SB, Dutton RJ, Turnbaugh PJ. (2014) Diet rapidly and reproducibly alters the human gut microbiome. *Nature.* 505:559-63.

146 specifieke kenmerken... O'Keefe SJ, Li JV, Lahti L, Ou J, Carbonero F, Mohammed K, Posma JM, Kinross J, Wahl E, Ruder E, Vipperla K, Naidoo V, Mtshali L, Tims S, Puylaert PG, DeLany J, Krasinskas A, Benefiel AC, Kaseb HO, Newton K, Nicholson JK, de Vos WM, Gaskins HR, Zoetendal EG. (2015) Fat, fibre and cancer risk in African Americans and rural Africans. *Nat Commun.* 6:6342.

147 Studies laten zien... Kembel SW, Jones E, Kline J, Northcutt D, Stenson J, Womack AM, Bohannan BJ, Brown GZ, Green JL. (2012) Architectural design influences the diversity and structure of the built environment microbiome. *isme J.* 6:1469-79.

147 laten studies zien... Stephens B. (2016) What have we learned about the microbiomes of indoor environments? *mSystems* 1:e00083-16.

147 Een bekende verpleegkundige... Florence Nightingale (1820-1910).

149 studies hebben aangetoond... Vandini A, Temmerman R, Frabetti A, Caselli E, Antonioli P, Balboni PG, Platano D, Branchini A, Mazzacane S. (2014) Hard surface biocontrol in hospitals using microbial-based cleaning products. *PLoS One.* 9:e108598.

DE MICROBEMISSIONARIS

154 Een missie van microbemissionarissen... missie van de Yoba for Life foundation, opgericht door Wilbert Sybesma en Remco Kort in 2009. Zie ook André Boorsma (2012) Gezonde yoghurt voor Afrika. *De Groene Amsterdammer* 44: p59; Carlijne Vos (2013) Gezonde darmflora; nu ook in Afrika. *De Volkskrant.* 27 februari: a3400527.

154 gemiddelde levensverwachting... World health statistics 2016: monitoring health for the sdgs, sustainable development goals. who Report (2016).
155 de cijfers... Kosek M, Bern C, Guerrant RL. (2003) The global burden of diarrhoeal disease, as estimated from studies published between 1992 and 2000. *Bull World Health Organ*. 81:197-204; 1: Parashar UD, Gibson CJ, Bresee JS, Glass RI. (2006) Rotavirus and severe childhood diarrhea. *Emerg Infect Dis*. 12:304-6.
155 probiotische bacterieën... Segers ME, Lebeer S. (2014) Towards a better understanding of *Lactobacillus rhamnosus* GG – host interactions. *Microbial Cell Factories*. 13:S7.
157 klinische studies... Allen SJ, Martinez EG, Gregorio GV, Dans LF. (2010) Probiotics for treating acute infectious diarrhoea. *Cochrane Database Syst Rev*. 10:cd003048; de Roos NM, Katan MB. (2000) Effects of probiotic bacteria on diarrhea, lipid metabolism, and carcinogenesis: a review of papers published between 1988 and 1998. *Am J Clin Nutr*. 71:405-11; Szajewska H, Skorka A, Ruszczynski M, Gieruszczak-Bialek D. (2013) Meta-analysis: *Lactobacillus* GG for treating acute gastroenteritis in children – updated analysis of randomised controlled trials. *Aliment Pharmacol Ther*. 38:467-476.
158 Studies in ziekenhuizen... Hojsak I, Abdovic S, Szajewska H, Milosevic M, Krznaric Z, Kolacek S (2010) *Lactobacillus* GG in the Prevention of Nosocomial Gastrointestinal and Respiratory Tract Infections. *Pediatrics*. 2010, 125:E1171-E1177.
159 verrijkt... Marco ML, Heeney D, Binda S, Cifelli CJ, Cotter PD, Foligné B, Gänzle M, Kort R, Pasin G, Pihlanto A, Smid EJ, Hutkins R. (2017) Health benefits of fermented foods: microbiota and beyond. *Curr Opin Biotechnol*. 44:94-102.
161 het octrooi... Gorbach, SL, Goldin BR. (1986) *Lactobacillus acidophilus* strains of bacteria and compositions thereof. ep0199535
161 met uitzondering van... Meini S, Laureano R, Fani L, Tascini C, Galano A, Antonelli A, Rossolini GM. (2015) Breakthrough *Lactobacillus rhamnosus* GG bacteremia associated with probiotic use in an adult patient with severe active ulcerative colitis: case report and review of the literature. *Infection*. 43:777-81.
162 de eerste *open source* probiotische bacterie... Kort R, Sybesma W. (2012) Probiotics for every body. *Trends Biotechnol*. 30:613-5.
162 het probioticum *Lactobacillus rhamnosus GG*... Morita H, Toh H, Oshima K, et al. (2009) Complete Genome Sequence of the Probiotic *Lactobacillus rhamnosus* ATCC 53103. *Journal of Bacteriology* 191:7630-7631.
162 een aantal van de verkregen isolaten... (2013) Sybesma W, Molenaar D, van IJcken W, Venema K, Kort R. Genome instability in *Lactobacillus rhamnosus GG*. *Appl Environ Microbiol*. 79:2233-9.
163 Belgische cultuurcollectie... BCCM/LMG Bacteriecollectie (Gent, Belgie). *Lactobacillus rhamnosus* yoba 2012: LMG accession number 27229.
163 Resultaten van andere onderzoekers... Tytgat HL, Douillard FP, Reunanen J, Rasinkangas P, Hendrickx AP, Laine PK, Paulin L, Satokari R,

de Vos WM. (2016) *Lactobacillus rhamnosus GG* Outcompetes *Enterococcus faecium* via Mucus-Binding Pili: Evidence for a Novel and Heterospecific Probiotic Mechanism. *Appl Environ Microbiol.* 82:5756-62.

163 experimenten te bedenken...Bachmann H, Starrenburg MJC, Molenaar D, Kleerebezem M, van Hylckama Vlieg jet. (2012) Microbial domestication signatures of *Lactococcus lactis* can be reproduced by experimental evolution. *Genome Research*. 22:115-124.

165 een perfect duo... Kort R, Westerik N, Mariela Serrano L, Douillard FP, Gottstein W, Mukisa IM, Tuijn CJ, Basten L, Hafkamp B, Meijer WC, Teusink B, de Vos WM, Reid G, Sybesma W. (2015) A novel consortium of *Lactobacillus rhamnosus* and *Streptococcus thermophilus* for increased access to functional fermented foods. *Microb Cell Fact*. 14:195.

165 het protocol... Westerik N, Wacoo AP, Sybesma W, Kort R. (2016) Novel production protocol for small-scale manufacture of probiotic fermented foods. *J Vis Exp*. 115.

165 een zakje met 1 gram bacteriën... vervaardigd door de Yoba for Life foundation met steun van TNO (Zeist), CSK food enrichment (Ede), Lactosan (Kapfenberg, Oostenrijk) en Commond (Breda).

167 vriend... Wilbert Sybesma

167 sociaal business model... mba-studie van Wilbert Sybesma – bekroond door de Neue Zürcher Zeitung als 'Strategic marketing plan of the year'.

167 een kleinschalig yoghurtproject in Oeganda...initiatief van Duko Hopman (stichting sypo)

167 dorpje... Nkokonjeru, Oeganda.

167 de burgemeester... Fred Kaggwa

167 stagiairs... Selma Willems, Mark de Koff, Tiziana Pedrelli, Christiaan Broekman, Bernd Isenberg, Dries Habraken, Barbara van der Biezen, Felicia Prade en Nieke Westerik

167 de eerste stagiair... Tiziana Pedrelli.

167 onderzoeksprogramma... in samenwerking met Alex Paul Wacoo (Uganda Industrial Research Insitute, Kampala, Uganda), Ivan Mukisa (Makerere University, Kampala, Uganda), Augustine Mpofu (Chinhoyi University of Technology, Zimbabwe), Megan Parker en Peiman Milani (path, Seatlle, USA) in Richard-Toll, Senegal; zie ook Reid G, Nduti N, Sybesma W, Kort R, Kollmann TR, Adam R, Boga H, Brown EM, Einerhand A, El-Nezami H, Gloor GB, Kavere II, Lindahl J, Manges A, Mamo W, Martin R, McMillan A, Obiero J, Ochieng' PA, Onyango A, Rulisa S, Salminen E, Salminen S, Sije A, Swann JR, van Treuren W, Waweru D, Kemp SJ. (2014) Harnessing microbiome and probiotic research in sub-Saharan Africa: recommendations from an African workshop. *Microbiome*. 2:12.

167 mutandabota... Mpofu A, Linnemann AR, Sybesma W, Kort R, Nout MJ, Smid EJ. (2014) Development of a locally sustainable functional food based on mutandabota, a traditional food in southern Africa. *J Dairy Sci.* 97:2591-9.

168 grote internationale ontwikkelingsorganisaties... Heifer International (Little Rock, USA) en SNV (Den Haag).

168 het trainingsprogramma... opgezet door Nieke Westerik van Yoba for Life in samenwerking met William Matovu (Heifer International, Kampala, Uganda), Sanje Lufwelo (Heifer International, Mbeya, Tanzania) en Rinus van Klinken (SNV, TIDE dairy project, Mbarara, Uganda).

168 subsidie van een Canadese donororganisatie... het Canadese International Development Research Centre (IDRC) steunt 'Fermented Food for Life' (project id 108122), dat wordt gecoördineerd door de microbioloog Gregor Reid verbonden aan de Western University, London, Ontario, Canada.

168 Geef een man een vis... spreekwoord dat is toegeschreven aan de Joodse filosoof Maimonides (1138-1204).

168 filmproducent uit Amsterdam... Charles Liburd van No Money No Cry Films.

168 speelfilm *The Promised Land*.... www.youtube.com/watch?v=sjoOFtkUzec

DE MICROBIOLOOG

174 Zó heeft het zich mogelijk afgespeeld... speculaties van de auteur (niet gebaseerd op enige wetenschappelijke literatuur).

175 condities... Dodd MS, Papineau D, Grenne T, Slack JF, Rittner M, Pirajno F, O'Neil J, Little CT. (2017) Evidence for early life in Earth's oldest hydrothermal vent precipitates. *Nature*. 543:60-64.

175 *black smokers*... Von Damm, K L. (1990) Seafloor Hydrothermal Activity: Black Smoker Chemistry and Chimneys. *Annual Review of Earth and Planetary Sciences*. 18:173-204.

175 colleges over microbiologie... door de bevlogen microbioloog dr. ir. Ad van Egeraat (in 1996 onderscheiden als 'Teacher of Year' van de WUR).

177 bij een extreem hoge temperatuur... Di Giulio M. (2003) The universal ancestor was a thermophile or a hyperthermophile: tests and further evidence. *J Theor Biol*. 221:425-36.

178 laboratorium voor microbiologie... onderzoeksgroep bacteriële genetica met microbiologen Willem de Vos en Rik Eggen.

178 moleculair biologisch werk... Kort R, Liebl W, Labedan B, Forterre P, Eggen RI, de Vos WM. (1997) Glutamate dehydrogenase from the hyperthermophilic bacterium *Thermotoga maritima*: molecular characterization and phylogenetic implications. *Extremophiles*. 1:52-60.

179 Lehrstuhl für Microbiologie... onderzoeksgroep van microbioloog Wolfgang Liebl

179 de structuur van het enzym... Knapp S, de Vos WM, Rice D, Ladenstein R. (1997) Crystal structure of glutamate dehydrogenase from the hyperthermophilic eubacterium *Thermotoga maritima* at 3.0 A resolution. *J Mol Biol*. 267:916-32.

181 professor... microbioloog Klaas Hellingwerf verbonden aan het laboratorium voor microbiologie van de Universiteit van Amsterdam .

181 een zout-minnende bacterie... Raymond JC, Sistrom WR. (1967) The isolation and preliminary characterization of a halophilic photosynthetic bacterium. *Arch Mikrobiol* 59:255-268.

182 wat er precies gebeurde... Kort R, Vonk H, Xu X, Hoff WD, Crielaard W, Hellingwerf KJ (1996) Evidence for *trans-cis* isomerization of the *p*-coumaric acid chromophore as the photochemical basis of the photocycle of photoactive yellow protein. *febs Lett.* 382:73-78.

182 lichtafhankelijkheid... Sprenger WW, Hoff WD, Armitage JP, Hellingwerf KJ. (1993) The eubacterium *Ectothiorhodospira halophila* is negatively phototactic, with a wavelength dependence that fits the absorption spectrum of the photoactive yellow protein. *J Bacteriol.* 175:3096-104.

183 we vonden... Kort R, Hoff WD, Van West M, Kroon AR, Hoffer SM, Vlieg KH, Crielaand W, Van Beeumen JJ, Hellingwerf KJ. (1996) The xanthopsins: a new family of eubacterial blue-light photoreceptors. *embo J.* 15:3209-18.

184 een ingenieuze professor... microbioloog John Spudich, Department of Biochemistry and Molecular Biology, University of Texas, Houston, USA.

184 Nooit eerder was dit waargenomen...Kort R, Crielaard W, Spudich JL, Hellingwerf KJ (2000) Color-sensitive motility and methanol release responses in *Rhodobacter sphaeroides. J Bacteriol.* 182:3017-3021.

185 andere studies... Cordfunke R, Kort R, Pierik A, Gobets B, Koomen GJ, Verhoeven JW, Hellingwerf KJ. Trans/cis (Z/E) photoisomerization of the chromophore of photoactive yellow protein is not a prerequisite for the initiation of the photocycle of this photoreceptor protein. (1998) *Proc Natl Acad Sci U S A.* 95:7396-401; Kort R, Phillips-Jones MK, van Aalten DM, Haker A, Hoffer SM, Hellingwerf KJ, Crielaard W. (1998) Sequence, chromophore extraction and 3-D model of the photoactive yellow protein from *Rhodobacter sphaeroides. Biochim Biophys Acta* 1385:1-6.

185 synchrotron... The European Synchrotron Radiation Facility, Grenoble, Frankrijk.

186 wat meer duidelijk geworden... Perman B, Srajer V, Ren Z, Teng T, Pradervand C, Ursby T, Bourgeois D, Schotte F, Wulff M, Kort R, Hellingwerf KJ, Moffat K. (1998) Energy transduction on the nanosecond time scale: early structural events in a xanthopsin photocycle. *Science* 279: 1946-1950; Ren Z, Perman B, Srajer V, Teng TY, Pradervand C, Bourgeois D, Schotte F, Ursby T, Kort R, Wulff M, Moffat K. (2001) A molecular movie at 1.8 A resolution displays the photocycle of photoactive yellow protein, a eubacterial blue-light receptor, from nanoseconds to seconds. Biochemistry. 40:13788-801; Kort R, Hellingwerf KJ, Ravelli RB (2004) Initial events in the photocycle of photoactive yellow protein. *J Biol Chem.* 279:26417-26424.

189 De natuur kent het grote geheim en glimlacht... citaat van Victor Hugo (1802-1885).

190 het volledige genoom... Kunst F, Ogasawara N, Moszer I, Albertini AM *et al.* (1997) The complete genome sequence of the gram-positive bacterium *Bacillus subtilis. Nature.* 390:249-56.

190 een gedetailleerd model... Losick R, Youngman P, Piggot PJ. (1986) Genetics of endospore formation in *Bacillus subtilis*. *Annu Rev Genet*. 20:625-69.
190 Onderzoek laat zien... Vreeland RH, Rosenzweig WD, Powers DW. (2000) Isolation of a 250 million-year-old halotolerant bacterium from a primary salt crystal. *Nature* 407:897-900; Horneck G, Bucker H, Reitz G. (1994) Long-term survival of bacterial spores in space. *Adv Space Res*. 14:41-5.
190 bijzonder commentaar... Hoch JA, Losick R. (1990) Panspermia, spores and the *Bacillus subtilis* genome. *Nature*. 390:237-8.
190 twee professoren... James Hoch en Richard Losick.
191 De methode... Kort R, O'Brien AC, van Stokkum IH, Oomes SJ, Crielaard W, Hellingwerf KJ, Brul S. (2005) Assessment of heat resistance of bacterial spores from food product isolates by fluorescence monitoring of dipicolinic acid release. *Appl Environ Microbiol*. 71:3556-3564.
193 gedomesticeerd... McLoon AL, Guttenplan SB, Kearns DB, Kolter R, Losick R. (2011) Tracing the domestication of a biofilm-forming bacterium. *J of Bacteriol*. 193:2027-2034.
193 afweging... Price MN, Wetmore KM, Deutschbauer AM, Arkin AP. (2016) A Comparison of the Costs and Benefits of Bacterial Gene Expression. *PLoS one*. 11:e0164314. .
194 wilde isolaten... Vlamakis H, Chai Y, Beauregard P, Losick R, Kolter R. (2013) Sticking together: building a biofilm the *Bacillus subtilis* way. *Nature reviews Microbiology*. 11:157-168.
194 prachtige plaatjes... Veening JW, Kuipers OP, Brul S, Hellingwerf KJ, Kort R. (2006) Effects of phosphorelay perturbations on architecture, sporulation, and spore resistance in biofilms of *Bacillus subtilis*. *J Bacteriol*. 188:3099-109.
194 onderzoeksvoorstel... vidi-voorstel 'Bacterial Perception in a Microbial Community' dat is ingediend bij NWO-ALW in 2006.
194 Nederlandse Organisatie voor Toegepast Natuurwetenschappelijk Onderzoek... TNO, Microbial Genomics onderzoeksgroep, Zeist, met de microbiologen Frank Schuren en Roy Montijn.
198 resultaten liet zien... Kort R, Keijser BJ, Caspers MP, Schuren FH, Montijn R. (2008) Transcriptional activity around bacterial cell death reveals molecular biomarkers for cell viability. *BMC Genomics* 9:590.
199 pijnstiller... Stone E. (1763) An account of the success of the bark of the willow in the cure of agues. *Phil. Trans.* 53:195-200.
199 een dood/levend-test... Kort R, Nocker A, de Kat Angelino-Bart A, *et al.* (2010) Real-time detection of viable microorganisms by intracellular phototautomerism. *BMC Biotechnology*. 10:45.
201 een nieuwe methode... Nocker A, Richter-Heitmann T, Montijn R, Schuren F, Kort R. (2010) Discrimination between live and dead cells in bacterial communities from environmental water samples analyzed by 454 pyrosequencing. *Int Microbiol*. 13:59-65.

ILLUSTRATIEVERANTWOORDING

HET MICROBEMENSJE

1 Illustraties van micromensjes (*homunculi*) in sperma.
Illustraties gemaakt in 1695 door de Nederlandse embryoloog, astronoom, wis- en natuurkundige Nicolaas Hartsoeker (1656-1725). De tekeningen van homunculi zijn niet gebaseerd op waarnemingen, maar op speculaties. Hill KA (1985), Hartsoeker's homonculus: a corrective note. *Journal of the History of the Behavioral Sciences* 21:178-179.

2 De boom van het leven op aarde.
De lengte van de takken hebben geen betekenis; de vertakkingen in de boom zijn gebaseerd op: (Bacteria) Tocheva EI, Ortega DR, Jensen GJ. (2016) Sporulation, bacterial cell envelopes and the origin of life. *Nature Rev. Microbiol.* 14:535-542, Foschi C, Laghi L, Parolin C, Giordani B, Compri M, *et al.* (2017) Novel approaches for the taxonomic and metabolic characterization of lactobacilli: Integration of 16S rrna gene sequencing with maldi-tof ms and 1h-nmr. *PLoS One* 12:e0172483; (Eucarya) Pawlowski J. (2013) The new micro-kingdoms of eukaryotes. *BMC Biology*. 11:40. (Archaea) 1: Ciccarelli FD, Doerks T, von Mering C, Creevey CJ, Snel B, Bork P. (2006) Toward automatic reconstruction of a highly resolved tree of life. *Science*. 311:1283-7. De boom bevat de domeinen Bacteria, Archaea en Eukarya; de supergroepen Ophistokonta, Amoebozoa, Chromalveolata, Rhizaria, Archaeplastida en Excavata; de rijken Animalia (dieren) en Fungi (schimmels); de fyla Proteobacteria, Verrucomicrobia, Bacteroidetes, Spirochetes, Firmicutes, Actinobacteria, Chloroflexi, Cyanobacteria, Thermotagae, Deinococcus, Euryarchaeota, Crenarchaeota, Nanoarchaeota, Tardigrades, Arthropoda, Nematoda, Chordata, Porifera, Basidiomycota, Ascomycota, Ciliophora, Ochrophyta en Chlorophyta. Alle soorten microben zijn aangegeven in onderstaande lijst microben. De zichtbare organismen zijn *Homo sapiens* (mens), *Elephas maximus* (olifant), *Halichondria panicea* (spons), *Tulipa edulis* (tulp) en *Quercus robur* (eik). Iconen: Beeldbank Micropia. Illustratie: Tine Thörig.

3 Bacteriën op de punt van een naald. Beeldbank Micropia.

4 De bouw van een bacterie. Illustratie: Tine Thörig.

5 De vorm van bacteriën.
Verschillende vormen als verdediging tegen bacterie-eters. Gebaseerd op figuur 1 uit: Young KD (2007) Bacterial morphology: why have different shapes? *Curr. Opin. Microbiol.* 10:596-600. Illustratie: Tine Thörig.

6 Exponentiele groei van bacteriën en wereldbevolking.
Voorspelde groeicurve van de wereldbevolking. United Nations. Department of Economic and social affairs (2015 revision of World Population Prospects). Illustraties: Studio de Wal.
7A De biofilm, stad van microben.
Een driedimensionale reconstructie van een bacteriële stad (biofilm) gemaakt door cholerabacteriën. De bacteriën (blauw) hechten aan het oppervlak door middel van een eiwit (groen) en metselen elkaar vast door een ander eiwit (grijs). De bacteriële gemeenschap bedekt zichzelf vervolgens met een beschermende laag (rood) gemaakt door eiwitten en suikermoleculen. Berk V, Fong JCN, Dempsey GT, *et al.* (2012) Molecular Architecture and Assembly Principles of *Vibrio cholerae* Biofilms. *Science*. 337:236-239.
7B Het middeleeuwse Labro in Italie.
De auteur ziet enige gelijkenis met een bacteriële biofilm.
8A Zwemmende bacterie
Het afgelegde traject van X naar Y van een bacterie is aangegeven. Een bacterie legt dit traject af met een 'dronkemansgang' door rechtdoor zwemmen (1) en tuimelen (2) gecontroleerd met elkaar af te wisselen. De afgelegde weg van de bacterie is niet gebaseerd op een meting maar is een aangepaste weergave van een 3-D-track van zwemmende *E. coli* bacterie (Howard Berg laboratory). Illustratie: Tine Thörig.
8B Zwemmende mens.
Het afgelegde traject van X naar Y van een mens is aangegeven. Een mens zwemt dit traject min of meer in een rechte lijn. Illustratie: Tine Thörig.
9 Lichtproductie door bacterie en mens.
A) Dwerginktvis met lichtgevend orgaan door bio-luminescentie miljarden bacteriën van de soort *Vibrio fischeri*. B) Europa 's nachts met menselijke lichtvervuiling. Bron: Composite image of Europe at night, 2016. NASA Earth Observatory images by Joshua Stevens, using Suomi NPP VIIRS data from Miguel Román, NASA's Goddard Space Flight Center.
10A DNA-overdracht door bacterie en mens.
Horizontale genoverdracht door twee *E.coli* bacteriën. Elektronenmicroscopische foto van Charles C. Brinton Jr.
10B Magnetic Resonance Image (MRI) van de coïtus.
Bron: Schultz WW, van Andel P, Sabelis I, Mooyaart E. (1999) Magnetic resonance imaging of male and female genitals during coitus and female sexual arousal. *British Medical Journal*. 319:1596-1600.
MRI genereus ter beschikking gesteld door Pek van Andel.

DE GASTHEER
11 Evolutie van het leven in het etmaal dat de aarde bestaat.
De leeftijd van de aarde wordt geschat op viereneenhalf miljard jaar. Bron: Dalrymple, G. Brent (2001). The age of the Earth in the twentieth century: a problem (mostly) solved. *Geological Society Special Publication*. 190:205-221. De oudste, veronderstelde fossielen van micro-organismen zijn

gedateerd op 3.5 tot 4.1 miljard jaar geleden. Bron onder andere: Mojzsis SJ, Arrhenius G; McKeegan KD *et al.* (1996) Evidence for life on Earth before 3,800 million years ago. *Nature.* 384:55-59. Er is controverse of deze microfossielen beschouwd kunnen worden als de eerste tekenen van leven op aarde. Bron: Grotzinger, John P; Rothman, Daniel H. (1996). 'An abiotic model for stromatolite morphogenesis'. *Nature.* 383:423-425. In brede kring geaccepteerde evidentie dateert de eerste tekenen van het leven op aarde op 3,5 miljard jaar geleden. Bron: Brasier M, McLoughlin N, Green O, Wacey D, (2006). A fresh look at the fossil evidence for early Archaean cellular life. *Philosophical Transactions of the Royal Society B.* 361:887-902. Photosynthese ontwikkelde zich al vroeg in de evolutie, zo'n 3 miljard jaar geleden, en leidde een half miljard jaar later tot grote hoeveelheden zuurstof in de atmosfeer. Bron: Planavsky NJ, Dan Asael D, Hofmann A *et al.* (2014) Evidence for oxygenic photosynthesis half a billion years before the Great Oxidation Event. *Nature Geoscience* 7:283-286. Meercellige levensvormen hebben zich meer dan veertig keer onafhankelijk in de evolutie ontwikkeld uit onder andere bacteriën, schimmels, algen en slijmzwammen. De eerste meercellige levensvormen waren die van cyanobacteriën drie miljard jaar geleden. Bronnen: Bonner JT (1998). The origins of multicellularity. *Integrative Biology.* 1:27-36. Grosberg RK; Strathmann RR (2007). The evolution of multicellularity: A minor major transition? *Annu Rev Ecol Evol Syst.* 38:621-654. Evidentie voor de eerste eukaryote levensvorm is gedateerd op rond de 2 miljard jaar geleden. Bron: Knoll AH, Javaux EJ, Hewitt D, Cohen, P (2006). Eukaryotic organisms in Proterozoic oceans. *Philosophical Transactions of the Royal Society B.* 361:1023-1038. De eerste gewervelde dieren zijn gedateerd op 500 miljoen jaar geleden. Bron: Shu D-G, Luo H-L, Conway Morris S *et al.* (1999). Lower Cambrian vertebrates from south China. *Nature.* 402:42-46. Het ontstaan van de moderne mens is gedateerd op 200.000 jaar geleden. Bron: McDougall I, Brown FH, Fleagle JG (2005). Stratigraphic placement and age of modern humans from Kibish, Ethiopia. *Nature.* 433:733-736. Indien we voor het verkrijgen van inzicht uitgaan van een vergelijking waarin een etmaal de volledige ontstaansgeschiedenis van de aarde bestrijkt, beginnen we op middernacht en kunnen alle tijdstippen voor het ontstaan van de verschillende organismen berekend worden volgens schatting van de tijd van het verschijnen gedeeld door viereneenhalf miljard jaar maal vierentwintig uur. Hieruit volgt dat de eerste micro-organismen ontstonden om 5:33 uur, de eerste fototrofe en meercellige organismen micro-organismen om 8:00 uur, zuurstof in onze atmosfeer ophoopte om 10:41 uur, de eerste eukaryoot ontstond om 13:33 uur, de gewervelde dieren om 21:20 uur en de moderne mens pas om 23:59:56 uur. Illustratie (gebaseerd op de 'Timeline of Evolutionary History of Life, The Science Magpie') door Tine Thörig.

12A Biomen op de aarde en ons lichaam.

Een selectie van de biomen op aarde (gedefinieerd naar vegetatie): toendra, taiga, loofbos, tropisch regenwoud, savanne en woestijn.

12B Biomen van de mens.
Wilson M. (2008) Bacteriology of humans – an ecological perspective. Wiley Blackwell NJ, USA. Cirkeldiagrammen van de samenstelling van stammen van bacteriën behorend tot humane microbiota van verschillende organen. Bron: Cho I & Blaser MJ (2012). The Human Microbiome: at the interface of health and disease. *Nature Reviews. Genetics* 13:260-270. Illustraties: Tine Thörig.
13 t/m 18 De anatomie en de microflora van de vagina, mond, maag, darmen, de huid en de luchtwegen.
Bron: Beeldbank Micropia en Science Photolibrary. Teksten: Astrid van de Graaf en Remco Kort voor Artis-Micropia (Exhibit De Bodyscan). Illustraties: 13 B-C t/m 18 B-C. Anatomie en epitheel van de vagina, mond, maag, darmen, de huid en de luchtwegen. Illustraties: Tine Thörig.
19 De microbeloze mens.
De Man van Tollund. Bron: Museum Silkeborg, Denemarken.
20 Demodex, de wimpermijt.
Beeldbank Micropia.

DE SLAAF
21 Het rabiësvirus.
Bron: Science Photo Library.
22 Een patiënt met hondsdolheid.
Bron: https://www.youtube.com/watch?v=-moG6JDmJdc
23 Hondsdolheid: Infectiebronnen, behandeling en ziekteverloop.
Illustratie (gebaseerd op de 'Rabies Virus in Human and Animal Stick Figure Pictogram Icons') door Rosa Vos.
24 De parasiet *Toxoplasma gondii.*
© Alan Cann, CC BY-SA 2.0
25 De kattenvrouw.
La Gitane (oil on canvas 100 × 50 cm). Copyright: Albena Vatcheva, artist.
26 De levenscyclus van Toxoplasma.
Gebaseerd op pedsinreview.aappublications.org/content/18/3/75. Illustratie: Rosa Vos.
27 De hersen-darm-as.
Gebaseerd op Collins SM, Surette M, Bercik P. (2012) The interplay between the intestinal microbiota and the brain. *Nat Rev Microbiol.* 10:735-42. Illustraties: Tine Thörig.
28 Oxytocine, serotonine en dopamine.
Oxytocine in slaapkamer, serotonine tatoeage, dopamine ketting. Bron: Pinterest.
29 Het effect van *Lactobacillus reuteri.*
Bron: Friends are magical, Ginnie Sascalia. http://Sascalia.blogspot.nl
30 De mens als slaaf van zijn bacteriën.
Das Grosse Fressen, La Grande Bouffe, Andrea Ferreol. United Archives GmbH / Alamy Stock Photo

31 Ontwikkeling van de darm door darmbacteriën.
Bron: Sommer F, Bäckhed F. (2013) The gut microbiota--masters of host development andphysiology. *Nat Rev Microbiol.* 11:227-38. Illustratie: : Tine Thörig
32 Kebehsenoef, hoeder van de darmen.
Bron: Jeff Dahl, Wikimedia Commons.

DE MICROBEMEESTER

33 Schoonmaken of blootstellen?
© James Croak, https://www.jamescroak.com/dirt-baby/
34 Probiotische kauwgom.
Bron: Pinterest
35 Cow dung soap.
Bron: eBay.
36 Bederf en voedselproductie door *Bacillus subtilis.*
Leng en natto. Bron: https://bakerpedia.com
37 Afname van infectieziekten en toename van auto-immuunziekten.
Illustratie gebaseerd op een figuur uit Bach JF. (2002) The effect of infections on susceptibility to autoimmune and allergic diseases. *N Engl J Med.* 347:911-20. Illustratie Erik Eshuis.
38 Het effect van antibiotica op groei van bacteriën.
Bron: CDC, Wikimedia Commons.
39 Oude vrienden.
De oude vrienden *Helicobacter*, *Salmonella* en *Mycobacterium* (in interactie met een witte bloedcel). Bron: Science Photo Library.
40 De verstoring van de microbe-mensrelatie.
Gebaseerd op een illustratie van C. Bickel. *Science Translational Medicine*. Illustraties: Rosa Vos.
41 De culinaire creatie van Bacillus subtilis.
Recept: Christian Weij. www.verrotlekker.nl

DE MICROBEMISSIONARIS

42 Waar kunnen probiotische bacteriën het verschil maken?
Illustratie gebaseerd op een figuur uit Zulfiqar A. Bhutta, Jai Kumar Das (2013) Global Burden of Childhood Diarrhea and Pneumonia: What Can and Should Be Done? Pediatrics. 4:634-6. Illustratie: Erik Eshuis
43 De bacterie *Lactobacillus rhamnosus* GG.
De haarvormige structuren op het oppervlak van de bacterie (pili) bevatten eiwitten (rode stippen) die in staat zijn om aan het slijm van de darm van de mens te binden. Bron: Kankainen M, Paulin L, Tynkkynen S, *et al.* (2009) Comparative genomic analysis of *Lactobacillus rhamnosus* GG reveals pili containing a human-mucus binding protein. *Proceedings of the National*

Academy of Sciences of the United States of America. 106:17193-17198. Fotobewerking: Jacqueline Elich.
44 Het yoghurt duo: *Lactobacillus delbrueckii* en *Streptococcus thermophilus*.
Fotobewerking: Jacqueline Elich.
45 De vier stappen in het yoghurtproductieproces.
Foto: Nieke Westerik (stichting: Yoba for Life).
46 Schoolyoghurt in Oeganda.
Foto: Mark de Koff (stichting Yoba for Life).
47 Instructies gebruikt voor het yoghurtproductie-trainingsprogramma in Oeganda.
Artwork: Nieke Westerik (stichting Yoba for Life).
48 Geografische distributie van probiotische-yoghurtproductie-units en geproduceerde volumina in liters per week in Oeganda.
Artwork: Nieke Westerik (stichting Yoba for Life).

DE MICROBIOLOOG
49 De proefopstelling waarmee bouwstenen van het leven worden gevormd uit de oersoep.
Bron: Wikipedia
50 Top drie bacteriën: 1. De hitte-minnende bacterie *Thermotoga maritima*.
Gluch MF, Typke D, Baumeister W. (1995) Motility and thermotactic responses of *Thermotoga maritima*. *J Bacteriol*. 177:5473-9. Fotobewerking Jacqueline Elich.
51 Top drie bacteriën: 2. De zout-minnende purperzwavelbacterie *Halorhodospira halophila*.
Boven: Een elektronenmicroscopische opname van een dwarsdoorsnede van de bacterie. Bron: Photo Science Library.
Onder: Lake Natron, Tanzania. Bron: Tripfreakz.
52 Het eerste effect van licht op leven.
Kort R, Hellingwerf KJ, Ravelli RB (2004) Initial events in the photocycle of photoactive yellow protein. *J Biol Chem*. 279:26417-26424. Artwork: Raimond Ravelli
53 Top drie bacteriën: 3. De sporevormende bacterie *Bacillus subtilis*.
Elektronenmicroscopische opname van Bacillus met daarin de ovale structuur van de endospore. Foto: Institut Pasteur Paris..
54 De pracht van *Bacillus subtilis*.
Veening JW, Kuipers OP, Brul S, Hellingwerf KJ, Kort R. (2006) Effects of phosphorelay perturbations on architecture, sporulation, and spore resistance in biofilms of *Bacillus subtilis*. *J Bacteriol*. 188:3099-109.
Foto: Remco Kort.

55 De bijna-doodervaring van een bacterie.
Kort R, Keijser BJ, Caspers MP, Schuren FH, Montijn R. (2008) Transcriptional activity around bacterial cell death reveals molecular biomarkers for cell viability. *BMC Genomics* 9:590. Artwork: Remco Kort

56 De dood/levend-test.
Kort R, Nocker A, de Kat Angelino-Bart A, *et al.* (2010) Real-time detection of viable microorganisms by intracellular phototautomerism. *BMC Biotechnology*. 10:45. Foto: Remco Kort

57 Samenstelling van de bacteriepopulatie in een Amsterdamse gracht.
Nocker A, Richter-Heitmann T, Montijn R, Schuren F, Kort R. (2010) Discrimination between live and dead cells in bacterial communities from environmental water samples analyzed by 454 pyrosequencing. *Int Microbiol.* 13:59-65. Het watermonster was genomen op 15 juni, 2009 op een diepte van 0-0,3 meter in het Rokin in Amsterdam (52°22'8"N, 4°53'32"E). Cirkeldiagram: Remco Kort.

REGISTER OP MICROBEN

Dit register vermeldt alle microben die in de tekst en afbeeldingen voorkomen met verwijzingen naar de betreffende pagina's. Van de microben wordt naast het geslacht en de soortnaam ook het bijbehorende fylum vermeld tussen teksthaken. Het fylum betreft een taxonomische groep die vaak wordt gebruikt in beschrijvingen van de samenstelling van de humane microbiota (zie afbeelding 12 Biomen van de mens). De volgende taxonomische rangen (taxa) worden onderscheiden van hoog naar laag niveau: Domein, supergroep, rijk, fylum, klasse, orde, familie, geslacht en soort (zie afbeelding 2 De Boom van het leven op aarde).

Geslacht en soort {fylum} **pagina**

Geslacht en soort {fylum}	pagina
Listeria monocytogenes {Firmicutes}	59
Malassezia {Basidiomycota}	80, 124
Malassezia furfur {Basidiomycota}	Afb. 17
Malassezia globosa {Basidiomycota}	Afb. 2, Afb. 17
Methanobrevibacter smithii {Euryarchaeota}	Afb. 2, Afb. 16
Methanosphaera stadtmaniae {Euryarchaeota}	Afb. 2
Moraxella catarrhalis {Proteobacteria}	Afb. 19
Mycobacterium {Actinobacteria}	144, Afb. 39
Nanoarchaeum equitans {Nanoarchaeota}	Afb. 2
Neisseria {Proteobacteria}	65
Neisseria mucosa {Proteobacteria}	Afb. 2
Neisseria meningitidis {Proteobacteria}	86, Afb. 18
Paramecium caudatum (pantoffeldiertje) {Ciliophora}	Afb. 2
Pinnularia nobilis (diatomee) {Bacillariophyta}	Afb. 2
Physarum polycephalum (slijmzwam) {Mycetozoa}	Afb. 2
Prevotella {Bacteroidetes}	112
Propionibacterium {Actinobacteria}	80
Pseudomonas aeruginosa {Proteobacteria}	149
Pseudomonas syringae {Proteobacteria}	Afb. 2
Pyrococcus furiosus {Euryarchaeota}	Afb. 2
Pyrodictium abyssi {Crenarchaeota}	Afb. 2
Rhodobacter sphaeroides {Proteobacteria}	183, 184, Afb. 2
Ruminococcus {Firmicutes}	146
Saccharomyces cerevisiae (bakkersgist) {Ascomycota}	Afb. 2, Afb. 56
Saccharomyces boulardii {Ascomycota}	Afb. 2
Salmonella {Proteobacteria}	58, 136, 144, Afb. 39
Staphylococcus {Firmicutes}	80
Staphylococcus aureus {Firmicutes}	86, 111, 136, 137, Afb. 18
Staphylococcus epidermidis {Firmicutes}	Afb. 17
Staphylococcus lugdunensis {Firmicutes}	125
Staphylococcus haemolyticus {Firmicutes}	Afb. 17
Streptococcus {Firmicutes}	65, 165, Afb. 14
Streptococcus mutans {Firmicutes}	68, 122, Afb. 14
Streptococcus salivarius {Firmicutes}	123
Streptococcus thermophilus {Firmicutes}	132, 165, Afb. 2, Afb. 44
Streptococcus pneumoniae {Firmicutes}	Afb. 18
Streptomyces {Actinobacteria}	149
Streptomyces coelicolor {Actinobacteria}	Afb. 2
Sulfolobus solfataricus {Crenarchaeota}	Afb. 2

WOORDENLIJST

Adaptatie een verandering in gevoeligheid (zowel toename als afname) van een sensor of een zintuig, zodat zij onder extreme omstandigheden goed kunnen functioneren.
Antilichaam eiwit dat door het lichaam geproduceerd wordt als afweerreactie op de aanwezigheid van antigenen afkomstig van bijvoorbeeld virussen of bacteriën. De productie van antilichamen vormt een onderdeel van een specifieke immuunrespons. Antilichamen worden ook wel antistoffen genoemd.
Antigeen een molecuul dat in staat is een reactie van het afweersysteem op te wekken, waarbij antilichamen worden aangemaakt.
Archaebacterie synoniem voor archaeon.
Archaeon (meervoud **archaea**) eencellig, prokaryoot micro-organisme behorend tot het domein der Archaea, dat qua celstructuur en afmetingen overeenkomt met een bacterie, maar een aantal fysiologische eigenschappen kent die lijken op die van eukaryoten, waaronder de wijze van transcriptie. Evolutionair gezien liggen archaea dichter bij eukaryoten dan bij bacteriën.
Atoom het kleinste deeltje van een molecuul dat niet verder deelbaar is langs chemische weg. Atomen zijn de bouwstenen van alle materie.
Archaea domein bestaande uit archaebacteriën.
ATP adenosinetrifosfaat, een molecuul waarin een energierijke verbinding zit waardoor energie bij alle organismen wordt opgeslagen.

Bacteria domein bestaande uit bacteriën.
Bacterie eencellig, prokaryoot micro-organisme.
Biofilm laag micro-organismen omgeven door een zelfgeproduceerd slijm vastgehecht aan een oppervlak.
Bioom de verzameling soorten, planten, dieren en andere organismen die in een bepaald gebied leven waar dezelfde condities heersen; op aarde worden veertien biomen onderscheiden.
Biotoop een gebied met karakteristieke levensomstandigheden waarin bepaalde organismen kunnen gedijen (een biotoop moet worden onderscheiden van het bioom en de niche; binnen een biotoop kunnen habitats worden onderscheiden).

Cadaverine organische verbinding met als brutoformule $C_5H_{14}N_2$ (1,5-pentaandiamine). Stof met een indringende geur, die goed oplosbaar is in water. Ontstaat bij het rotten van dierlijk weefsel.

Cholecystokinine een peptidehormoon dat wordt afgegeven door de twaalfvingerige darm en het jejunum (de nuchtere darm) en zorgt voor een verzadigingssignaal.
Chromosoom een drager van een deel van het erfelijk materiaal (DNA) van een organisme.
Cytokine een molecuul dat een rol speelt in de immuunafweer en het activeren van bepaalde receptoren.

Diffusie spontane, ongerichte, passieve en langzame verspreiding van moleculen. In een afgesloten systeem zal het eindresultaat een evenwichtige verdeling van de moleculen zijn.
Domein de allerhoogste taxonomische rang. Al het leven op aarde is onder te brengen in drie domeinen.
Dopamine een molecuul dat fungeert als neurotransmitter (en soms als hormoon) op verschillende plaatsen in het lichaam van mensen en dieren. Het speelt een grote rol bij het ervaren van genot, blijdschap en welzijn.
DNA desoxyribonucleinezuur, een molecuul opgebouwd uit nucleotiden, die bestaan uit een suiker, een base en een fosfaatgroep, dat drager is voor de erfelijke informatie in alle organismen.

Eiwit een klasse van moleculen die bestaan uit een keten van aminozuren met elkaar verbonden door peptidebindingen. De keten vormt een ruimtelijke structuur door interacties tussen de atomen van de aminozuren.
Epitheel weefseltype dat bestaat uit een of meer lagen regelmatig naast elkaar gerangschikte cellen die met elkaar een aaneengesloten verband vormen.
Enzym eiwit dat als katalysator optreedt bij een bepaalde chemische reactie binnen of buiten de cel.
Eucarya domein bestaande uit eukaryoten.
Eukaryoot een of meercellig organisme dat bestaat uit cel(len) met een celkern.
Extremofiel organisme dat leeft onder extreme omstandigheden zoals grote hitte of koude.

Fimbriae uitsteeksels aan een bacteriecel die ervoor zorgen dat bacteriën ergens aan vast blijven haken of dat ze aan elkaar blijven zitten.
Fotosensor een eiwit dat in staat is licht waar te nemen.
Fototroof in staat om te leven met licht als energiebron.
Fototaxis beweging van een organisme naar het licht toe.
Fylogenie de studie van de ontstaansgeschiedenis van organismen.
Fysiologie leer van de activiteiten in het lichaam van levende organismen.

Genoom geheel van erfelijke informatie (alle genen) van een organisme.
Gen een DNA-fragment dat codeert voor een erfelijke eigenschap. Een gen bevat de informatie voor een eiwit.

Ghreline een peptidehormoon dat vooral afgescheiden wordt door de maagwand en dat de eetlust opwekt (staat ook wel bekend als 'hongerhormoon').
Glycogeen meervoudig vertakt polymeer van glucose, waarbij de glucose-eenheden aan weerszijden aan elkaar zijn gekoppeld. Het dient als energieopslag in dieren en schimmels, vergelijkbaar met zetmeel in planten.
Habitat het leefgebied van een organisme.
Hormoon signaalstof die door endocriene klieren via de bloedbaan aan doelcellen of -organen wordt afgegeven. Dit in tegenstelling tot neurotransmitters waarvan het effect meestal optreedt op de plaats van afgifte.
Hydroxyapatiet harde, witte stof voorkomend als calciumzout {formule: $Ca_5(PO_4)_3(OH)$} in tanden en botten.

Katalysator een stof die de snelheid van een reactie beïnvloedt zonder zelf verbruikt te worden.

Leptine een peptidehormoon dat een gevoel van verzadiging opwekt.

Meconium de eerste ontlasting van een baby (mens of dier) die nog niet van de voeding afkomstig is.
Metagenoom verzameling van alle genomen van microben in monsters die direct afkomstig zijn uit een bepaald ecosysteem, behorend tot onze omgeving of bijvoorbeeld het menselijk lichaam.
Microbiota synoniem van microflora.
Microbioom (geen consensus) term wordt gebruikt als synoniem van microbiota, als synonym van metagenoom en om te verwijzen naar een 'micro-bioom', oftewel alle microben, hun genomen én de condities in een bepaald ecosysteem.
Microben alle onzichtbare organismen, waaronder bacteriën, algen, schimmels, microdiertjes (en virussen).
Microflora veelgebruikte term voor alle bacteriën en andere micro-organismen in een ecosysteem, meestal geassocieerd met planten en dieren (voor de mens verder gespecificeerd in termen als bijvoorbeeld darmflora en huidflora). Strikt genomen is de term onjuist: flora verwijst naar planten. Microbiota is de correcte term.
Micro-organismen synoniem voor microben.
Molecuul een neutraal deeltje, een geheel van atomen die met elkaar verbonden zijn en een structuur vormen.
Morfologie onderdeel van de biologie dat de vorm bestudeert van organismen.

Nervus vagus de tiende hersenzenuw. Een andere naam voor deze zenuw is zwervende zenuw of zwerfzenuw.
Neurotransmitter signaalstof die in synapsen zenuwimpulsen overdraagt tussen zenuwcellen ('neuronen') in het zenuwstelsel.

Niche de plaats die een soort of een populatie in een ecosysteem inneemt.

Oerbacterie synoniem voor archaeon.
Oraal via de mond.
Organisch bestaand uit of verwijzend naar koolstofverbindingen met meer dan één koolstofatoom.
Organisme een levend wezen.
Oxytocine een peptidehormoon dat een belangrijke rol speelt bij gevoelens van plezier, moederbinding, vriendschappen, romantische interacties en seksualiteit.

Panspermia een hypothese die stelt dat het leven verspreid in het heelal voorkomt en niet op de Aarde zelf is ontstaan. Het leven zou het gevolg zijn van een 'ontkieming' van organismen uit de ruimte en sindsdien verder geëvolueerd zijn.
Parasiet één of meercellig organisme dat zich ten koste van een ander organisme (de gastheer) instandhoudt en vermenigvuldigt.
Peptide verbinding van twee of meer aminozuren.
Plasmide cirkelvormige streng DNA die zich buiten het chromosomaal DNA bevindt van sommige eencellige organismen.
Polypeptide synoniem voor eiwit.
Prebiotica niet-verteerbare levensmiddeleningrediënten, die selectief de groei en-of de activiteit van één of meerdere soorten bacteriën in de dikke darm stimuleren, en daardoor de gezondheid van de gastheer bevorderen.
Probiotica levende micro-organismen die, indien in voldoende mate ingenomen, een gezondheidsbevorderende werking op de gastheer uitoefenen.
Prokaryoot micro-organisme zonder celkern. Bacteriën en archaea behoren tot de prokaryoten.
Proteolytisch eiwitsplitsend.
Proteoom de verzameling van alle eiwitten van een organisme of van een cel.
Putrescine een organische verbinding met de formule $C_4H_{12}N_2$ (1,4-butaandiamine). Stof met een indringende geur, die goed oplosbaar is in water. Ontstaat bij het rotten van dierlijk weefsel. Komt in zeer kleine hoeveelheden voor in urine en speeksel.

Ribosoom een complex van eiwitten en RNA-ketens in de cel dat een heel belangrijke functie heeft bij de opbouw van eiwitten.
RNA Ribonucleïnezuur, een van drie macromoleculen (met DNA en eiwitten) die essentieel zijn voor alle bekende levensvormen.
mRNA messenger RNA speelt een centrale rol bij het tot expressie brengen van genetische informatie.
rRNA ribosomaal RNA, een speciaal RNA-molecuul dat belangrijk is voor de eiwitsynthese. Het rRNA-molecuul is een onderdeel van het ribosoom, en heeft als functie het katalyseren van de reactie die de eiwitketen verlengt.

Serotonine serotonine is een neurotransmitter met een overwegend remmende werking met invloed op stemming, zelfvertrouwen, slaap, emotie, seksuele activiteit en eetlust. In het maagdarmstelsel worden de grootste hoeveelheden serotonine gevonden, waar het de rol heeft van een hormoon.

Taxonomie wetenschapsveld binnen de biologie dat zich bezighoudt met het beschrijven, benoemen en indelen van organismen.
Toll-like receptor een klasse van eiwitten die een rol spelen in het aangeboren afweersysteem. Het zijn (kern)membraamreceptoren die functioneren als patroonherkenningsmoleculen voor micro-organismen.
Transcriptie proces waarbij genen (DNA) vertaald worden in messenger RNA (mRNA).

DANKWOORD

Graag wil ik Coosje Tuijn, Jan Tuijn, Wilbert Sybesma, Eveline Hensel en Haig Balian bedanken voor het kritisch lezen van het manuscript.
Tot slot een speciaal woord van dank aan alle microbiologen die met hun onderzoek hebben bijgedragen aan dit boek.